普通高等教育"十三五"规划教材

数控机床电气设计与调试

刘树青　吴金娇　编著

机 械 工 业 出 版 社

本书从工程应用的需要出发，系统介绍数控机床电气控制系统的设计和调试。第1章介绍机床电气控制技术及其发展，给出了数控机床电气控制系统的总体组成和工作原理。第2~5章分别对数控机床电气控制系统的各组成部分进行系统详细的介绍，包括常用低压电器、电气线路设计及连接、数控系统、机床PLC、伺服系统，每章以原理为基础，以应用为目的组织编写。在前面各章基础上，第6~7章以数控机床电气控制系统整体为对象，介绍其设计和调试的原则、方法以及步骤。第8章简要介绍工业4.0背景下数字化工厂的设备互联和数据互通。每章精心编写了与本章内容相对应的工程应用型教学项目，总计24个，以达到学以致用的目的。

　　本书可作为应用型本科院校机械工程机械设计制造及其自动化、自动化、电气工程及其自动化等相关专业教材，也可供高职高专院校学生和工程技术人员使用。

图书在版编目（CIP）数据

数控机床电气设计与调试/刘树青，吴金娇编著. —北京：机械工业出版社，2019.9（2023.9重印）

普通高等教育"十三五"规划教材

ISBN 978-7-111-63346-4

Ⅰ.①数…　Ⅱ.①刘…②吴…　Ⅲ.①数控机床-电气系统-设计-高等学校-教材②数控机床-电气系统-调整试验-高等学校-教材　Ⅳ.①TG659

中国版本图书馆CIP数据核字（2019）第157173号

机械工业出版社（北京市百万庄大街22号　邮政编码100037）
策划编辑：王雅新　责任编辑：王雅新
责任校对：张晓蓉　封面设计：严娅萍
责任印制：张　博
北京建宏印刷有限公司印刷
2023年9月第1版第3次印刷
184mm×260mm·17印张·420千字
标准书号：ISBN 978-7-111-63346-4
定价：49.80元

电话服务　　　　　　　　　　网络服务
客服电话：010-88361066　　机　工　官　网：www.cmpbook.com
　　　　　010-88379833　　机　工　官　博：weibo.com/cmp1952
　　　　　010-68326294　　金　书　网：www.golden-book.com
封底无防伪标均为盗版　　　机工教育服务网：www.cmpedu.com

前　言

数控机床是现代智能制造系统中必不可少的关键设备，机床工业发展的水平是一个国家工业水平的重要标志。数控机床是典型的机电液一体化精密加工设备，由精密机械部件、数控系统、驱动系统、液压系统和换刀系统等子系统组成，其电气控制系统的功能和水平决定了数控机床的自动化水平。优良的电气控制系统能够充分发挥机床机械部分的性能，并能补偿丝杠螺距、反向间隙等机械误差，补偿摩擦或过象限误差、温度误差等，最大可能地实现加工速度和精度，获得良好的经济效益。

我国从2003年开始成为全球最大的机床消费国，也是世界上最大的数控机床制造大国和进口大国。与进口数控机床相比，国产数控机床在电气设计和制造上还存在着一定的差距，这些差距主要表现在电气系统的电磁兼容性设计、电气系统的可靠性设计、安全设计、自诊断设计以及电气系统的数据管理等方面。本书内容为数控机床电气控制系统的设计和调试，结合数控机床电气设计和制造上存在的问题，参考了大量国内外相关资料，着重于实用技术，突出理论的系统性、实例的代表性和技术的先进性。

数控机床电气控制技术是一门实践性强的技术，结合多年来数控技术相关专业的教学实践经验和教学改革成果，本书采用了"理论知识+项目实践"的理实一体化的编写方式。在教材的章节内容中，讲授理论概念、技术原理和标准要求等，在每章后面精选了多个与理论知识相对应的、循序渐进的"项目任务"，每个项目有明确的任务目标、任务要求、任务步骤、考核要求以及考核标准。西门子数控（南京）有限公司工程师耿亮、西门子工厂自动化工程有限公司工程师陈长成为"项目任务"的编写提供了切实的建议和最新的技术资料，使项目真正联系行业技术发展和工程实践。

本书从数控机床电气控制系统的组成、原理到电气系统的调试，共分为8章。第1章主要介绍机床电气控制技术的发展、电气系统的组成和工作原理，并介绍了现代智能制造的概念、要求和意义。第2章介绍数控机床电气控制基础知识，包括机床常用低压电器、电气原理图、基本线路环节以及数控机床基本线路。第3章介绍数控系统的软硬件构成、基本原理和功能以及典型数控系统的接口和连接。第4章介绍数控机床PLC的结构原理，以及典型机床PLC程序的设计。第5章介绍伺服驱动系统的组成、基本原理和主要接口信号，包括主轴调速系统和进给位置伺服系统。第6章介绍数控机床电气控制系统的设计，包括电气系统设计标准、设计方法、设计步骤以及设计实例。第7章介绍电气控制系统的检查、上电、调试以及数据备份。第8章介绍数控机床的数字化和网络化。

本书由西门子公司高级专家王钢先生主审，王先生提出了许多宝贵的修改意见和建议，在此表示衷心的感谢。本书的编写工作得到了南京工程学院领导、老师的关心、支持和帮助，参阅了国内外兄弟院校的相关教材、资料和文献，在此谨致谢意。

由于编者的学识水平和实践经验有限，书中难免存在不妥之处，恳请读者不吝指正。

编　者

目　录

第 1 章

机床电气控制概述

本章简介

电气控制系统是数控机床非常重要的组成部分，电气控制系统的优劣直接影响机床的性能。

本章 1.1 节简要介绍机床电气控制技术的发展历程，阐述我国机床电气控制技术的现状和发展趋势；1.2 节详细介绍数控机床电气控制系统的组成和工作原理，概括数控机床电气控制系统的主要特点；1.3 节介绍智能制造的概念以及智能制造的背景和意义、国内外智能制造发展战略和现状，阐述智能工厂的主要特征和层级架构，介绍智能制造系统中高档数控机床的地位和特点，以及我国高档数控机床研发及智能工厂建设的进展。

通过本章的学习，了解机床电气控制技术的现状和发展趋势，掌握数控机床电气控制系统的组成及工作原理。了解智能制造对于国民经济的重要意义，智能制造背景下对数控机床及其控制系统的要求，现阶段高档数控机床研发制造所取得的成果和不足，以及智能工厂建设的现状和面临的问题。

1.1 机床电气控制技术

1.1.1 机床及其电气控制

1. 机床

机床是将金属毛坯加工成零件的机器，它是制造机器的机器，所以又称为"工作母机"或"工具机"，简称机床。机床工业发展的水平是一个国家工业水平的重要标志，以机床行业为支撑的装备制造业，是国家建设现代化经济体系的基石和脊梁。图 1-1 为典型机床外观图片。

2. 机床的电气控制系统

机床本质上是一台机电能量转换装置，其功能是将电能转换成加工零件所需的机械能。机床电气控制系统包括机床供配电系统、主轴控制系统、进给轴控制系统以及辅助设备控制系统。机床的电气控制系统是机床工作的能源和控制保障。

加工精度与加工效率是机床最重要的两个性能指标，要提高加工精度与生产效率，就必须提高机床的控制水平，必须改良机床的控制方法和技术。因此机床电气控制技术在机床工业发展中发挥着重要作用。

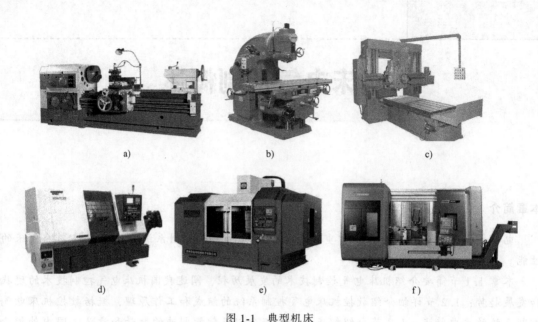

图 1-1　典型机床

a) 车床　b) 立式升降台铣床　c) 龙门式铣床　d) 数控车床　e) 加工中心　f) 车铣复合加工中心

1.1.2　机床电气控制技术的发展

机床电气控制技术伴随着控制器件的发展而发展。大功率半导体器件、大规模集成电路、计算机控制技术、检测技术以及现代控制理论的进展，推动了机床电气控制技术从手动操作到自动控制和智能控制，从单一功能到多种功能。机床电气控制技术的发展主要经历了以下四个阶段。

（1）继电器-接触器控制

由于机床结构的改进，切削功率的增大，机床运动的增多，手动控制已不能满足要求，20 世纪 20 年代，出现了继电器-接触器控制系统。这种控制系统，可实现如启停、反转、改变速度、自动循环以及保护控制等。这种控制方式直观、易掌握，工作稳定可靠、成本低，使机床自动化迈进了一大步，在机床控制上得到广泛应用。它的缺点是体积大、功耗大、控制速度慢、改变控制程序困难。

（2）连续控制

20 世纪 30 年代在龙门刨床上出现了电机放大机控制，它使控制系统从继电器-接触器控制这种断续控制发展到连续控制，连续控制系统可随时检查控制对象的工作状态，并根据输出量与给定量的偏差对控制对象进行自动调整，它的快速性和控制精度都大大超过了最初的断续控制，并简化了控制系统，减少了电路中的触头，提高了工作的可靠性和生产效率。

（3）PLC 控制

随着计算机技术的发展，出现了以微型计算机为基础的具有编程、存储、逻辑控制及数字运算功能的可编程逻辑控制器（Progammable Logic Control，PLC）。它可通过数字式或模拟式的输入和输出满足各种类型机械控制的需要。PLC 及有关外部设备，按既容易与工业控制系统连成一体，又容易扩充其功能的原则设计。当前，PLC 已经替代继电器-接触器控制系统成为机床设备中开关量控制的主要控制装置，提高了系统的可靠性和柔性，使控制性能产生了质的飞跃。

（4）数字控制

数控（Numerical Control，NC）技术是用数字化信息进行控制的自动控制技术，采用数控技术控制的机床，称为数控机床。1952年，美国麻省理工学院根据John T. Parsons的设想，把机械和电子技术相结合，制造出了具有信息存储和处理功能的新型机床——数控铣床。1958年，Kearney & Trecker公司研制出了带有自动换刀机构的加工中心。

随着计算机技术的发展，20世纪70年代初，计算机数字控制（Computer Numerical Control，CNC）系统被应用于数控机床，这不仅提高了自动化程度，而且提高了机床的通用性和加工效率，在生产上得到广泛应用。

（5）柔性自动化

传统的"刚性"制造生产线，主要适应单一品种大批量零件的生产，生产效率高，设备利用率高，单件成本低。但是随着产品升级换代加速、客户需求多样化甚至定制，刚性生产线难以适应多品种小批量的生产要求，随着计算机信息技术的发展，柔性自动化得到了迅速发展。在计算机支持下，能适应加工对象变化的柔性制造单元和柔性制造系统应运而生。

柔性制造单元（Flexible Manufacturing Cell，FMC）由一台或数台数控机床或加工中心构成，可以根据需要自动更换刀具和夹具，并具有物料输送和储存装置，具有加工不同产品的灵活性和柔性。柔性制造单元适合加工形状复杂，加工工序简单，加工工时较长，批量小的零件。

图1-2所示是一个以加工回转体零件为主的柔性制造单元。两台运输小车在工件装卸工

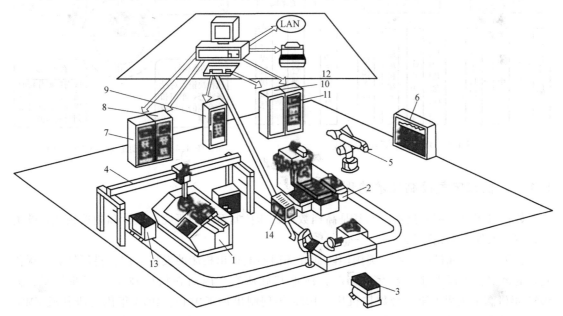

图1-2 柔性制造单元

1—数控车床 2—加工中心 3—装卸工位 4—龙门式机械手 5—机器人 6—机外刀库 7—车床数控装置
8—龙门式机械手控制器 9—小车控制器 10—加工中心控制器 11—机器人控制器
12—单元控制器 13、14—运输小车

位 3、数控车床 1 和加工中心 2 之间输送工件，龙门式机械手 4 为数控车床装卸工件和更换刀具，机器人 5 进行加工中心刀具库和机外刀库 6 之间的刀具交换。控制系统由车床数控装置 7、龙门式机械手控制器 8、小车控制器 9、加工中心控制器 10、机器人控制器 11 和单元控制器 12 等组成。单元控制器负责对单元组成设备的控制、调度、信息交换和监控。

柔性制造系统（Flexible Manufacturing System，FMS）是以数控机床或加工中心为基础，配以物料传送存储装置、自动化检测装置等组成的统一由中心计算机控制的生产系统，如图 1-3 所示。它能够适应中小批量、多品种的柔性生产方式，而且将手工操作减少到最低，具有很高的自动化特征。它是自动化车间和自动化工厂的重要组成部分。美国国家标准局把 FMS 定义为：由一个传输系统联系起来的一些设备，传输装置把工件放在其他联结装置上送到各加工设备，使工件加工准确、迅速和自动化，中央计算机控制机床和传输系统，柔性制造系统有时可同时加工几种不同的零件。

（6）智能控制

随着物联网、大数据和移动应用等新一轮信息技术的发展，智能制造已经引发行业的广泛关注。

智能制造系统在制造过程中能进行诸如分析、推理、判断、构思和决策等智能活动，通过人与智能机器的合作，部分地取代技术专家在制造过程中的脑力劳动，如图 1-4 所示。智能制造在突出人的核心地位的同时，把制造自动化扩展到柔性化、智能化和高度集成化。

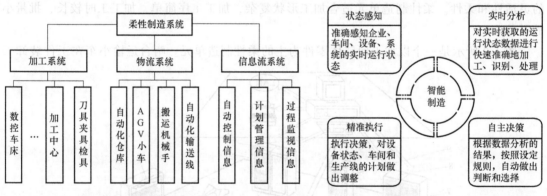

图 1-3　柔性制造系统的组成　　　图 1-4　智能制造系统的主要功能

1.1.3　机床电气控制技术的现状

数控机床电气控制技术，尤其是高档数控机床控制系统的研究、设计和制造领域，欧美和日本依然处于领先地位。

美国政府重视机床工业，美国国防部等部门不断提出机床的发展方向、科研任务和提供充足的经费，重视人才、效率和创新，注重基础研究。因而在机床技术上不断创新，如 1952 年研制出世界上第一台数控机床、1958 年创制出加工中心、1970 年代初研制成 FMS、1987 年首创开放式数控系统等。当今美国不仅生产航空航天等领域使用的高性能数控机床，也为中小企业生产廉价实用的数控机床。

德国政府一贯重视机床工业的重要战略地位，注重科学试验，理论与实际相结合，基础科研与应用技术研究并重。企业与大学科研部门紧密合作，对用户产品、加工工艺、机床布

局结构、数控机床的共性和特性问题进行深入研究，在质量上精益求精。大型、重型、精密数控机床，主机及机、电、液、气、光、刀具、测量和数控系统等多种功能部件，在质量、性能上居世界前列。如西门子（SIEMENS）公司的数控系统和海德汉（HEIDENHAIN）公司的精密光栅。

日本政府对机床工业的发展异常重视，通过规划、法规引导发展，重视人才培养，在机床部件配套上学习德国，在质量管理及数控机床技术上学习美国，充分发展大批量生产自动化，继而全力发展中小批柔性生产自动化的数控机床。自1958年研制出第一台数控机床后，1978年产量超过美国，至今产量、出口量一直居世界首位。在20世纪80年代开始进一步加强科研，向高性能数控机床发展。日本发那科（FANUC）公司的数控系统在产量上居世界第一。

我国从2003年开始成为全球最大的机床消费国，也是世界上最大的数控机床进口国。2006年，我国发布《国家中长期科学技术发展规划》，将高端数控技术列为重点支持内容，并且之后推出高档数控机床、大型飞机等数个重大专项都与高端数控技术相关。随着国家的持续支持与数控工作者的努力，数控机床在工业生产中得到了广泛应用，拥有了自主知识产权的数控产品，掌握了数控系统、伺服驱动、数控主机、专机及其配套件的基础技术，其中大部分技术已商品化、产业化，并形成了数控产业基地，涌现出多个拥有自主知识产权的高档数控系统产品。但我国在高档数控产品的品种、性能等方面仍落后于国外先进水平，市场占有率不高，高端数控系统大量依赖进口。虽然从纵向看我国的发展速度很快，但与国外先进水平仍有差距，某些高精尖数控装备的技术水平差距有扩大趋势。主要表现在：技术水平与国外先进水平大约落后10~15年，在高精尖技术方面则更大；功能部件专业化生产水平及成套能力较低；国产数控系统尚未建立自己的品牌效应，用户信心不足。对先进数控技术的研究开发、工程化能力较弱；相关标准规范的研究、制定滞后；数控机床的电气控制系统开放性不够，各系统所采用的体系结构不一致，相互之间缺乏兼容性和互换性；能够从事高档数控机床研发、设计、使用、维护工作的技术人才不足。

1.2 数控机床电气控制系统

社会对产品多样化的要求越来越强烈，产品更新换代的周期越来越短，多品种、小批量生产的比重明显增加。同时，随着航空航天、造船、军工、汽车等行业对产品性能要求的不断提高，复杂零件越来越多，加工质量要求也不断提高。传统的普通加工设备难以适应这种多样化、柔性化及复杂形状零件的高效率高质量加工的要求。数控机床由计算机控制，既有专用机床生产效率高的优点，又有通用机床工艺范围广、使用灵活的特点，并且能自动加工复杂成型表面，加工精度高，成为当今制造业自动化的理想设备。

1.2.1 数控机床电气控制系统的组成及工作原理

数控机床是典型的机电一体化产品，数控机床的高度自动化离不开完备的电气控制系统，数控机床电气控制系统主要包括：数控系统及PLC、外围电气控制电路和伺服系统等，如图1-5所示。

数控系统是数控机床的控制核心，它将用户输入的命令进行解码、运算，然后有序地发

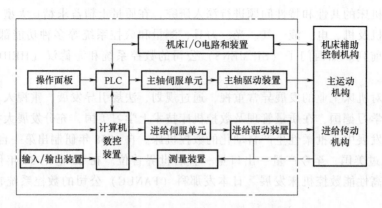

图 1-5　数控机床电气控制系统的组成

出所需要的运动指令和辅助功能控制指令，直至运动和功能结束，例如，各进给轴的运动控制、刀具的选择和交换、冷却系统的启动和停止等。

PLC 多和数控系统集成在一起，将来自 CNC 的各种运动及功能指令进行逻辑处理，使之能够协调有序地安全运行，同时将来自机床的各种信息及工作状态传送给 CNC，完成数控机床各项辅助功能的逻辑控制。

伺服系统接受来自 CNC 的运动控制指令，经速度与电流调节输出驱动信号，实现机床主轴和进给轴的运动控制，同时接收运动反馈信号实现闭环控制。

机床外围电气电路包括各种开关、传感器和电磁阀等低压电气元件，实现机床电气控制系统各部件的电源、安全控制以及相互之间的连接。

综上所述，数控机床的工作原理可归纳为：数控装置内的计算机对通过输入装置以数字和字符编码方式所记录的信息进行一系列处理后，再通过伺服系统及 PLC 向机床主轴及进给等执行机构发出指令，机床主体则按照这些指令，并在检测反馈装置的配合下，对工件加工所需的各种动作，如刀具相对于工件的运动轨迹、位移量和进给速度等项要求实现自动控制，从而完成工件的加工。

不同数控机床产品所采用的数控系统、伺服系统及外围电气控制电路各不相同，具体需要参阅数控机床产品的电气说明书，以了解电气控制系统各组成部分之间的连接关系。如图 1-6 所示为数控机床及其电气控制系统的组成实例。

1.2.2　数控机床及其控制系统的特点

为了充分发挥数控机床的优势，现代数控机床及其控制系统具有高速、高精度、高可靠性、多功能复合化、智能化、网络化和开放性的特点。

1. 高速高精度

速度和精度是数控机床的两个重要技术指标，关系到生产效率和产品质量。现代数控机床必须在保持或提高精度的同时提高速度，这就对数控机床的机械结构和控制系统提出更高的要求。目前高性能数控机床在进给速度 100m/min 时，位移分辨率仍可达到 1μm；在进给速度 20m/min 时，位移分辨率可达到 0.1μm；在进给速度 400~800mm/min 时，位移分辨率可达到 0.01μm。其次，控制系统可以对机床的几何误差、热误差和力误差，通过高分辨率的测量系统进行补偿，并对加工过程中的振动进行主动抑制，从而获得很高且稳定的加工精

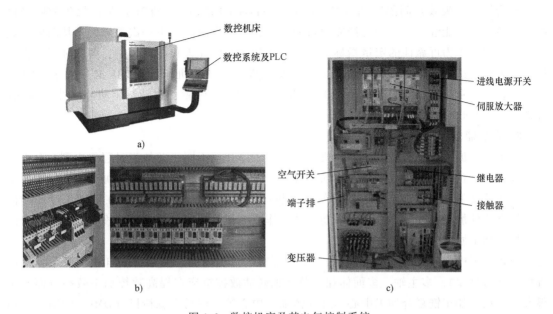

图1-6　数控机床及其电气控制系统

a）数控机床　b）低压电气元件在电气控制柜中的布置和连接　c）数控机床的电气控制柜

度。由于数控机床实现了自动加工，所以减少了操作人员带来的人为误差，提高了同批零件的一致性。

高速度主要取决于数控系统在读入加工指令数据后的数据处理速度，采用高位数和高速CPU是提高数控系统速度的最有效手段。有的系统采用多微处理器结构，减轻主CPU的负担，提高控制速度，或采用专用插补器芯片以硬件插补方式提高插补速度。采用直线电机直接驱动机床移动部件的"零传动"直线伺服进给方式，提高了进给速度和动态响应特性。应用内装式电动机主轴（简称电主轴），主轴电动机和主轴连成一个整体，使主轴不必经过变速齿轮传动，主轴转速可提高到40000~50000r/min。配置高速、强功能、具有专用CPU的内装式PLC，利用PLC的高速处理功能，使CNC和PLC之间有机结合，满足数控机床运行中的各种实时控制要求。

2. 可靠性高

数控机床是制造类企业中的关键设备，一旦故障停机，其影响和损失很大，如果发生故障其损失就更大了，所以数控机床的可靠性尤为重要。

控制系统采用大规模和超大规模集成电路、专用芯片及混合式集成电路，提高线路集成度，减少元器件数量。硬件结构模块化、标准化和通用化，各部件之间采用总线连接，精简外部连线，降低功耗，提高系统工作稳定性和可靠性。

数控机床由于硬件、软件及操作等原因，出现故障在所难免，增强故障自诊断、自恢复和保护功能，对提高数控机床可靠性至关重要。通过自动运行启动诊断、在线诊断和离线诊断等多种自诊断程序，对系统软硬件及外部设备进行故障诊断和报警，自动显示故障部位和类型，以便及时排除。利用容错技术，对重要部件采用"冗余"设计，以实现故障自恢复。采用刀具破损检测、行程范围保护和断电保护等功能，保证系统稳定可靠工作。

平均故障（失效）间隔时间（Mean Time Between Failures，MTBF）是指发生故障经修理或更换零件还能继续工作的可修复设备或系统，从一次故障到下一次故障的平均时间，数控机床常用它作为可靠性的定量指标。以每天工作 16h 的无人化车间为例，要保证机床在工作时间内连续正常运转，则无故障率需达到 99% 以上，数控机床的 MTBF 必须大于 3000h，这意味着数控系统的 MTBF 要大于 33333.3h，而其中数控装置、主轴及驱动等部件的 MTBF 就必须在 100000h 以上。

3. 多功能复合化

为了提高加工效率和精度，数控机床将多种工序甚至不同工艺加工过程集中到一台设备上完成，在一台机床上集成车削、铣削、镗削、钻削和磨削等多种不同的加工工艺，实现工件在一次装夹下的整体加工，可以有效减少机床和夹具数量、免去工件在不同工序间的搬运、提高工件加工精度、缩短加工周期、节省作业面积等，从而减少设备投资、降低生产成本、提高加工质量和生产效率。

数控加工中心（Machining Center，MC）配有一机多能的数控系统和自动换刀系统（如机械手和刀具库）。多主轴、多面体加工及多轴联动数控机床在提高数控加工效率方面起了很大的作用，如车铣复合加工中心、五面体加工中心等。德马吉森精机（DMG MORI）公司已开发出能够实现同时实现增材制造和切削加工的混合制造加工中心。

4. 智能化

尽管学术界及工业界尚未给出智能机床的标准定义，但一般认为智能机床应具有自感知、自分析、自适应、自维护及自学习等能力，并能够实现加工优化、实时补偿、智能测量、远程监控和诊断等功能，从而能够支持加工过程的高效运行。

计算机软件技术的飞速发展使数控系统可充分利用软件技术，与人工智能技术相结合，使系统智能化。在数控机床中引入自适应控制技术（Adaptive Control，AC），针对加工过程中客观存在的各种不确定性，例如毛坯余量不均匀、材料硬度不一致、刀具磨损、工件和机床变形等，提供了一个适应反馈环。通过测量过程变量，即对系统最终切削性能有影响的工作状态和系统参量变化的信息，如零件与刀具间隙、材料特性变化和刀具变形等，经自适应控制器的处理，用来调整系统的参数或改变加工特性，使系统始终保持所要求的工作能力。因此，一个自适应控制系统可以"适应"外界条件和系统参量的极度变化，使系统发挥最好的工作效能。

在数控机床中采用故障自诊断、自恢复技术，利用故障诊断程序进行在线诊断、离线诊断，甚至通过通信手段进行远程诊断。目前人工智能专家诊断系统已应用到数控系统中，这种以知识库为基础的软件系统，通过人机控制器的交互作用，按一定的推理机制诊断出故障原因并给出排除方法。

数控系统与 CAD/CAPP/CAM 系统集成，利用 CAD 绘制零件图，从 CAPP 数据库中自动获取加工工艺参数，再经过刀具轨迹数据计算和后置处理自动生成数控加工程序，提高了编程效率，降低了对编程人员技术水平的要求。引入模式识别技术，应用图像识别和声控技术，使机器自己辨认图样，按照自然语音命令进行加工。

5. 网络化

为了适应柔性制造单元（FMC）、柔性制造系统（FMS）以及进一步联网组成计算机集成制造系统（CIMS）的要求，数控机床要具有联网能力。不同厂家不同类型的数控机床，可以通过工业控制网络，从工厂自动化上层（设计信息、生产计划信息）到下层（控制信息、生产管理信息），通过信息交流，建立能够有效利用系统全部信息资源的计算机网络。

1.3 数控机床与智能制造

1.3.1 智能制造

个性化小批量精密制造需求推动制造业朝着高端化、细分化、自动化和智能化方向发展。智能制造（Intelligent Manufacturing, IM）是基于新一代信息通信技术与先进制造技术深度融合，贯穿于设计、生产、管理和服务等制造活动的各个环节，具有自感知、自学习、自决策、自执行和自适应等功能的新型生产方式。

智能制造可分为三个层次：一是智能制造装备。智能制造离不开智能装备的支撑，包括高档数控机床、智能机器人和智能化成套生产线等，以实现生产过程的自动化、智能化和高效化；二是智能制造系统，这是一种由智能设备和人类专家结合物理信息技术共同构建的智能生产系统，可以不断地进行自我学习和优化，并随着技术进步和产业实践动态发展；三是智能制造服务。与物联网相结合的智能制造过程涵盖产品设计、生产、管理和服务的全生命周期，可以根据用户需求对产品进行定制化生产，最终形成全生产服务生态链。

智能制造企业对产品生产到经营的全生命周期进行管控，通过融合生产工艺流程、供应链物流和企业经营模式，有效串联业务与制造过程，最终使工厂在一个柔性、敏捷、智能的制造环境中运行，大幅度优化了生产效率和稳定性。

1.3.2 智能制造的发展现状

20世纪80年代，工业发达国家已开始对智能制造进行研究，并逐步提出智能制造系统和相关智能技术。进入21世纪，网络信息技术迅速发展，实现智能制造的条件逐渐成熟。在国际金融危机之后，传统制造业强国开始将重心转回实体制造，颁布了一系列发展智能制造的国家战略，见表1-1，期望以发展制造业刺激国内经济增长。2015年5月，我国发布《中国制造2025》文件，以推进智能制造为制造业发展的主攻方向，构建以智能制造为重点的新型制造体系。这些战略说明智能制造已成为制造业重要的发展趋势。

表 1-1 各国智能制造规划及其主要内容

国家/地区	政策（发布时间）	目标内容
美国	先进制造伙伴计划（2011）	基于移动联网的第三代机器人，实现数控机床的智能化、高速化、精密化，以及3D打印的金属材料应用，提升美国制造技术综合竞争力
欧盟	数字化欧洲工业计划（2016）	将物联网、大数据、人工智能进一步应用到工业中，同时建设大型数字创新中心（DIH）提供支持，以推进欧洲工业的智能化进程
德国	工业4.0（2013）	大力发展物理信息系统（CPS），在工业生产中综合应用智能物流管理、人际互动以及3D打印技术，将生产中的供应、制造、销售信息数据化、智慧化，使工厂达到先进数字化水平

（续）

国家/地区	政策（发布时间）	目 标 内 容
日本	机器人新战略（2015）	构建"世界机器人创新基地"，研制智能应用机器人，使机器人通过互联网进行数据的交换和存储，以巩固日本机器人大国的地位

1. 美国

先进制造业伙伴计划，重塑工业竞争力。美国通过先进制造业伙伴计划重新规划了本国的制造业发展战略，投入超过 20 亿美元研究先进工业材料、创新制造工艺和基于移动互联网技术的第三代工业机器人，希望通过发展先进制造业，实现制造业的智能化升级，保持美国在制造业价值链上的高端位置和制造技术的全球领先地位。美国智能制造现阶段重点研究领域及内容包括：

1）智能机器人。结合互联网技术，增加机器人的交互能力。

2）物联网。将传感器和通信设备嵌入到机器和生产线中。

3）大数据和数据分析。开发可解读并能分析大量数据的软件和系统。

4）信息物理系统和系统集成。开发大规模生产系统，实现高效灵活的实时控制和定制。

5）可持续制造。通过绿色设计，使用环保材料，优化生产工艺，开发可提高资源利用率、减少环境有害物质排放的生产体系。

6）增材制造。将 3D 打印技术应用于部件和产品制造，减少产品开发和制造的时间与成本。

2. 欧盟

数字化欧洲工业计划，推进工业数字化进程。随着智能制造的兴起，欧盟提出数字化欧洲工业计划，用于推进欧洲工业的数字化进程。计划主要通过物联网（Internet of Things, IoT）、大数据（Big Data）和人工智能（Artificial Intelligence, AI）三大技术来增强欧洲工业的智能化程度；将 5G、云计算、物联网、数据技术和网络安全等五个方面的标准化作为发展重点之一，以增强各国战略计划之间的协同性；同时，投资 5 亿欧元打造数字化区域网络，大力发展区域性的数字创新中心，实施大型物联网和先进制造试点项目，期望利用云计算和大数据技术把高性能计算和量子计算有效地结合起来，提升大数据在工业智能化方面的竞争力。

3. 德国

工业 4.0，构建智能生产系统。2013 年，德国正式发布《保障德国制造业的未来：关于实施"工业 4.0"战略的建议》，并将工业 4.0 上升为国家级战略，期望做第四次工业革命的领导者，得到各界的支持。该计划是一项全新的制造业提升计划，其模式是通过工业网络、多功能传感器以及信息集成技术，将分布式、组合式的工业制造单元模块构建成多功能、智能化的高柔性工业制造系统；在生产设备、零部件、原材料上装载可交互智能终端，借助物联网实现信息交互，实时互动，使机器能够自决策，并对生产进行个性化控制；同时，新型智能工厂可利用智能物流管理系统和社交网络，整合物流资源信息，实现物料信息快速匹配，改变传统生产制造中人、机、料之间的被动控制关系，提高生产效率。

4. 日本

创新工业计划，巩固自动化生产强国位置。日本提出创新工业计划，大力发展网络信息技术，以信息技术推动制造业发展。通过加快发展协同机器人、多功能电子设备、嵌入式系统、智能机床和物联网等技术，打造先进的无人化智能工厂，提升国际竞争力。制造业工厂十分注重自动化、信息化与传统制造业的融合发展，已经广泛普及了工业机器人，通过信息技术与智能设备的结合、机器设备之间的信息高效交互，形成新型智能控制系统，大大提高了生产效率和稳定性。2016年，日本发布工业价值链计划，提出"互联工厂"的概念，联合100多家企业共同建设日本智能制造联合体。同时，以中小型工业企业为突破口，探索企业相互合作的方式，并将物联网引入实验室，加大工业与其他各领域的融合创新。

5. 中国

我国装备制造业是新中国成立后才开始起步的，经过改革开放40年来的扶持与发展，工业体系和相关产业链逐渐完善，从低端制造业慢慢向中高端拓展，在规模和水平上都有了长足的进步。进入21世纪以来，政府及企业逐渐加大了对智能制造的关注和投入。从《智能制造装备产业"十二五"发展规划》到《中国制造2025》的正式发布，国家发展智能制造产业的政策逐步完善。这些政策都以发展先进制造业为核心目标，旨在提升制造业的核心技术。

快速发展的网络信息技术和先进制造技术为推进我国智能制造发展提供了良好的条件，提高了我国的制造业智能化水平。我国自主研发的多功能传感器、智能控制系统已逐步达到世界先进水平。工业机器人、智能数控机床和自动化成套生产线等智能装备制造技术也取得了较大进步，并逐步形成了完整的智能装备产业体系。智能制造装备和先进工艺技术在重点行业不断普，离散型制造行业的智能装备应用、流程型制造行业的工艺流程控制和制造执行系统使制造企业生产效率大幅提高。但是，与装备制造业强国相比，我国装备制造业综合竞争力依旧较弱。在智能化过程中，存在 缺乏核心技术自主创新能力、标准体系不够完善、软件与信息技术发展较弱、缺少行业优秀企业领 导和相关先进制造服务业的支持等问题。

1.3.3 智能工厂

智能工厂（Smart Factory，SF）作为智能制造重要的实践领域，引起了制造业的广泛关注和重视。

1. 智能工厂的特征

智能工厂具有以下六个显著特征：

1）设备互联。能够实现设备与设备互联（M2M），通过与设备控制系统集成，以及外接传感器等方式，由数据采集与监控系统（SCADA）实时采集设备的状态、质量信息，并通过应用无线射频技术（RFID）、条码（一维和二维）等技术，实现生产过程的可追溯。

2）广泛应用工业软件。广泛应用制造执行系统（MES）、先进生产排程（APS）、能源管理和质量管理等工业软件，实现生产现场的可视化和透明化。在新建工厂时，可以通过数字化工厂仿真软件，进行设备和产线布局、工厂物流和人机工程等仿真，确保工厂结构合理。在推进数字化转型的过程中，必须确保工厂的数据安全和设备自动化系统安全。在通过专业检测设备检出次品时，不仅要能够自动与合格品分流，而且能够通过统计过程控制（SPC）等软件，分析出现质量问题的原因。

3）充分结合精益生产理念。充分体现工业工程和精益生产的理念，能够实现按订单驱动，拉动式生产，尽量减少在制品库存，消除浪费。推进智能工厂建设要充分结合企业产品和工艺特点，在研发阶段也需要大力推进标准化、模块化和系列化，奠定推进精益生产的基础。

4）实现柔性自动化。结合企业的产品和生产特点，持续提升生产、检测和工厂物流的自动化程度。产品品种少、生产批量大的企业可以实现高度自动化，乃至建立黑灯工厂；小批量、多品种的企业则应当注重少人化、人机结合，注重建立智能制造单元。工厂的自动化生产线和装配线应当适当考虑冗余，避免由于关键设备故障而停线；同时，应当充分考虑如何快速换模，能够适应多品种的混线生产。物流自动化对于实现智能工厂至关重要，企业可以通过 AGV、桁架式机械手和悬挂式输送链等物流设备实现工序之间的物料传递，并配置物料超市，尽量将物料配送到线边。质量检测的自动化也非常重要，机器视觉在智能工厂的应用将会越来越广泛。此外，还需要考虑如何使用助力设备，减轻工人劳动强度。

5）注重环境友好，实现绿色制造。能够及时采集设备和产线的能源消耗，实现能源高效利用。在危险和存在污染的环节，优先用机器人替代人工，能够实现废料的回收和再利用。

6）可以实现实时洞察。从生产排产指令的下达到完工信息的反馈，实现闭环。通过建立生产指挥系统，实时洞察工厂的生产、质量、能耗和设备状态信息，避免非计划性停机。通过建立工厂的数字孪生（Digital Twin），方便地洞察生产现场的状态，辅助各级管理人员做出正确决策。

仅有自动化生产线和工业机器人的工厂，还不能称为智能工厂。智能工厂不仅生产过程应实现自动化、透明化、可视化、精益化，而且，在产品检测、质量检验和分析、生产物流等环节也应当与生产过程实现闭环集成。一个工厂的多个车间之间也要实现信息共享、准时配送和协同作业。

2. 智能工厂的体系架构

智能工厂可以分为基础设施层、智能装备层、智能产线层、智能车间层和工厂管控层五个层级，如图 1-7 所示。

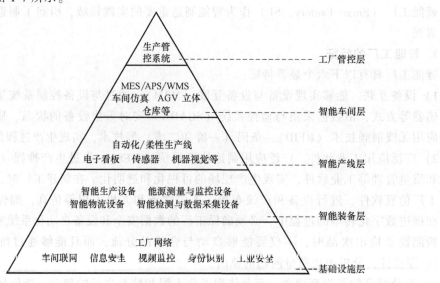

图 1-7　智能工厂五级金字塔

1）基础设施层。企业首先应当建立有线或者无线的工厂网络，实现生产指令的自动下达和设备与产线信息的自动采集；形成集成化的车间联网环境，解决不同通信协议的设备之间，以及 PLC、CNC、机器人、仪表/传感器和工控/IT 系统之间的联网问题；利用视频监控系统对车间的环境及人员行为进行监控、识别与报警；此外，工厂应当在温度、湿度、洁净度的控制和工业安全（包括工业自动化系统的安全、生产环境的安全和人员安全）等方面达到智能化水平。

2）智能装备层。智能装备是智能工厂运作的重要手段和工具。智能装备主要包含智能生产设备、智能检测设备和智能物流设备。制造装备在经历了机械装备到数控装备后，目前正在逐步向智能装备发展。智能化的加工中心具有误差补偿、温度补偿等功能，能够实现边检测、边加工。工业机器人通过集成视觉、力觉等传感器，能够准确识别工件，自主进行装配，自动避让人，实现人机协作。智能物流设备则包括自动化立体仓库、智能夹具、AGV、桁架式机械手和悬挂式输送链等。

3）智能产线层。智能产线的特点是，在生产和装配的过程中，能够通过传感器、数控系统或 RFID 自动进行生产、质量、能耗和设备绩效（OEE）等数据采集，并通过电子看板显示实时的生产状态；通过安灯系统实现工序之间的协作；生产线能够实现快速换模，实现柔性自动化；能够支持多种相似产品的混线生产和装配，灵活调整工艺，适应小批量、多品种的生产模式；具有一定冗余，如果生产线上有设备出现故障，能够调整到其他设备生产；针对人工操作的工位，能够给予智能的提示。

4）智能车间层。要实现对生产过程进行有效管控，需要在设备联网的基础上，利用制造执行系统（MES）、先进生产排产（APS）和劳动力管理等软件进行高效的生产排产和合理的人员排班，提高设备利用率（OEE）。实现生产过程的追溯，减少在制品库存，应用人机界面（HMI），以及工业平板等移动终端，实现生产过程的无纸化。另外，还可以利用数字孪生（Digital Twin）技术将 MES 系统采集到的数据在虚拟的三维车间模型中实时地展现出来，不仅提供车间的虚拟现实（VR）环境，而且还可以显示设备的实际状态，实现虚实融合。

车间物流的智能化对于实现智能工厂至关重要。企业需要充分利用智能物流装备实现生产过程中所需物料的及时配送。企业可以用 DPS（Digital Picking System）系统实现物料拣选的自动化。

5）工厂管控层。工厂管控层主要是实现对生产过程的监控，通过生产指挥系统实时洞察工厂的运营，实现多个车间之间的协作和资源的调度。流程制造企业已广泛应用 DCS 或 PLC 控制系统进行生产管控，近年来，离散制造企业也开始建立中央控制室，实时显示工厂的运营数据和图表，展示设备的运行状态，并可以通过图像识别技术对视频监控中发现的问题进行自动报警。

3. 智能工厂发展现状

在全球各主要经济体强力推进制造业的形势下，很多优秀制造企业开展了智能工厂建设实践。例如，西门子安贝格电子工厂实现了多品种工控机的混线生产，FANUC 公司实现了机器人和伺服电动机生产过程的高度自动化和智能化，施耐德电气实现了电气开关制造和包装过程的全自动化，美国哈雷戴维森公司广泛利用以加工中心和机器人构成的智能制造单元，实现大批量定制。

我国在航空、航天、船舶、汽车、轨道交通和装备制造等行业对生产和装配线进行自动化、智能化改造，以及建立全新的智能工厂的需求十分旺盛，当前涌现出西门子成都数字化工厂、海尔以及美的等智能工厂建设的样板。例如：西门子成都数字化工厂采用 Siemens PLM 软件，通过虚拟化产品设计和规划实现了信息无缝互联，使工厂全面透明化，实现虚拟设计与现实生产相融合。PLM、MES、自动化建立在一个数据库平台上，利用 MES 和 TIA 将产品及生产全生命周期进行集成，大幅度缩短产品上市时间。自动监控质量确保品质，质量一次通过率可达 99.9985%。物流实现全自动化，大幅缩短补充上货时间，促使生产效率提高，实现了机机互联、机物互联和人机互联，建立了高度智能化的生产加工控制系统，实现了数字孪生（Digital Twin）的智能工厂。

1.3.4 智能制造背景下的数控机床

智能制造实现的前提是高端制造装备及控制的智能化，而高端智能制造装备实质上是一种人机一体化智能系统，主要由智能机器和人类专家系统组成，包括高档数控机床、工业机器人、智能测控装置、3D 打印设备和柔性自动化生产线等。其中，高档数控机床是国家战略级高端装备，是智能制造工程五类关键技术装备与十大重点集成应用领域之一，是现代制造系统的关键基础单元，集机械制造、自动化控制、微电子、信息处理等技术于一身，其功能的强弱和性能的好坏决定着制造模式的成败，在实现智能制造的过程中具有举足轻重的地位。

目前，国内智能化高档数控系统及机床的发展已有较大进步，高速高精、多轴联动控制、机床多源误差补偿等先进数控技术与国际先进水平差距进一步缩小。高档数控系统研究方面，在国家科技专项的支持下，华中数控、广州数控及大连光洋等数控企业攻克一批高档数控系统关键技术，研制出了全数字总线式高档数控系统产品，攻克了高速高精控制、多轴多通道联动等关键技术，已在航空、船舶、发电、汽车和特种装备等领域获得批量应用。

在高档数控机床研制方面，通过科技攻关，国内机床企业正着力于将智能化先进数控技术有效集成应用到高档数控机床上，研制出了一系列高档数控机床，如 YKZ7230 数控蜗杆砂轮磨齿机，采用全新双工件主轴结构和高精度双主轴直接驱动技术，提供智能磨削软件，可实现自动装卡、自动对刀、自动磨削及修正砂轮自动控制，并配置压力、振动、位置及温度传感器实时监控机床状态，使得加工效率和精度显著提升。

虽然国内数控系统和数控机床的智能化进程加快，我们也应清醒地看到，中国在高端数控机床等战略高科技领域的核心技术和装备仍不能自给。据《中国数控机床行业"十三五"市场前瞻与发展规划分析报告》显示，在高端数控机床方面，国内产品仅占 2%；在普及型数控机床中，虽然国产化率达到 70% 左右，但国产数控机床当中大约 80% 使用国外数控系统。2016 年，中国数控机床市场规模已达到 1862 亿元，预计到 2020 年我国数控机床行业的资产规模将超过 2700 亿元，行业未来发展空间巨大，因此中国在高端机床上的生产力亟待提升，市场需求结构的变化将倒逼机床行业的转型升级。

思考题与习题

1. 简要说明机床电气控制系统的作用。
2. 简述机床电气控制技术的发展历程。

3. 柔性制造有哪些特点，举例说明柔性制造单元的组成。

4. 简述数控机床电气控制系统的组成及工作原理。

5. 数控机床电气控制系统有哪些特点？

6. 如何提高数控机床的精度、速度和可靠性？

7. 什么是智能制造？简述智能制造提出的背景和意义？

8. 为了振兴制造业，各国颁布了哪些国家战略，主要目标任务是什么？

9. 智能工厂的主要特征有哪些？

10. 智能工厂可以划分为哪几个层级？

11. 什么是 PLC/CNC/MTBF/FMC/FMS/PLM/MES？

12. 简述我国高档数控机床的发展现状与存在的主要问题。

项目1 认识机床电气控制系统

机床电气控制系统是机床的重要组成部分，电气控制系统的优劣直接影响机床的性能，本项目旨在通过实地观察和操作，掌握机床电气控制系统的组成和作用，了解机床电气控制技术的发展和现状。

1. 学习目标

1）了解普通机床电气控制系统的组成、功能和特点。

2）掌握数控机床电气控制系统的组成、功能和特点。

3）熟悉数控机床电气控制的要求和主要部件。

4）增强对本课程主要学习内容和任务的感性认识。

2. 任务要求

1）结合实验室设备，了解至少三种数控系统的特点及主要功能。

2）结合实验室设备，查阅资料，了解至少三个机床制造商的产品定位和特点。

3）参观实验室或生产车间，熟悉至少三种数控机床的电气控制系统组成及各部分的作用。

4）通过不同设备的比较，了解电气控制技术的发展。

5）对学习内容进行总结，分组讨论，撰写项目报告。

3. 评价标准（见表 1-2）

表 1-2 项目评价标准

序号	任　务	配分	考核要点	考核标准	得分
1	了解典型数控系统的特点及主要功能	15	查阅资料的能力 对典型数控系统及其应用的了解	至少三种典型数控系统的特点和功能，有自己的见解和总结	
2	了解国内外知名机床制造厂家的产品定位和特点	15	查阅资料的能力 对国内外知名机床制造厂家及产品的了解	至少三种国内外著名机床制造厂的产品定位和特点，有自己的见解和总结	
3	数控机床的电气控制系统组成，并对其特点和作用进行总结	30	观察、应用和总结能力 数控设备的操作能力 对国内外知名机床制造商及产品特点的了解	文字、图表清晰、简要 概括数控机床电气控制系统组成、作用	

（续）

序号	任 务	配分	考核要点	考核标准	得分
4	通过不同设备的比较，总结电气控制技术的发展	20	观察、总结归纳能力 普通机床和数控机床机械、电气的区别	总结结合实际设备，有依据、有条理、有个人见解	
5	对学习内容进行总结，分组讨论，撰写项目报告	20	语言表达能力 协作、交流沟通能力 总结、撰写报告的能力	沟通表达有条理，清楚简明，重点突出 报告撰写格式规范，内容详实、正确，有个人见解	

项目 2　区域制造业技术发展调研

18世纪爆发了以蒸汽机的发明为标志的第一次工业革命，从工业1.0时代到工业4.0时代，工业生产发生了巨大变革。目前，我国制造业正在发生深刻的变革，本项目旨在通过调查走访制造企业，了解制造企业的技术现状和面临的主要问题。

1. 学习目标

1）了解区域制造业的技术现状和技术需求。

2）了解区域制造业数控设备的研发、应用、维护情况及存在的问题。

3）了解智能制造相关的新技术在区域制造业中的应用。

4）了解区域制造业对技术人才的需求情况。

2. 任务要求

1）调查走访学校所在区域的制造企业。

2）结合实例总结工业1.0到工业4.0的主要技术标志和特点。

3）总结智能制造新技术在区域制造业的应用情况，指出区域制造业目前所处的阶段和状态。

4）区域制造业转型升级面临哪些主要技术问题。

5）了解数控技术及数控机床的研发、应用、维护情况及存在的问题。

6）对调查内容进行总结，分组讨论，撰写项目报告。

3. 评价标准（见表1-3）

表1-3　项目评价标准

序号	任 务	配分	考核要点	考核标准	得分
1	调查走访学校所在区域的制造企业	20	调查走访企业的准备工作 调查走访企业的情况	调查走访准备工作充分 调查走访企业满足要求	
2	结合实例总结工业1.0到工业4.0的主要技术标志和特点	10	查阅资料的能力 实地调查，归纳总结能力	了解工业技术的发展历程 内容正确合理，结合实例，有自己的见解	
3	智能制造新技术在区域制造业的应用情况	10	对智能制造新技术的了解 实地调查，归纳总结能力	了解智能制造及其主要特点 内容正确合理，结合实例，详实可靠，有自己的见解	

（续）

序号	任　务	配分	考 核 要 点	考 核 标 准	得分
4	区域制造业转型升级面临哪些主要技术问题	20	实地调查,总结归纳能力 交流沟通能力、独立思考能力	结合实际案例,有依据、有条理、有自己的见解	
5	数控技术及数控机床的研发、应用、维护情况	20	实地调查,总结归纳能力 交流沟通能力、独立思考能力 对数控技术及其应用的了解	了解数控技术的特点和现状 结合实际案例,有依据、有条理、有自己的见解	
6	对学习内容进行总结,分组讨论,撰写项目报告	20	语言表达能力 协作、交流沟通能力 总结、撰写报告的能力	沟通表达有条理,清楚简明,重点突出 报告撰写格式规范,内容详实、正确,有个人见解	

第2章

数控机床电气控制基础

本章简介

机床的功能不同，对电气控制的要求也不同。对于普通机床，多采用三相异步电动机作为原动机，采用继电—接触器控制系统，对电动机实现起动、停止、正反转、制动和有级调速等运行控制及保护。本章 2.1 节从应用的角度介绍机床常用低压电器的结构、工作原理以及它们在电气控制电路中的应用；2.2 节详细介绍机床电气控制系统图的分类、作用、制图规范、读图方法和注意事项；2.3 节介绍普通机床三相异步电动机的起动、反向和制动等典型控制电路及保护环节。

现代数控机床采用计算机数字控制技术，采用交流伺服电动机拖动主运动和进给运动，采用 PLC 技术取代传统的继电—接触器控制系统，因此数控机床的电气控制与普通机床的电气控制有很大的不同。在 2.4 节中，对典型数控机床电气控制原理图进行介绍。由于不同数控系统和伺服系统的硬件接口各不相同，PLC 的 I/O 单元的地址定义有很大的差别，并且由于数控机床自动化程度提高，辅助功能、安全保护功能更加完善，因此要正确阅读和分析数控机床电气控制系统图，不仅需要掌握本章低压电器元件的使用和典型控制线路，还需要掌握数控系统、伺服系统的原理和接口技术，熟悉 PLC 硬件和软件的相关知识，这些知识将在后续章节中进行阐述。

2.1 机床常用低压电器

2.1.1 低压电器基本知识

1. 低压电器的概念

电器是一种能够根据外界施加的信号或要求，自动或手动地接通和断开电路，从而断续或连续地改变电路参数或状态，以实现对电路或非电路对象的切换、控制、保护、检测、变换和调节的电气器件。低压电器通常指额定电压在直流 1500V 或交流 1200V 及以下的电器元件。用于机床电气控制的电器多属于低压电器。

2. 低压电器的分类

低压电器的功能和用途多样，种类繁多，分类方法也有多种，见表 2-1。

按动作方式分类，可分为自动切换电器和非自动切换电器。按照信号或某个物理量的变化而自动动作的电器为自动切换电器，如接触器和继电器等。通过外力（人力或机械力）

直接操作而动作的电器为非自动电器，如开关和按钮等。

按使用场合分类，可分为一般用途电器、化工用电器、矿用电器、船用电器和航空用电器等。

按动作原理分类，可分为电磁式电器和非电磁式电器。电磁式电器根据电磁铁的原理工作，如接触器、继电器等。非电磁式电器依靠外力或某种非电量的变化而动作，如行程开关、按钮、速度继电器和热继电器等。

按用途分类，可分为配电电器和控制电器。配电电器主要用于配电系统中，如断路器、熔断器和刀开关。控制电器用来控制电路的通断，如继电器、主令电器、保护电器、执行电器。

表 2-1 按用途分类的低压电器

分类	名称	主要品种	用途
控制电器	接触器	交流接触器 直流接触器	远距离频繁起动或停止交、直流电动机以及接通和分断正常工作的主电路和控制电路
	控制及保护继电器	电压继电器 电流继电器 中间继电器 时间继电器 热继电器 压力继电器 速度继电器 固态继电器	主要用于控制系统中控制其他电器或作主电路的保护之用
	主令电器	按钮 限位开关 微动开关 万能转换开关 接近开关 光电开关	用来闭合和分断控制电路以发布命令
	执行电器	电磁铁 电磁工作台 电磁离合器	用于完成某种动作或传递功率
配电电器	断路器	塑料外壳断路器 框架式断路器	用作线路过载、短路、漏电或欠压保护，也可用作不频繁接通和分断电路
	熔断器	有填料熔断器 无填料熔断器 半封闭插入式熔断器	用作线路和设备的短路和严重过载保护
	刀形开关	负荷开关	主要用作电气隔离，也能接通分断额定电流

3. 电磁式低压电器的基本结构和原理

从结构上看，电器一般都具有两个基本组成部分，即感受部分和执行部分。感受部分接受外界输入的信号，并通过转换、放大和判断，作出有规律的反应，使执行部分动作，实现对电路的开、关任务。对于有触头的电磁式电器，其感受部分是电磁机构，执行部分是触头系统。

（1）电磁机构

电磁机构通常采用电磁铁的形式，由励磁线圈、静铁心和衔铁（动铁心）等组成，其中衔铁与动触头支架相连，见图 2-1 所示。其作用是将电磁能转换为机械能带动触头闭合或断开。按线圈通入电流的不同，电磁机构分为直流电磁机构和交流电磁机构，两者结构不同，见表 2-2 所列。

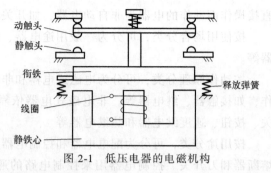

图 2-1 低压电器的电磁机构

表 2-2 直流电磁机构与交流电磁机构的比较

	直流电磁机构	交流电磁机构
铁心	铁心没有铁损，由整块铸铁制成	铁心由硅钢片叠成，以减少铁损（磁滞损耗及涡流损耗）
线圈	仅有线圈发热，所以线圈匝数多、导线细、制成细长型，不设线圈骨架，线圈与铁心直接接触，利于线圈散热	铁心和线圈均发热，所以线圈匝数少、导线粗、制成粗短型，设线圈骨架，使线圈与铁心隔离，利于铁心和线圈散热

电磁机构的工作原理：当励磁线圈通入电流后，产生磁场，磁通经静铁心、工作气隙和衔铁形成闭合回路，产生电磁吸力，其克服弹簧力将衔铁吸向静铁心，当线圈断电后，衔铁在弹簧力的作用下释放复位。

电磁吸力与气隙的关系曲线称为吸力特性。由电工学知识可知

$$F \propto \Phi^2 \qquad (2-1)$$

在直流电磁机构中，当直流励磁电流稳定时，磁路对电路没有影响，所以线圈励磁电流恒定，不受磁路气隙的影响，即其磁动势 IN 恒定，根据磁路欧姆定律

$$\Phi = \frac{IN}{R_m} = \frac{IN}{\delta/(\mu_0 S)} = \frac{IN\mu_0 S}{\delta} \qquad (2-2)$$

因为 $F \propto \Phi^2$，则

$$F \propto \Phi^2 \propto \frac{1}{\delta^2} \qquad (2-3)$$

直流电磁机构的吸力 F 与气隙 δ 的二次方成反比，气隙越小，磁阻越小，所以吸力越大，其吸力特性如图 2-2 所示。

由此可以得出，直流电磁机构在衔铁吸合过程中，线圈励磁电流不变，且吸力越来越大，这样使得工作可靠，故直流电磁机构适用于动作频繁的场合。但当直流线圈断电时，由于电磁感应，将会在线圈中产生很大的反电动势，其值可达线圈额定电压的十多倍，会使线圈因过电压而损坏，因此，常在线圈两端并联一个由放电电阻和硅二极管组成的反向放电回路。

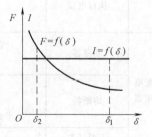

图 2-2 直流电磁机构特性

在交流电磁机构中，由电工学知识可知，交流线圈电压与磁通（有效值）的关系为

$$U \approx E = 4.44 f \Phi N \qquad (2-4)$$

$$\Phi = \frac{U}{4.44 f N} \qquad (2-5)$$

由式（2-5）可知，在交流线圈中，当励磁电压、频率和线圈匝数为常数时，磁通 Φ

（有效值）为常数，所以其吸力 F 的平均值亦为常数，说明吸力 F 与气隙 δ 大小无关。但是当气隙大时，磁阻大，要维持同样的磁通所需的励磁电流就要大，因此在交流线圈通电后但衔铁未动作时，其励磁电流为衔铁吸合后电流的 5~15 倍，交流电磁机构吸力特征见图 2-3。所以若线圈通电后衔铁卡住而不能吸合，或者交流电磁机构太频繁动作，都将可能导致因线圈励磁电流过大而烧毁线圈。所以对于可靠性高或频繁动作的控制场合宜采用直流电磁机构，而不采用交流电磁机构。

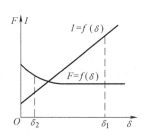

图 2-3　交流电磁机构的吸力特性

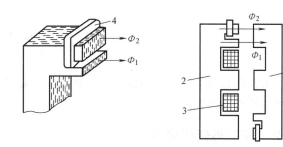

图 2-4　交流电磁机构的短路环
1—衔铁　2—静铁心　3—线圈　4—短路环

对于单相交流电磁机构来说，由于交流励磁时，电压和磁通都随时间作正弦规律变化，电磁吸力也做周期性变化。当磁通每周期两次过零时，电磁吸力也为零，衔铁在反力弹簧的作用下将被拉开，之后衔铁又被吸合，这样使衔铁产生强烈振动和噪声，甚至使铁心松散。为了减小衔铁振动，通常在铁心端面开一小槽，槽内安装一个铜制的短路环，如图 2-4 所示。铁心端面处设短路环后，得到两个不同相位的磁通 Φ_1、Φ_2，它们分别产生电磁吸力 F_1和 F_2，这两个吸力之间也存在一定的相位差，到达零值的时刻错开，所以两者的合力就始终大于零，也就能减小衔铁振动。

（2）触头系统

触头系统属于执行部件，通过触头的开闭来通断电路。触头按功能可分为主触头和辅助触头，主触头用于接通和分断主电路，辅助触头用于控制电路。触头按形状可分为点接触触头、指形线接触触头和面接触触头。点接触触头一般用于小电流的辅助电路中；线接触触头用于中等容量电流场合，在通断过程中滚动接触，在 A 点接触，经 B 点滚动到 C 点，断开时相反，如图 2-5 所示，这样可清除表面氧化膜，并且长期工作点不是在易烧蚀的 A 点而是在 C 点，保证了触头的良好接触，直流接触器易产生电弧，常用滚动指形触头；面接触触头适用于大电流场合，一般在接触表面镶有合金，以减小接触电阻和提高耐磨性。按位置可分为静触头和动触头。静触头固定不动，动触头能由联杆带着移动。按其初始位置可分为常闭触头和常开触头。常闭触头又称动断触头，常态时动、静触头是相互闭合的。常开触头又称动合触头，常态时动、静触头是分开的。

（3）灭弧装置

如果电路中的电压超过 10~12V，电流超过 80~100mA，则在动、静触头断开的瞬间，在其间隙中就会由电子流产生弧光放电现象，成为电弧。电弧的产生使得电路仍然保持导通状态，延迟了电路的开断，并且放电会烧损触头，缩短电器的使用寿命，因此通常要设置灭弧装置。交流电弧有自然过零点，所以容易被熄灭，而直流电弧没有薄弱点，故不易被熄

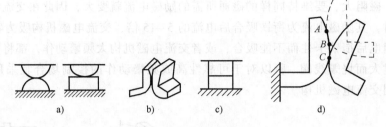

图 2-5　触头的接触形式

a) 点接触　b) 线接触　c) 面接触　d) 指形触头的接触过程

灭。灭弧装置有多种类型，如磁吹或电动力吹弧装置、灭弧罩与纵缝灭弧装置、栅片灭弧室以及用多断点灭弧等。

2.1.2　开关类低压电器

1. 组合开关

组合开关是一种在平面内左右旋转操作的手动电器，因此又称为转换开关。在机床电气控制电路中，常被作为电源引入开关。组合开关的分断能力较低，不带过载保护和短路保护功能，故不能用来分断故障电流。常用于不带载分断电路，为设备提供电气隔离断点。

组合开关由动触头、静触头、转轴、手柄、定位机构及外壳等部分组成，其动触头、静触头分别叠装于数层绝缘垫板之间，各自附有连接线路的接线柱，当转动手柄时，每层的动触头随方形转轴一起转动，从而实现对电路的接通、断开控制，其文字符号为 Q 或 QS，图形符号及实物图如图 2-6所示。

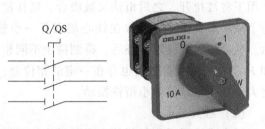

图 2-6　组合开关的图形符号及实物图

组合开关有单极、双极、三极和多极之分，额定电流有 10A、25A、60A 和 100A 等多种，应根据用电设备的电压等级、电流容量和极数进行选用。组合开关用于控制电动机时，其额定电流一般取电动机额定电流的 1.5~2.5 倍。

2. 低压断路器

低压断路器又称自动空气开关或自动开关，可用作设备低压配电的总电源开关及各主回路的电源开关，能接通、承载和分断正常电路条件下的电流，实现电能的分配，也能在规定的非正常电路条件（短路、严重过载或欠电压等）下分断电路，对电源线路及电动机等实行保护。低压断路器也可用作线路的不频繁转换及电动机的不频繁起动之用。它相当于刀开关、熔断器、热继电器、过电流继电器和欠电压继电器的组合，是一种既有手动开关作用又能自动进行欠电压、失电压、过载和短路保护的电器，在分断故障电流后一般不需要更换零部件，就可以重新合闸工作，因而获得广泛的应用。

断路器按结构形式可分为框架式和塑料外壳式，如图 2-7 所示；按操作机构的不同可分为手动操作、电动操作和液压传动操作；按触头数目可分为单极、双极和三极。断路器主要由触头、灭弧装置以及脱扣器与操作机构、自由脱扣机构组成。低压断路器的结构与动作原理如图 2-8 所示，主触头靠操作机构手动或电动合闸，在正常工作状态下能接通和分断工作电流，当电路发生短路或过电流故障时，过电流脱扣器的衔铁被吸合，自由脱扣机构的钩子脱开，主触头在分断弹簧作用下被拉开。若电网电压过低或零压时，失电压脱扣器的衔铁被释放，自由脱扣机构动作，断路器触头分离，切断电路。断路器的文字及图形符号如图 2-9 所示。

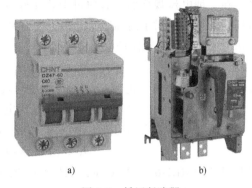

图 2-7　低压断路器
a）塑壳式　b）框架式

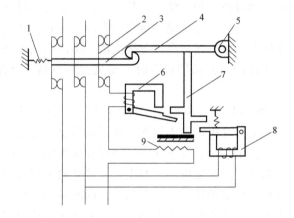

图 2-8　断路器工作原理
1—弹簧　2—触点　3—锁键　4—搭钩　5—轴
6—过电流脱扣器　7—杠杆　8—欠电压脱扣器　9—热脱扣器

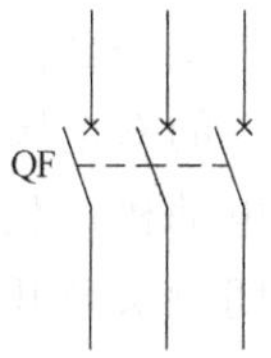

图 2-9　断路器文字及图形符号

在额定电流 600A 以下，且短路电流不大时，可选用塑壳断路器；当额定电流较大，短路电流也较大时，应选用框架式断路器。塑料外壳断路器的主要参数有额定工作电压、壳架额定电流等级、极数、脱扣器类型及额定电流、短路分断能力等。

2.1.3　保护类低压电器

1. 熔断器

熔断器是当通过熔体的电流超过规定值达一定时间后，产生的热量使熔体熔断，从而分断电路的电器，用于低压配电系统和控制系统中作短路和严重过载保护的保护电器。熔断器的种类很多，结构也不同，有插入式熔断器、有/无填料封闭式熔断器及快速熔断器等，使用方便、价格低廉。其文字及图形符号如图 2-10 所示。

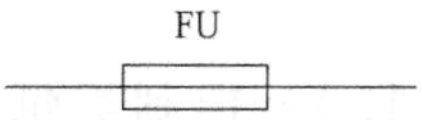

图 2-10　熔断器的文字及图形符号

熔断器主要根据其种类、额定电压、熔断器（熔管）额定电流等级和熔体额定电流等技术参数来进行选用。额定电压应大于或等于所保护电路的额定电压。厂家为了减少熔管额定电流的规格，熔管额定电流等级较少，而熔体的额定电流等级较多，在一种电流规格的熔管内可安装几种电流规格的熔体，所以熔体额定电流的选择是熔断器选择的核心。对于诸如照明电路等没有冲击电流的负载，熔体额定电流等于或稍大于电路工作电流即可；对于保护电动机的熔断器，应注意起动电流的影响，熔体电流一般按下式选择

$$I_R \geq I_m/2.5 \qquad\qquad (2\text{-}6)$$

式中，I_R 为熔体额定电流；I_m 为电路中可能出现的最大电流。

例如，两台电动机不同时启动，一台电动机额定电流为 14.6A，另一台电动机额定电流为 4.64A，起动电流都为额定电流的 7 倍，则熔体电流为

$$I_R \geq (14.6 \times 7 + 4.64)/2.5 \approx 42.7A$$

因此可选用 RL1-60 型熔断器，配用 50A 的熔体。

2. 热继电器

热继电器是利用电流流过热元件时产生的热量，使双金属片发生弯曲而推动执行机构动作的一种保护电器。主要用于交流电动机的长期过载保护、断相保护及电流不平衡运行的保护及其他电气设备发热状态的控制。电动机工作时是不允许超过额定温升的，否则会降低电动机的寿命。熔断器和过电流继电器只能保护电动机不超过允许最大电流，不能反映电动机的发热状况，我们知道，电动机短时过载是允许的，但长期过载时电动机就要发热，因此，必须采用热继电器进行保护。

图 2-11 所示是热继电器的外形，图 2-12 所示是其工作原理。热继电器由发热元件、双金属片、触头及一套传动和调整机构组成。双金属片由两种不同热膨胀系数的金属片辗压而成，图中所示的双金属片的下层热膨胀系数大，上层小，发热元件串接在被保护电动机的主电路中，当电动机过载时，通过发热元件的电流超过整定电流，双金属片受热向上弯曲脱离扣板，使常闭触头断开，由于常闭触头是接在电动机的控制电路中的，它的断开会使得与其相接的接触器线圈断电，从而接触器主触头断开，电动机的主电路断电，实现了过载保护。

图 2-11　热继电器实物图

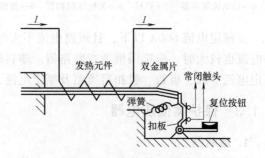

图 2-12　热继电器原理图

2.1.4　控制类低压电器

1. 接触器

接触器是一种可频繁接通和断开交、直流主电路及大容量控制电路的自动切换电器。目前，应用最广泛的是空气电磁式交流接触器，它具有低压释放保护功能，可进行频繁操作，实现远距离控制，是电力拖动自动控制线路中使用最广泛的电气元件之一。

电磁式接触器实物外形如图 2-13 所示，由电磁系统、触头系统和灭弧装置组成，工作原理如图 2-14 所示，其主触头的动触头装在与衔铁相连的绝缘连杆上，其静触头则固定在壳体上。当线圈得电后，线圈产生磁场，使静铁心产生电磁吸力，将衔铁吸合。衔铁带动动触头动作，使常闭触头断开，常开触头闭合，分断或接通相关电路。当线圈失电时，电磁吸力消失，衔铁在反作用弹簧的作用下释放，各触头随之复位。其触头及线圈符号如图 2-15 所示。

图 2-13　电磁接触器实图

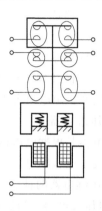

图 2-14　电磁接触器工作原理

接触器按主触头控制的电流种类分为交流接触器和直流接触器；按主触头的数目分为单极、两极、三极、四极和五极；按电磁机构励磁电流种类分为交流励磁、直流励磁两种。需要注意的是，通常所说的交流/直流接触器指的是主触头控制的主回路中的电流种类，而不是线圈电流的种类，并且接触器铭牌上的额定电压、额定电流是指主触头的额定电压和额定电流。接触器的选型主要考虑以下技术数据：

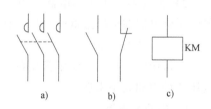

图 2-15　电磁接触器触头及线圈符号
a）主触头　b）辅助触头　c）线圈

1）主触头的极数和主触头电流种类；

2）主触头的额定工作电压及额定工作电流；

3）辅助触头的数量及其额定电流；

4）电磁线圈的电源种类及额定工作电压；

5）额定操作频率。

2. 电流/电压继电器

继电器是一种根据电量（电流/电压）或非电量（时间、速度、温度和压力等）的变化自动接通和断开控制电路，以完成信号的传递、放大、转换及联锁等控制或保护任务的自动控制电器。它与接触器不同，主要用于感应控制信号的变化，其触头通常接在控制电路中。继电器的种类很多，分类方法也很多，根据输入信号的不同可分为电压继电器、电流继电器、中间继电器、热继电器、时间继电器和速度继电器等；按动作原理可分为电磁式继电器、干簧继电器、电动式继电器、电子式继电器等；按动作时间分为快速继电器、延时继电器、一般继电器；按执行环节的作用原理分为有触头继电器、无触头继电器。

由于电磁式继电器具有工作可靠、结构简单、制造方便以及寿命长等一系列的优点，故在机床电气传动系统中应用得最为广泛。电磁式继电器有直流和交流之分，它们的主要结构和工作原理与接触器基本相同，下面介绍几种常用继电器。

（1）电流继电器

电流继电器是根据电流信号而动作的。如在直流并励电动机的励磁线圈里串联电流继电器，当励磁电流过小时，它的触头便断开，从而控制接触器，以切除电动机的电源，防止电动机因转速过高或电枢电流过大而损坏，具有这种性质的继电器叫欠电流继电器；反之，为了防止电动机短路或过大的电枢电流（如严重过载）而损坏电动机，就要采用过电流继电器。

电流继电器的特点是匝数少、线径较粗，能通过较大电流。在电气传动系统中，用得较多的电流继电器有 JL14、JL15、JT3、JL9 和 JT10 等型号。选择电流继电器时主要根据电路内的电流种类和额定电流大小来选择。

（2）电压继电器

电压继电器是根据电压信号动作的。如果把上述电流继电器的线圈改用细线绕成，并增加匝数，就成了电压继电器，它的线圈是与电源并联。电压继电器也可分为过电压继电器和欠（零）电压继电器两种。

1）过电压继电器。当控制线路出现超过所允许的正常电压时，继电器动作，控制切换电器（接触器），使电动机等停止工作，以保护电气设备不致因过高的电压而损坏。

2）欠（零）电压继电器。当控制线圈电压过低，使控制系统不能正常工作，此时利用欠电压继电器在电压过低时动作，使控制系统或电动机脱离不正常的工作状态，这种保护称欠电压（零压）保护。

在机床电气控制系统中常用的电压继电器有 IT3、JT4 型。选择电压继电器时根据线路电压的种类和大小来选择。

3. 中间继电器

中间继电器本质上是电压继电器，但还具有触头多（多至六对或更多）、触头能承受的电流较大（额定电流 5~10A）、动作灵敏（动作时间小于 0.05s）等特点，其实物及文字符号、图形符号如图 2-16 所示。它的用途有两个，一是用作中间传递信号，当接触器线圈的额定电流超过电压或电流继电器触头所允许通过的电流时，可用中间继电器作为中间放大器来控制接触器；二是用作同时控制多条线路。

在机床电气控制系统中常用的中间继电器除了 JT3、JT4 型外，目前用得最多的是 JZ7型和 JZ8 型中间继电器。在可编程序控制器和仪器仪表中还用到各种小型继电器。选择中间继电器时，主要根据是控制线路所需触头的多少和电源电压等级来确定。

图 2-16　中间继电器实物、文字及图形符号

4. 固态继电器

固态继电器是由半导体器件组成的无触头开关器件，它较之电磁继电器具有工作可靠、寿命长、对外界干扰小、能与逻辑电路兼容、抗干扰能力强、开关速度快、无火花、无动作噪声和使用方便等一系列优点，因而具有很宽的应用领域。它有逐步取代传统电磁继电器的趋势，并进一步扩展到许多传统电磁继电器无法应用的领域，如计算机的输入/输出接口、外围和终端设备等。在一些要求耐振、耐潮湿、耐腐蚀、防爆等特殊工作环境中以及要求高可靠性的工作场合，固态继电器较传统电磁继电器有很大优越性。固态继电器的缺点是过载能力低，易受温度和辐射影响。

固态继电器分为直流固态继电器和交流固态继电器，前者的输出采用晶体管，后者的输出采用晶闸管。固态继电器的主要技术参数有输入电压范围、输入电流、接通电压、关断电压、绝缘电阻、介质耐压、额定输出电流、额定输出电压、最大浪涌电流、输出漏电流和整定范围等。固态继电器的应用范围已超出传统继电器的领域，有些容量较大的固态继电器实际上被当作无触头接触器使用。

2.1.5 主令电器

顾名思义，主令电器是一种发布电气"命令"的电器，主要用来控制其他电器的动作，从而使电路接通或分断，达到控制生产机械的目的。机床电气控制系统中常用的主令电器有控制按钮、行程开关和接近开关等。

1. 控制按钮

控制按钮是一种手动主令电器，只能短时接通或分断控制电路（不能直接用于主电路），可远距离控制接触器、继电器等电器动作，其结构示意图如图 2-17 所示。按下按钮，常开触头闭合，而常闭触头断开，从而可控制两条电路；松开按钮，则在弹簧的作用下使触头恢复原位。其文字及图形符号如图 2-18 所示。

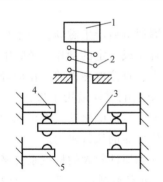

图 2-17　控制按钮结构示意图
1—按钮　2—复位弹簧　3—动触头
4—常闭触头　5—常开触头

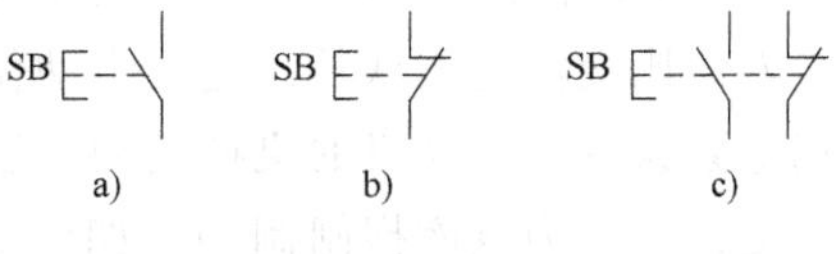

图 2-18　控制按钮文字及图形符号
a）常开触头　b）常闭触头　c）复合触头

控制按钮的选择应从使用场合、所需触头数及按钮帽的颜色等因素考虑，一般红色表示"停止"，绿色表示"起动"，黄色表示"需要干预"；紧急式按钮采用蘑菇形按钮帽。

2. 行程开关、接近开关和光电开关

行程开关、接近开关和光电开关都是用来反映工作机械的行程，发出命令以控制其运动

方向或行程的主令电器。如果把它们安装在工作机械行程终点处，以限制其行程，就称其为限位开关或终点开关。

行程开关利用生产机械运动部件的碰撞，使其内部触头动作，分断或切换电路，从而控制生产机械行程、位置或改变其运动状态。行程开关的种类很多，按动作方式分为瞬动型和蠕动型；按触头部结构分为直动、滚轮直动、杠杆、单轮、双轮、滚轮摆杆可调和弹簧杆等型。

接近开关是非接触式的检测装置，当运动着的物体接近到一定距离范围内时，它就能发出信号，从而进行相应的操作。按工作原理分，接近开关有高频振荡型、霍尔效应型、电容型、超声波型等，其中以高频振荡型最为常用。接近开关的主要技术参数有动作距离、重复精度、操作频率和复位行程等。

光电开关是另一类非接触式检测装置，它有一对光的发射和接收装置，根据两者的位置和光的接收方式分为对射式和反射式，作用距离从几厘米到几十米不等。

选用上述开关时，要根据使用场合和控制对象确定检测元件的种类。例如，当被测对象运动速度不是太快时，可选用一般用途的行程开关，而在工作频率很高，对可靠性及精度要求也很高时，应选用接近开关，不能接近被测物体时，应选用光电开关。

2.1.6 执行电器

在机床电气控制系统中，除了作为控制元件的接触器、继电器和一些主令电器外，还常用到为完成执行任务的电磁铁、电磁工作台和电磁离合器等执行电器。

1. 电磁铁

电磁铁是一种通电以后对铁磁物质产生引力，把电磁能转换为机械能的电器。在控制电路中，电磁铁主要应用于两个方面，一是用作控制元件，如电动机抱闸制动电磁铁和立式铣床变速进给机械中由常速到快速变换的电磁铁等；二是用于电磁牵引工作台，它起着夹具的作用。

电磁铁由励磁线圈、静铁心和衔铁三个部分组成。线圈通电后产生磁场，由于衔铁与机械装置相连接，所以线圈通电衔铁被吸合时就带动机械装置完成一定的动作。线圈中通以直流电的称为直流电磁铁，通以交流电的称为交流电磁铁。交、直流电磁铁的工作原理，即其吸力与气隙，电流与气隙的关系在前面已经阐述，因此，交流电磁铁适用于操作不太频繁、行程较大和动作时间短的执行机构，使用时不要有卡住现象。直流电磁铁工作可靠性好、动作平稳、寿命比交流电磁铁长，适用于动作频繁或工作平稳可靠的执行机构。

采用电磁铁制动电动机的机械制动方法，对于经常制动和惯性较大的机械系统来说，应用非常广泛，常称为电磁抱闸制动。如图2-19所示为一电磁抱闸制动原理图。图中，制动轮与电动机同轴安装，当电动机通电起动时，电磁铁YA线圈得电，并将衔铁吸上使弹簧拉紧，同时联动机构把压紧在制动轮上的抱闸提起，使制动轮可以和电动机一起正转运行。当电动机电源切断时，电磁铁YA线圈断电，弹簧复位，制动闸重新紧压制动轮，致使与之同轴的电动机迅速制动。

2. 电磁工作台

电磁工作台又叫电磁卡盘，是一种夹具，平面磨床上用得最多。它的结构如图2-20所示，电磁工作台的外形为一钢质箱体，箱内装有一排凸起的铁心。铁心上绕着励磁线圈。上

表面为钢质有孔的工作台面板,铁心嵌入孔内并与板面平齐。孔与铁心之间的间隙内嵌入铅锡合金,从而把面板划分为许多极性不同的 N 区和 S 区。当通入直流励磁电流后,磁通 φ 由铁心进入面板的 N 区,穿过被加工的工件而进入 S 区,然后由箱体外壳再返回铁心,形成磁路。于是,被加工的工件就被紧紧吸住在面板上。切断励磁电流后,由于剩磁的影响,工件将仍被吸在工作台上。要取下工件,必须在励磁线圈中通入脉动电流去磁。电磁工作台不但简化了夹具,而且还具有装卸工件迅速、加工精度较高等系列优点。只要机床的切削力不过分大,一般都可以采用。麻烦之处在于常需要对加工后的产品做去磁处理。电磁工作台的额定电压有 24V、40V、110V 和 220V 等级别,吸力为 $2 \sim 13 \mathrm{kg/cm}^2$。

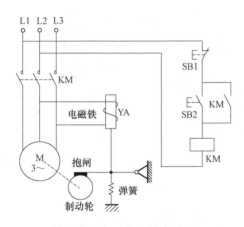

图 2-19 电磁抱闸制动原理

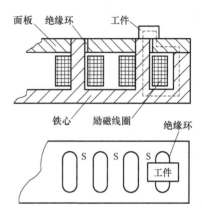

图 2-20 电磁工作台结构

2.2 机床电气控制系统图

电气控制系统由电动机(或其他执行电器)和各种电器元件组成,为了清晰地表达其工作原理,便于安装调试、使用维护,需将电气系统中的各电器元件用统一的、国家标准规定的图形符号和文字符号来表示,再将其连接、布置和接线情况用图表达出来,称为电气控制系统图。电气控制系统图一般有三种,分别是电气原理图、电器布置图、安装接线图,由于它们的用途不同,绘制原则也有差别,根据实际需要,下面重点介绍电气原理图。

电气图必须采用国标统一的图形符号和文字符号,并遵循国标规定的电气制图标准。现行有效的相关标准有 GB/T 24340(工业机械电气图用图形符号)、GB/T 4728(电气简图用图形符号)和 GB/T 6988(电气技术用文件的编制)、GB/T 24341(工业机械电气设备电气图、图解和表的绘制)。

2.2.1 电气原理图

电气原理图用来表示电气电路中各电器元件的连接关系和工作原理。为了便于阅读和分析,电气原理图采用简洁、层次分明的原则来绘制,不反映电器元件的实际安装位置,也不反映各电器元件的外形、大小,而是采用国家标准规定的图形符号和文字符号来表示电器元件,只用电器元件的导电部件及其接线端子,电器元件按展开形式绘制,导电部件画在它们完成作用的地方,用导线将这些导电部件连接起来以反映其连接关系和工作原理。电气原理图是其他电气图的依据，在设计部门和生产现场获得广泛应用，如图 2-21 所示。电气原理图的基本绘图细则如下：

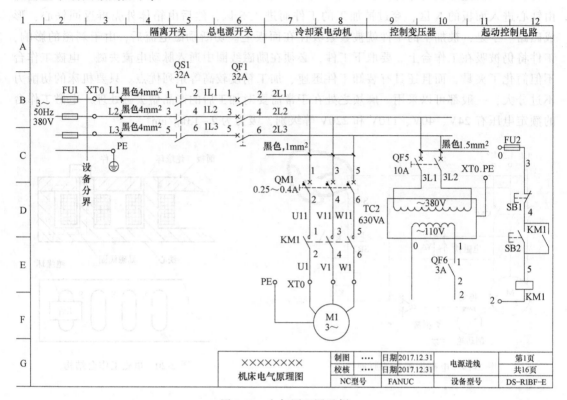

图 2-21　电气原理图示例

1. 电气原理图的组成

普通机床电气控制系统为继电—接触器控制系统，根据电路通过的电流大小分为主电路和辅助电路。主电路是从电源到电动机的大电流通过的电气线路，拖动机床实现主要功能。主电路通常由熔断器、断路器、接触器主触头、热继电器发热元件与电动机等组成，一般用粗线条绘在原理图的左侧（或上部）。辅助电路包括控制电路、照明电路、信号电路及保护电路等。它们由接触器和继电器的线圈、接触器的辅助触头、继电器和其他控制电器的触头，控制按钮等组成，一般用细线条绘在原理图的右侧（或下部）。

现代数控机床的主运动和进给运动通常采用伺服电动机的连续运动控制及其驱动技术，其电气控制系统中不仅包括主电动机、进给电动机、各辅助运动电动机或执行机构，还包括数控装置、伺服放大器、PLC 输入/输出模块等电子装置或部件，其原理图不仅包括辅助电动机主电路、控制电路，还包括 CNC 装置、驱动放大器以及 PLC 输入/输出模块等电子装置的供电和连接电路。在数控机床中，PLC 系统取代继电—接触器控制系统，这极大地简化了数控机床控制电路的复杂性。但是，数控机床自动化程度提高，辅助功能、安全保护功能更加完善，例如自动换刀、主轴自动换挡、自动冷却和润滑、自动装夹、自动排屑和自动防护门等功能，都要求有更多相应的电气电路。

2. 原理图中的图形及文字符号

在电气原理图中，各种电器元件必须采用国家统一规定的图形符号和文字符号。为便于把原理展示清晰，各电气元件的导电部件画在它们完成作用的地方，因此同一电器的各个部件（如线圈和触头）可以不画在一起，如接触器 KM 的主触头画在主电路上，而其线圈和辅助触头则画在辅助电路中，但同一电器的不同部分必须用同一文字符号表示，因此原理图也称为展开图。若图中有多个同一种类的电器元件，可在文字符号后加上数字序号加以区分，如 KA1、KA2 等。

3. 电源线的画法

三相交流电源线集中水平画在图面上方，相序自上而下依次是 L1、L2、L3、中性线 N、保护接地线 PE。直流电源用水平线画出，一般直流电源的正极画在图面上方，负极画在图面下方。主电路垂直于电源电路画出，辅助电路（控制和信号电路）一般应垂直地绘于两条水平电源线之间。耗能元件（如线圈、电磁阀和信号灯等）应垂直连接在接地的水平电源线上，而控制触头等应连在上方电源线与耗电元器件之间。

4. 原理图中触头的状态及画法

所有电器的触头都按没有外力作用或吸引线圈没有通电时的自然状态画出，二进制逻辑元件是置"零"时的状态，手柄是置于"零"位。例如，按钮、行程开关的触头，按不受外力作用时的状态画出；继电器、接触器的触头按照线圈未通电时的状态画出。当电器触头的图形符号垂直放置时，以"左开右闭"原则绘制，当触头的图形符号水平放置时，以"上闭下开"原则绘制。

5. 电气线路的多线表示法和单线表示法

如图 2-22 所示，每根连接线或导线各用一条图线表示的方法为多线表示法，多线法能详细地表达各相或各线的内容，尤其在各相或各线内容不对称的情况下采用此法。两根或两根以上的连接线或导线，只用一条图线表示的方法为单线表示法，单线法适用于三相或多线基本对称的情况。一部分用单线，一部分用多线的表示方法为混合表示法，混合法兼有单线表示法简洁精炼的特点，又兼有多线表示法对描述对象精确、充分的优点，由于两种表示法并存，变化灵活。

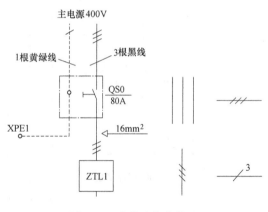

图 2-22　多线法与单线法

6. 导线的标注

各导线必须标注，导线的标注用线号来表示，线号一般由字母和数字组成，直流回路正极按奇数顺序（1、3、5…）标号，负极按偶数顺序（2、4、6…）标号。交流回路用第一位数区分相数，用第二位数字区分不同线段。例如：第一相：1、11、12，第二相：2、21、22，第三相：3、31、32。常用的特定导线标记有直流电源正极 L+、负极 L−、中间线 M；交流电源相线分别为 L1、L2、L3，中性线 N，保护接地线 PE，保护接地线与中性线共用 PEN；常用特定导线端子的标记有三相交流电动机相线端子 U、V、W 及保护接地 PE 等。

7. 图面区域的划分

为了便于确定原理图的内容和组成部分在图中的位置，有利于读者检索电气线路，方便阅读分析，将原理图进行图面分区。竖边从上到下用英文字母表示，横边从左到右用阿拉伯数字表示，分区代号用该区域的字母和数字表示，如 C3、E4，在第 6 页 A6 区内，标记为 6/A6。并且，为了便于理解电路工作原理，还常在原理图的上方标明该区电路的用途与作用，称为功能说明栏。

8. 电气图中技术数据的标注

电器元件的技术数据，除在电气元件明细表中标明外，也可用小号字体标注在其图形符号的旁边或者文字符号的下方。如图 2-21 中，低压断路器 QS1 的额定电流为 32A，与其连接的导线为黑色，截面积 4mm²。此外，原理图上还应标注出各个电气电路的电压值、极性或频率及相数、某些元器件的特性（电阻、电容的数值等）；常用电器（如位置传感器、手动触头等）的操作方式和功能。

9. 符号位置的索引

在复杂的电气原理图中，继电器、接触器线圈的文字符号下方要标注其触头位置的索引，在触头文字符号下方要标注其线圈位置的索引，如图 2-23 所示。电器符号位置的索引用部件图号、页次和图区编号的组合来表示。

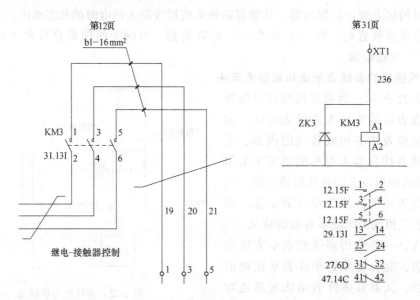

图 2-23　元器件的索引

10. 项目代号

项目代号是用以识别图、表图、表格中和设备上的项目种类，并提供项目的层次关系、实际位置等信息的一种特定的代码。项目代号由拉丁字母、阿拉伯数字、特定的前缀符号，按照一定规则组合而成。机械行业标准 JB/T 2740—2008 推进项目代号四段标志法：

高层代号段，其前缀符号为 "="；

种类代号段，前缀符号为 "-"；

位置代号段，其前缀符号为 "+"，

端子代号段，其前缀符号为 ":"。

例如：-S4：A 表示控制开关 S4 的 A 号端子，-XT：7 表示端子板 XT 的 7 号端子。

11. 连接线的中断表示法

一条图线需要连接到另外的图页上去，则必须用中断线表示，用符号标记表示连接线的中断。位于图样不同位置的相连接的线，所标线号应该相互完全一致，如图 2-24 所示。

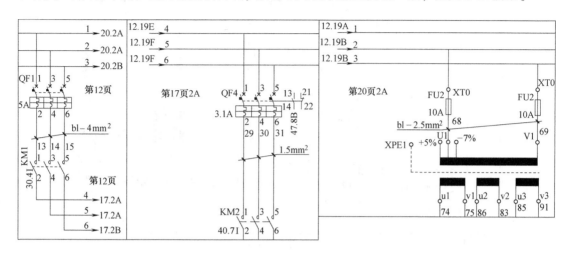

图 2-24　连接线的中断表示法

12. 其他细则

原理图按功能布置，即同一功能的电气元器件集中在一起，尽可能按动作顺序从上到下或从左到右的原则绘制。为了便于电气柜与设备本体之间的电气连接与拆卸，进、出电气柜的导线需经过电气柜内的端子排，端子排端子用空心圆表示；有直接电联系的导线连接点用实心圆表示，在原理图中，导线线路尽量避免交叉。

总之，数控机床电气原理图的组成比较复杂，其原理图的阅读分析和设计不仅需要理论知识，更需要在理论知识的指导下，对实际数控机床设备的原理图进行多读、多分析、多比较，才能为数控机床原理图的设计打下基础。

2.2.2　电气安装布置图

电气安装布置图又称电气位置图，用来表明电气原理图中各电器元件在机械设备和电气控制柜中的实际安装位置。布置图采用电器元件（或部件）简化的外形框图（如正方形、矩形、圆形），根据其外形尺寸及间距尺寸，以统一比例绘制。图中不需标注尺寸，图中各电气元件的文字符号与电气原理图中的标注一致。布置图用于电气元件的安装和检查。

元器件的安装布置和电缆布线方案首先应该满足电磁兼容性的要求，其次考虑元器件安装的安全可靠、操作方便、维修容易、整齐美观。通常使用的布置图有电气控制柜中的电器元件布置图和机械设备中电器元件布置图，图 2-25 和图 2-26 分别为某型号数控机床电气柜安装布置图以及机床上电器元件安装布置图。各电器元件的安装位置是由机械设备的结构和工作要求决定的，如电动机要和被拖动的机械部件安装在一起，行程开关应安装在要取得位置信号的地方，操作元件安装在操作方便的地方，而一般电器元件应安装在控制柜内。

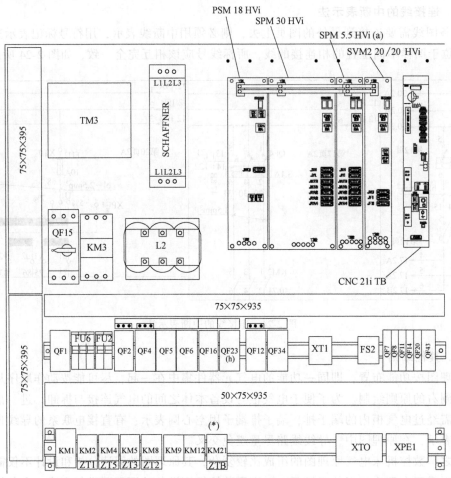

图 2-25　电气柜内元器件的安装布置图

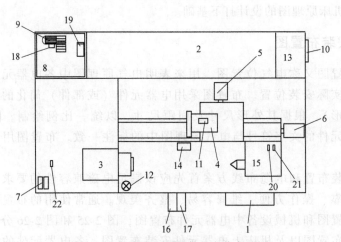

图 2-26　机床上电器元件的安装布置图

1—LCD 模块和控制面板　2—电气柜　3—主轴电动机　4—刀架　5—X 轴电动机　6—Z 轴电动机　7—卡盘微动开关
8—液压单元　9—液压泵电动机　10—冷却排屑器　11—XT2 端子板　12—机床照明　13—变压器　14—门微动开关
15—尾架　16—脚踏开关（卡盘张开）　17—脚踏开关（卡盘夹紧）　18—XTM1 端子板
19—脚踏开关连接器　20—套筒位置传感器　21—套筒粗定位开关　22—卡爪打开/关闭传感器

电气控制柜中电器元件的布置应注意以下几方面：

1）体积大和较重的电器元件应安装在电器安装板的下方。

2）发热元件应安装在上面，充分考虑其散热情况，安装距离应符合元件规定。

3）强电、弱电应分开，弱电应屏蔽，防止外界干扰。

4）需要经常维护、检修、调整的电器元件安装位置不宜过高或过低，以方便操作。

5）所有元件应按照其制造厂的安装条件（包括使用条件所需的飞弧距离，拆卸灭弧装置需要的空间等）进行布置，对于手动操作开关的安装必须保证开关的电弧对操作者不产生危险。

6）电器元件的布置应考虑整齐美观，外形尺寸与结构类似的电器安装在一起，以利安装和配线。

7）电器元件布置不宜过密，应留有一定间距。往往留有 10% 以上备用面积及导线管（槽）的位置，以利于施工。

8）控制柜内电器元件与柜外电器元件的连接应经过接线端子进行，在电气布置图中应画出接线端子排并按顺序标出接线号。

2.2.3 电气接线图

电气接线图又称电气互连图，用来表明电气设备各单元之间的电气接线关系，接线图通常与电气原理图和元器件布置图一起使用，是电气装备进行施工配线、敷线和校线工作时所应依据的图样之一。

接线图表示出各个项目（如器件、部件、组件、成套设备等）的相对位置、项目代号、端子号、导线号、导线型号、导线截面等内容，如图 2-27 所示。绘制电气互连图的原则是：

1）同一电器的各部件画在一起，其布置尽可能符合电器实际情况。

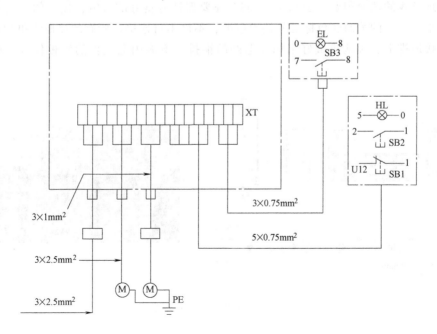

图 2-27 机床电气接线图

2）各电器元件的图形符号、文字符号和回路标记均以电气原理图为准，严格保持一致。

3）不在同一控制箱和同一配电屏上的各电器元件都必须经接线端子板连接。互连图中的电气互连关系用线束来表示，连接导线应注明导线规范（数量、截面积等），一般不表明实际走线途径，施工时由操作者根据实际情况选择最佳走线方式。

4）对于控制装置的外部连接线应在图上或用接线表示清楚，并标明电源的引入点。

2.2.4　防止电磁干扰的措施

如果设备运行在一个对噪声敏感的环境中，可以采用 EMC 滤波器减小辐射干扰。同时为达到最优的效果，确保滤波器与安装板之间应有良好的接触。

信号线最好只从一侧进入电柜，信号电缆的屏蔽层双端接地。如果非必要，避免使用长电缆。模拟信号的传输线应使用双屏蔽的双绞线，数字信号线最好也使用双屏蔽的双绞线，也可以使用单屏蔽的双绞线。模拟信号和数字信号的传输电缆应该分别屏蔽和走线。不要将 24VDC 和 110/220VAC 信号共用同一条电缆槽，在屏蔽电缆进入电柜的位置，其外部屏蔽部分与电柜嵌板都要接到一个大的金属台面上。

电动机电缆应独立于其他电缆走线，其最小距离为 500mm。同时应避免电动机电缆与其他电缆长距离平行走线。如果控制电缆和电源电缆交叉，应尽可能使它们按 90°交叉。同时必须用合适的夹子将电动机电缆和控制电缆的屏蔽层固定到安装板上。为有效地抑制电磁波的辐射和传导，变频器的电动机电缆必须采用屏蔽电缆，屏蔽层的电导必须至少为每相导线芯的电导的 1/10。

良好的接地除了是保护操作者人身安全的必要条件以外，也是保护设备和系统正常运行的必要条件。所有的部件都需要良好的接地，接地时要保证接地线的截面积，通常电气柜中各部件接地导线的截面积要大于 6mm^2。同时还要保证有良好的接触，接线的线头要采用端子结构，采用醒目的黄绿颜色标准的接地电缆，不许串行连接。所有的接地线单独连接到电柜里面的接地排上，接地排最好采用导电好的铜排，不能用电气柜的底板代替，如图 2-28 所示。

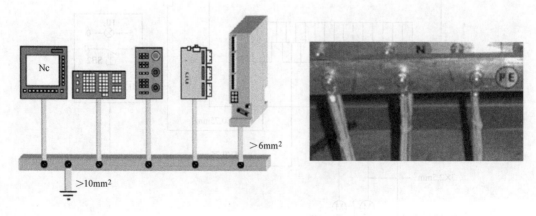

>6mm^2

>10mm^2

图 2-28　元器件的接地方法

不能将装有显示器的操作面板安装在靠近电缆和带有线圈的设备旁边，例如电源电缆、接触器、继电器和螺线管阀等，因为它们可以产生很强的磁场。功率部件变压器、驱动部件和负载功率电源等与控制部件必须分开安装。功率部件与控制部件设计为一体的产品，变频器和相关的滤波器的金属外壳，都应该用低电阻与电柜连接，以减少电流的冲击。理想的情况是将模块安装到一个导电良好的金属板上，并将金属板安装到一个大的金属台面上。

设计控制柜体时要注意 EMC 的区域原则，把不同的设备规划在不同的区域中。每个区域对噪声的发射和抗扰度有不同的要求，区域在空间上最好用金属壳或在柜体内用接地隔板隔离。

2.3 普通机床电气控制线路的基本环节

机床的运动大多是由电动机来拖动的，也有部分采用液压、气动、电磁铁或电磁离合器等进行传动，只有对电动机和传动装置进行必要的电气控制，才能使机床的工作机构按操作指令进行工作。

普通机床电气控制的主要任务是实现三相异步电动机的起动、正反转、有级变速、停止和制动等控制及保护，一般采用继电器—接触器控制系统，它是一种由继电器、接触器和各种按钮、开关等电器元件组成的有触头、断续的控制方式。尽管机床以及其他生产机械的电气控制已向无触头、连续控制、弱电化和微机控制方向发展，但由于继电—接触器控制系统具有线路直观、便于掌握等优点，在控制要求简单的生产机械中仍然获得广泛应用。并且掌握继电—接触器控制技术，也是学习可编程序控制器（PLC）控制技术的基础。因此，本节将介绍继电—接触器控制系统的基本电气控制电路，为数控机床电气控制打下一定的基础。

根据机床生产工艺提出的要求不同，其电气控制电路复杂程度差异很大，但不管多么复杂的控制电路，也都是由电动机的起动、停止、正反转、电气制动以及长动、点动、行程控制等基本环节组成。

2.3.1 感应电动机的起动控制电路

笼型感应异步电动机有直接起动和减压起动两种方式。电工学课程中已经讲授过如何根据电动机和供电变压器容量的不同来决定起动方式，这里只讨论电气控制电路如何满足各种起动要求。

1. 直接起动控制电路

（1）开关控制

通常对于控制要求不高的简单机械，如小型台钻、砂轮机和冷却泵等，直接用开关 Q 起动电动机，如图 2-29a 所示。

（2）按钮-接触器控制

图 2-29b 是采用按钮-接触器的直接起动线路，其中，Q 仅做分断电源用，电动机的起停由接触器 KM1 控制。电路工作原理

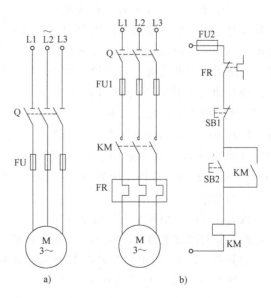

图 2-29 鼠笼型三相异步电机直接起动电路

a）开关控制 b）按钮-接触器控制

是，合上电源开关 Q，按下起动按钮 SB2，接触器 KM1 的线圈得电，其主触头闭合，使电动机通电起动；与此同时，并联在 SB2 两端的 KM1 辅助动合触头（自锁触头）也闭合，给自身线圈送电，使得即使松开 SB2 后接触器 KM1 的线圈仍能继续得电以保证电动机连续工作。

要使电动机停止，按下停止按钮 SB1，接触器 KM1 线圈断电，其主触头断开，使电动机停止工作，辅助触头也断开，解除"自锁"。

控制电路中的热继电器 FR 实现电动机的过载保护。熔断器 FU1、FU2 分别实现主电路与控制电路的短路保护，如果电动机容量小，可省去 FU2。自锁电路在发生失电压或欠电压时起保护作用，即当意外断电或电源电压跌落太大时接触器释放，因自锁解除，当电源电压恢复正常后电动机不会自动投入工作，防止意外事故发生。

（3）长动和点动控制

机床在正常加工时需要连续不断地工作，称为长动。按住按钮时电动机起动运行，放开按钮时电动机即停止运行，这种方式称为点动。点动常用于机床刀架、横梁、立柱的快速移动或机床的调整或对刀。通常机床既要求能够正常起、制动，又能够实现试车调整或对刀的点动工作。

图 2-30 所示的电路就是采用中间继电器实现的点动控制电路。当正常起动按下起动按钮 SB2，中间继电器 KA 带电使接触器 KM 带电并自锁。当点动工作时按下点动按钮 SB3，接触器 KM 通电。由于接触器 KM 不能自锁，从而可靠地实现点动工作。

2. 减压起动控制电路

当三相异步电动机不满足直接起动的条件时，必须减压起动，以限制起动电流，减小起动时的冲击。减压起动时，先降低加在电动机定子绕组上的电压，待起动后再将电压升高到额定值，使之在正常电压下运行。三相笼型异步电动机常用的减压起动方法有：定子串电阻（或电抗器）减压起动、星-三角

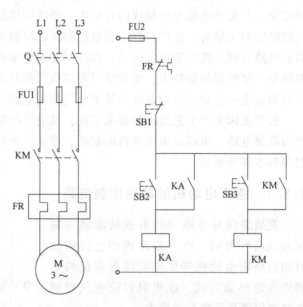

图 2-30 采用中间继电器的点动、长动控制电路

（Y-△）减压起动、自耦变压器减压起动及延边三角形减压起动。下面介绍常用的星-三角起动控制电路。

较大容量的笼型异步电动机常用星-三角减压起动方式，其控制电路如图 2-31 所示。这个电路是靠时间继电器 KT 实现星-三角转换的。电路的简单工作过程是：按下起动按钮 SB2后，时间继电器 KT 得电，其延时打开的常开触头瞬时闭合，使 KM3 得电，其常开触头闭合，又使 KM1 得电，电动机在星形联结方式下起动。KM1 得电后，其常闭触头断开，使 KT 失电，其延时打开的常开触头经一定延时后打开，使 KM3 失电，从而使 KM2 得电，电动机接成三角形接线方式起动，达到正常工作状态。星-三角起动方式设备简单、经济、使用广

泛，机床中常应用此种起动方式。

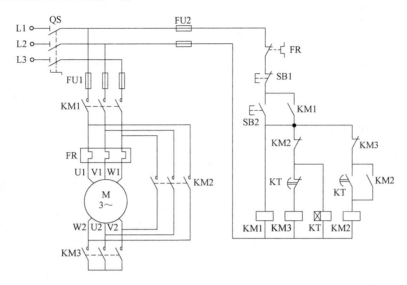

图 2-31 星-三角减压起动电路

2.3.2 感应电动机的正反转控制

生产机械往往要求运动部件可以朝正、反两个方向运动，例如，工作台的前进和后退、机床主轴的正转和反转、电梯的上升和下降、机械装置的夹紧和放松等，这都要求电动机能实现正转和反转。由电工学知识可知，只要把电动机定子三相绕组的任意两相调换相序，接通电源上，电动机便反向旋转。

1. 正反转控制电路

（1）接触器互锁的正、反转控制电路

从图 2-32a 主电路看，接触器 KM1 和 KM2 分别实现电动机的正转和反转。

图 2-32b 为接触器互锁的正、反转控制电路，合上电源开关 QS，正转控制原理如下：

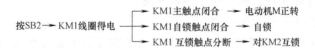

反转控制原理如下：

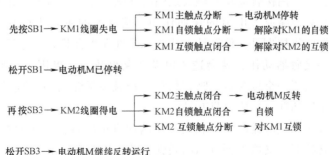

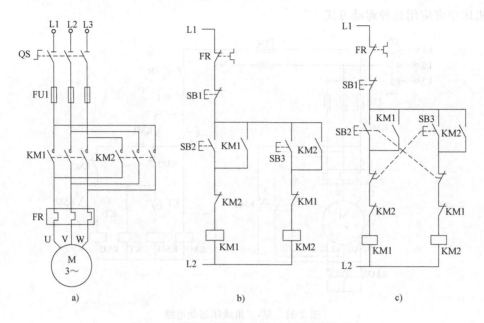

图 2-32　笼型三相异步电机正反转控制电路

a）主电路　b）接触器互锁的正、反转控制电路　c）双重互锁的正反转控制电路

从主回路的线路可以看出，如果 KM1、KM2 同时通电动作，就会造成电源短路。为防止短路事故，在控制回路中，把接触器的常闭触头互相串接在对方的控制回路中，这样，当 KM1 得电时，由于 KM1 常闭触头打开，使 KM2 不能通电，此时即使按下 SB3 按钮，也不会造成短路事故。反之亦然。这种互相制约的关系叫"联锁"或是"互锁"。在机床控制线路中，这种联锁关系的应用是极为广泛的。凡是有相反动作，如工作台上下、左右移动，机床主轴电动机必须在液压泵电动机工作后才能起动，主轴电动机起动后工作台才能移动等，这些都需要类似的联锁控制。

如果想将电动机的正转改为反转，则图 2-32b 所示电路必须先按停止按钮 SB1 后，再按反向起动按钮 SB3 才能实现，显然操作不够方便。

（2）双重互锁的正反转控制电路

图 2-32c 所示电路利用复合按钮 SB3（同一个按钮上既有常开触头也有常闭触头）就可实现两个旋转方向的直接切换。这是由于按下 SB2 时，只有 KM1 线圈得电动作，同时 KM2 线圈回路被切断。同理，按下 SB3 时，只有 KM2 线圈得电，同时 KM1 线圈回路被切断。但只用按钮进行联锁，而不用接触器动断触头之间的联锁，是不可靠的。在实际工作中可能出现下述情况：由于负载短路或大电流的长期作用，接触器的主触头被强烈的电弧"烧焊"在一起，或者接触器的机构失灵，使衔铁卡住，总是处在吸合状态，这都可能使主触头不能断开，这时如果另一接触器动作，就会造成电源短路事故。如果用接触器动断触头进行联锁，不论什么原因，只要一个接触器是吸合状态（指触头系统），它的联锁动断触头就必然将另一接触器线圈电路切断，形成可靠互锁。

因此采用复合按钮和接触器的双重联锁实现电动机正反转，这样的控制电路比较完善，既能实现直接正反转控制，又能得到可靠的联锁，故应用非常广泛。

2. 正反转自动循环（行程控制）电路

机床的运动机构常常需要根据运行的位置来决定其运动规律，如工作台的往复运动、刀架的快移和自动循环等。电气控制系统中通常采用直接测量位置信号的元件——行程开关来实现限位控制的要求。

（1）限位断电（停止）、限位通电（运行）控制电路

图 2-33a 是为达到预停点后能自动断电的控制电路，其工作原理是：按下起动按钮 SB，接触器 KM 线圈通电自锁，电动机旋转，经丝杠传动使工作台向左运动。当至预停点时，撞块压下行程开关 SQ1，KM 线圈断电，电动机停转，工作台便自动停止运动。图 2-33b 是为达到预定点后能自动通电的电气控制电路，行程开关相当于起动按钮的作用。

（2）自动往复循环控制电路

在实际加工生产中，有些机床的工作台或刀架等都需要自动往复运动。图 2-34 是一种最基本的自动往复循环控制电路。它的工作原理是：按

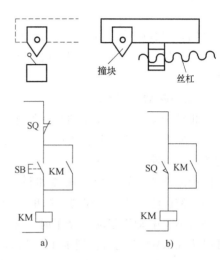

图 2-33　限位通断电控制电路

下起动按钮 SB3，接触器 KM1 线圈通电自锁，电动机正转，工作台向左运动；当撞块 1 使限位开关 SQ1 动作时，KM1 线圈断电，同时接触器 KM2 线圈通电并自锁，电动机经反接制动后转入反转，工作台向右运动；当撞块 2 使限位开关 SQ2 动作时，KM2 线圈断电，KM1 线圈通电……这样，便实现了工作台的自动往复运动，直至按下停止按钮 SB1 时，工作台才停止运动。如先按下反转按钮 SB3，则 KM2 线圈通电，工作台先向右运动，再转入自动往复循环运动。

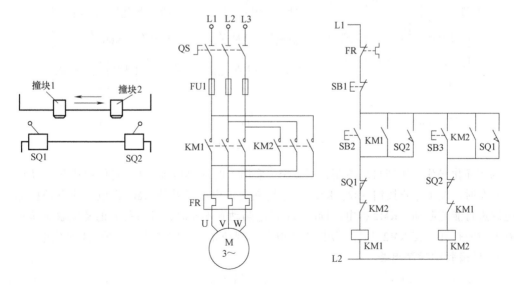

图 2-34　自动往复循环控制电路

2.3.3 电动机的制动控制

在生产过程中，电动机断电后由于惯性，停机时间拖得很长，且停机位置不准确，为了缩短辅助工作时间，提高生产率和获得准确的停机位置，必须对拖动电动机采取有效的制动措施。

停机制动有两种类型，一是电磁铁操纵制动器的电磁机械制动；二是电气制动，使电动机产生一个与转子转动方向相反的转矩来进行制动。常用的电气制动有能耗制动和反接制动两种方法。

1. 能耗制动控制电路

三相异步电动机能耗制动是在切除三相电源的同时，把定子的其中两相绕组接通直流电源，当转速为零时再切除直流电源。图 2-35b、c 是分别用复合按钮与时间继电器实现能耗制动的控制电路。

图中的整流装置是由变压器和整流元件组成。KM2 为制动用接触器，KT 为时间继电器。图 2-35b 是一种手动控制的简单的能耗制动电路。按下起动按钮 SB1，接触器 KM1 得电动作并自锁，电动机起动。停车时，按下停止按钮 SB2，其常闭触头使 KM1 断电，同时其常开触头在 KM1 失电后接通 KM2，切断了电动机的交流电源，并将直流电源引入电动机定子绕组，电动机进行能耗制动并迅速停车。放开停止按钮，KM2 失电，切断直流电源，制动结束。

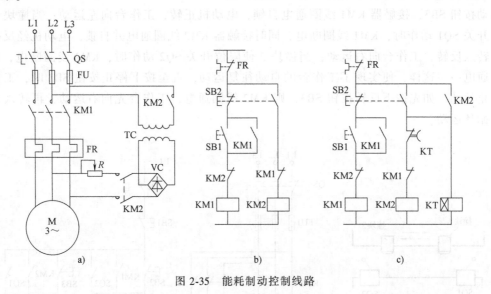

图 2-35　能耗制动控制线路

为了简化操作，实现自动控制，图 2-35c 采用了时间继电器 KT，其作用代替手动控制按钮。停车时，按下停止按钮 SB2，KM1 失电切断交流电源，并使 KM2 得电，使电动机加入直流电源进行能耗制动。KM2 得电的同时 KT 得电制动到零速时，延时打开的常闭触头按预先调整好的时间打开，使 KM2 失电，切断直流电源，制动完毕，KM2 失电，使 KT 也失电。

2. 反接制动控制电路

前已述及，反接制动的实质是改变异步电动机定子绕组中的三相电源相序，产生与转子转动方向相反的转矩，从而起到制动作用。

反接制动过程中，当要停车时，首先将三相电源的相序改变，然后，当电动机转速接近零时，再将三相电源切除。控制电路就是要实现这个过程。

图2-36b、c均为反接制动的控制电路。我们知道，当电动机正方向运行时，如果把电源反接，电动机转速将由正转急速下降到零。如果反接电源不及时切除，则电动机又要从零速反向起动运行。所以必须在电动机制动到零速时，将反接电源切断，电动机才能真正停下来。控制电路中接近零速信号的检测通常采用速度继电器，以直接反映控制过程的转速信号，用速度继电器来"判断"电动机的停与转。电动机与速度继电器的转子同轴，电动机转动时，速度继电器的常开触头闭合。电动机停止时，常开触头打开。

图2-36b所示，按下起动按钮SB1，接触器KM1得电动作并自锁，电动机正转。速度继电器KS常开触头闭合，为制动做好准备。如果需要停车，按下停止按钮SB2，使KM1失电，KM1的常闭触头闭合，使KM2得电动作，电动机电源反接，电动机制动。当电动机转速下降到接近零时，速度继电器常开触头打开，KM2失电，切除电源，电动机停止。

图2-36b存在的问题是：在停车期间，如果调整机件，需要用手转动机床主轴时，这样速度继电器的转子也将随着转动，其常开触头闭合。接触器KM2得电动作，电动机接通电源发生制动作用，不利于调整工作。

图2-36c是铣床主轴电动机的反接制动电路，显然解决了上述问题。控制电路中停止按钮使用了复合按钮，且在其常开触头上并联了KM2的常开触头，使KM2能自锁。这样在用手使电动机转动时，速度继电器KS的常开触头闭合，但只要不按停止按钮，KM2是不会得电的，电动机也就不会反接电源。只有操作停止按钮SB2时，KM2才能得电，从而接通制动电路。

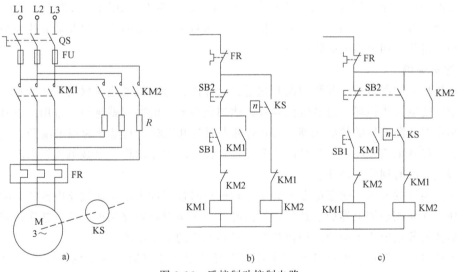

图2-36　反接制动控制电路

因电动机反接制动电流很大，故在主回路中串入电阻R，以防止制动时电动机绕组过热。反接制动时，旋转磁场的相对速度很大，定子电流也很大，因此制动效果显著。但在制动过程中有冲击，对传动部件有害，能量损耗较大。故用于不经常起、制动的设备中，如铣床、镗床和中型车床等主轴的制动。

与反接制动相比，能耗制动具有制动准确、平稳、能量消耗小等优点。但制动力较弱，特别是在低速时尤为突出。另外它还需要直流电源,故适用于要求制动准确、平稳的场合。如磨床、龙门刨床及组合机床的主轴定位等。这两种方法在机床中都有较为广泛的应用。

2.3.4 电气控制常用保护环节

电气控制系统除了满足生产机械的生产工艺要求外,还必须具有各种保护环节和措施,保护环节是所有电气控制系统不可缺少的组成部分。保护环节用来保护电动机(或用电设备)、电网、电气控制设备以及人身安全等。电气控制系统中常用的保护环节有短路保护、过载保护、零压保护、欠电压保护、连锁保护以及直流电动机的弱磁保护等。

1. 短路保护

电动机绕组或导线的绝缘损坏,或线路发生故障时,会造成短路现象,产生的短路电流会引起电气设备绝缘损坏,产生的强大电动力会使传动部件损坏。因此在产生短路现象时,必须迅速地将电源切断。常用的短路保护电器有熔断器和断路器。

(1)熔断器保护

熔断器的熔体串联在被保护的电路中,当电路发生短路或严重过载时,熔体自行熔断,从而切断电路达到短路保护的目的。

(2)断路器保护

断路器通常有过电流(兼有短路保护)、过载和欠电压保护等功能,这种开关能在电路发生上述故障时快速地自动切断电源,是低压配电的重要保护电器之一,常做低压配电的总电源开关以及电动机、变压器的合闸开关。

通常熔断器适用于对动作准确度和自动化程度要求不高的系统中,如小容量的笼型电动机、一般的普通交流电源等。用断路器实现短路保护比熔断器优越,因为当三相电路短路时,很可能只有一相熔体熔断,造成断相运行。而对于断路器而言,只要造成线路短路,断路器跳闸,将使三相电路同时切断。

2. 过载保护

电动机长期超载运行,其绕组温升超过其允许值,电动机的绝缘材料就要变脆,寿命减少,严重时使电动机损坏。过载电流越大,达到允许温升的时间就越短。常用的过载保护元件是热继电器和断路器的热脱扣器。当电动机为额定电流时,其温升为额定温升,热继电器不动作,在过载电流较小时,热继电器要经过较长的时间才动作,过载电流较大时,热继电器则经过较短的时间就会动作。

由于热惯性的原因,热继电器不会受电动机短时过载冲击电流或短路电流的影响而瞬时动作,所以在使用热继电器做过载保护的同时,还必须设有短路保护,并且选作短路保护的熔断器熔体的额定电流不应超过四倍热继电器热元件的额定电流。

当电动机的工作环境温度和热继电器工作环境温度不同时,保护的可靠性就会受到影响。现有一种用热敏电阻作为测量元件的热继电器,它可以将热敏元件嵌在电动机绕组中,可更准确地测量电动机绕组的温升。

3. 过电流保护

过电流保护广泛用于直流电动机或绕线转子异步电动机,对于三相笼型电动机,由于其短路时过电流不会产生严重后果,故不采用过电流保护而采用短路保护。过电流往往是由于不正确的起动和过大的负载转矩引起的,一般比短路电流要小。在电动机运行中产生过电流

要比发生短路的可能性更大，尤其是在频繁正反向起动、制动的重复短时工作制的电动机中更是如此。直流电动机和绕线转子异步电动机电路中过电流继电器也起着短路保护的作用，一般过电流动作时的电流值为起动电流的 1.2 倍左右。

4. 零压与欠电压保护

当电动机正在运行时，如果电源电压因某种原因消失，那么在电源电压恢复时，电动机可能会自行起动，这就可能造成生产设备的损坏，甚至造成人身事故。对电网来说，同时有许多电动机及其他用电设备自行起动也会引起不允许的过电流及瞬间电网电压下降。为了防止电压恢复时电动机自行起动的保护叫零压保护。

当电动机正常运转时，电源电压过分的降低将引起一些电器释放，造成控制电路不能正常工作，可能产生事故；电源电压过分的降低也会引起电动机转速下降甚至停转。因此，需要在电源电压降到一定允许值以下时将电源切断，这就是欠电压保护。

一般常用电磁式电压继电器实现欠电压及零压保护。如图 2-37 所示，在该电路中，当电源电压过低（欠电压）或消失（零压）时，电压继电器 KA 就要释放，接触器 KM1 或 KM2 也马上释放，因为此时主令控制器 SC 不在零位（即 SC 未接通），所以在电压恢复时，KA 不会通电动作，接触器 KM1 或 KM2 就不能通电动作。若使电动机重新起动，必须先将主令开关 SC 打回零位，使触头 SC0 闭合，KA 通电动作并自锁，然后再将 SC 打向正向或反向位置，电动机才能起动。这样就通过 KA 继电器实现了欠电压和零压保护。

在许多机床中不是用控制开关操作，而是用按钮操作，也即能起到零压保护的效果。利用按钮的自动恢复作用和接触器的自锁作用，即可起到失压保护的作用。如图所示的起动-保持-停止控制线路中，当电源电压过低或断电时，接触器 KM1 的主触头和辅助触头同时打开，使电机电源切断并失去自锁，当电源恢复时，操作人员必须重新按下起动按钮 SB1，才能使电机起动。这样带有自锁环节的电路本身已兼备了失压保护环节。在机床控制线路中，这种环节是极为广泛的。

如图 2-37 所示，笼型交流异步电机常用的保护有：熔断器 FU 的短路保护；热继电器

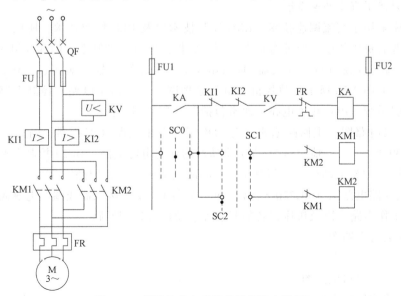

图 2-37　笼型异步电动机常用保护电路图

KR 的过载保护；过电流继电器 KI 的过电流保护；电压继电器 KA 的零压保护；欠电压继电器 KV 的欠电压保护；以及通过正向接触器 KM1 与反向接触器 KM2 的动断触头实现的连锁（互锁）保护。此外，采用断路器作为电压引入开关，其各自脱扣功能为系统设置了双重保护。

2.4 数控机床电气控制线路

2.4.1 数控机床电气控制系统的组成

通过前面章节的学习，我们知道普通机床的电气控制主要采用交流异步电动机拖动的继电—接触器控制系统，这种由各种分立电器元器件组成的有触头、断续控制方式，它的机械动作寿命有限，影响系统可靠性。另外，工艺改变需要改变控制逻辑关系时，必须重新安装，修改线路，这对现代机床的控制要求是很不适应的。并且，普通机床交流电动机不能实现电气调速，只能通过皮带、齿轮等机械机构来实现有级变速，因而机床的机械结构比较复杂，同时还限制了加工精度的提高。

机床电气控制向无触头、连续控制、弱电化及微机控制方向发展，这包括两个方面的发展，一是机床控制方面的发展；二是电力拖动方面的发展。在机床的控制方面，PLC 已广泛用于电气控制系统中。PLC 是计算机技术与继电—接触器控制技术相结合的产物，控制程序放在存储器中，通过修改程序来改变控制，控制灵活，无触头，可靠性高。20 世纪 50 年代开始发展的数控（NC）机床，到现在的计算机数控（CNC）机床，能根据事先编制好的加工程序自动、精确地进行加工。在电力拖动方面，20 世纪 40 年代后，随着电力电子技术的发展，直流调速系统广泛用于机床的主拖动和进给拖动系统中，大大简化了机床的传动结构，提高了加工精度。20 世纪 60 年代后，随着电力电子、计算机技术及控制技术的进一步发展，交流调速在性能上完全可以与直流调速相媲美，加之性能可靠、维护方便，因此在现代机床中取代了直流调速系统。

数控机床采用了交流调速技术、CNC 控制技术以及 PLC 控制技术，所以，数控机床的电气原理与普通机床的电气原理有很大不同。数控机床电气控制系统的部件组成包括数控系统（装置）、驱动系统（伺服放大器+伺服电机）、PLC 输入/输出装置、机床操作（控制）面板等组成，见图 2-38 所示。数控机床电气原理图不仅包括主电路、控制电路、还包括数控系统、伺服系统、PLC 相关电路，通常包括以下几个部分：

1) 主回路电路图。主回路通常又分为机床配电主回路（熔断器、隔离开关和总开关等，如图 2-39 所示）、主轴变频器/进给驱动器的强电电源电路、DC24 控制电源回路、各辅助交流电动机（刀架电动机、冷却电动机、润滑电动机等）主回路。

2) 控制回路电路图（AC220/110V、DC24V 等）。是指接触器线圈、电磁阀线圈或其他执行电器的工作电路，以及机床设备的起、停、急停等控制回路。

3) 数控装置电路图。

4) 伺服装置电路图。

5) PLC 输入接口电路图。

6) PLC 输出接口电路图。

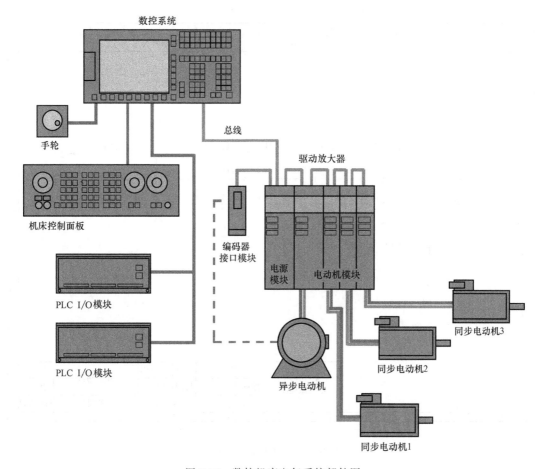

图 2-38 数控机床电气系统部件图

2.4.2 数控机床的配电电路

图 2-39 所示为机床总的配电电路，通常包括数控机床隔离开关和总电源开关。隔离开关通常采用组合开关，用作电源引入开关，不带载接通和分断电路。所谓"不带载接通和分断电路"是指在其后的所有开关都未合之前先合隔离开关，称为不带载接通电路（电源），而在其后所有开关都断开之后再断隔离开关，称为不带载断开电路（电源）。注意，隔离开关的作用是为设备提供电气隔离断点，它不起过载和短路保护作用。总电源开关通常采用带漏电保护的断路器，不仅是设备的总电源开关，还对设备总电源电路起着过载、过电流及短路保护。

三相 380V 交流电源从车间配电柜进入数控机床电气柜后，必须先接入机床电气柜的端子排 XT0，从端子排通过线槽走线，接入机床隔离开关的上面端子（上进下出），隔离开关通常布置在机床电气柜的侧面或后面，从隔离开关出来后，接入安装在电气柜内电气底板上的总电源断路器。

2.4.3 电动机主回路

数控机床是多电动机拖动系统，在绘制或设计原理图主电路之前，必须先弄清机床的运

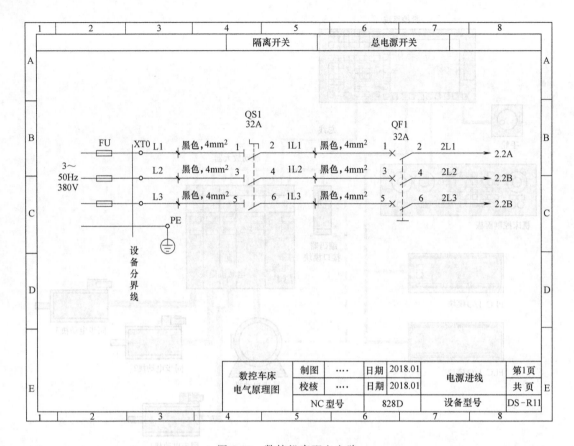

图 2-39　数控机床配电电路

动轴数以及机床的辅助自动化功能，不同的运动轴数和自动辅助功能意味着数控机床电动机或其他执行电器的数量不同。最基本的数控机床都包含主轴电动机、进给轴电动机（进给轴电动机数量因轴数不同而不同），以及刀架（刀库）电动机、冷却电动机、润滑电动机等其他辅助电动机。

其次是了解各个电动机的控制要求及传动方式。例如，冷却泵电动机由 PLC 进行手动和自动的起停控制；刀架（刀库）电动机也是由 PLC 进行正反转的控制；但是，主轴和进给轴电动机都需要调速及连续的位置控制，需要有变频器或伺服放大器组成运动闭环控制对其速度和位置进行高速高精的调节和控制，不同的运行要求，对应不同的主电路和控制电路的设计和连接。对主轴和进给轴驱动器的电源电路见 2.4.4 节讲述。辅助功能电动机（刀架或刀库、冷却、润滑等）的主电路如图 2-40 所示。

2.4.4　驱动系统的电源电路

随着电力电子技术的发展，现代数控机床中，主轴和进给轴都采用了高性能的交流调速系统或伺服驱动系统，它们采用三相交流供电，供电电压为 AC 380V 或 AC 220V（日系驱动），通常伺服驱动器进线电源的标定容差为 ±10%，假如进线电源的电压超出上限或下限，或缺相，驱动器产生进线电源故障报警，进入制动状态。

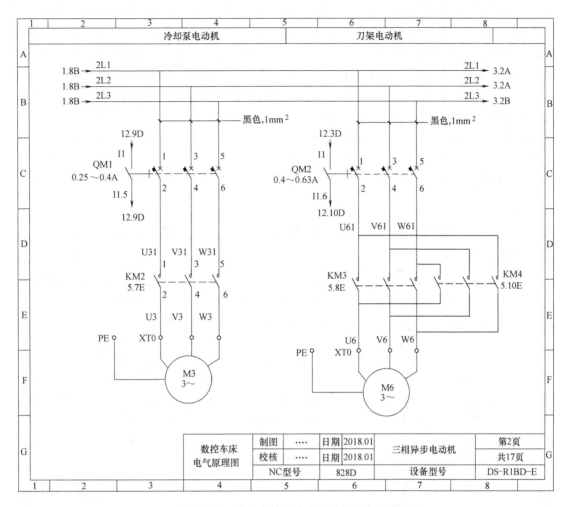

图 2-40　数控机床辅助功能电动机的主电路

数控机床变频或伺服放大器的原理如图 2-41 所示, 由电力二极管不可控整流器和电力逆变器组成。整流器先将电网恒频恒压 50Hz、AC 380V 的交流电源变换为直流电源, 再由逆变器将直流电变换为可调电压、可调频率和相位的可调三相交流电, 供给交流伺服电动

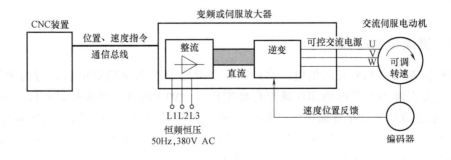

图 2-41　变频或伺服放大器原理

机，得到可调的电动机转速。因此，伺服驱动器进入工作状态后，会对电气柜内三相进线回路上的电气部件以及供电电网产生很强的高次谐波干扰，特别是采用回馈制动方式的伺服驱动器。所以要求在回馈制动式驱动器进线端强制配备平波电抗器。即使配备了平波电抗器，馈电时仍然可能产生干扰，所以，在三相回路上如果具有敏感电气部件，或在车间内有其他敏感设备与数控机床共用同一路三相供电系统时，建议在机床的电气柜内主电源开关与电抗器之间配备滤波器。电源进线滤波器的作用是减小驱动系统在运行时其三相供电系统产生的高次谐波干扰。根据欧洲电磁兼容协议的要求，任何带有变频装置的用电设备，不能对所使用的供电系统产生高次谐波干扰，因此电源进线滤波器也是需要配置的。驱动系统电源电路的具体连接原理如图 2-42 所示。

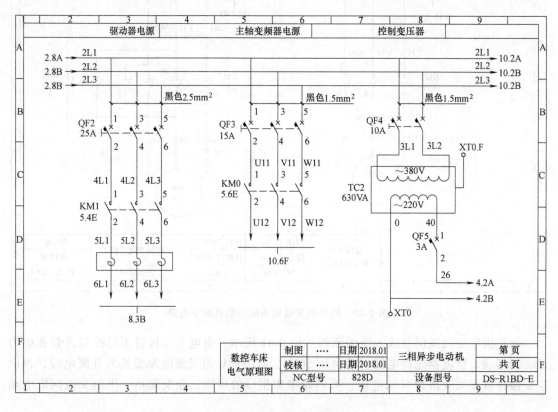

图 2-42　驱动系统的电源电路

2.4.5　直流控制电源

数控装置采用 24V 直流供电，24V 稳压电源是数控系统稳定可靠运行的关键。数控系统中需要直流 24V 供电的部件通常有数控装置、MDI 键盘、机床控制面板（MCP）、数字输入/输出模块、数字量输出外部供电（根据数字输出的点数及同时系数确定）。在数控机床电气设计时，要根据数控系统中各部件的功耗指标和所需的供电电流指标来选择 24V 直流稳压电源的容量。数控系统中各部件的功耗指标可以从数控系统相关手册中查得。

　　数控系统输入/输出模块的数字量输出通常是由外部 24V 直流电源供电，就是说模块自身不能提供数字输出的驱动电流，因此在选择数控系统的供电电源时，必须考虑数字输出所需的电源容量，通常每个数字输出信号的驱动能力为 0.2~0.5A。例如，某输出模块的输出接口具有 16 位数字输出，输出高电平 24V 直流，驱动能力是 0.25A，同时系数为 1，表示 16 个数字输出可同时输出 0.25A 的电流。在计算数字输出所需的直流电源容量时，依照数控机床实际需要同时输出高电平的数字输出位个数，再根据每个数字输出信号的最大输出电流，就可以计算出数字输出需要的 24V 直流电源容量。

　　尽可能采用单独的 24V 直流电源为数字输出外部供电，目的是避免数字输出驱动的电感性负载对 24V 直流电源产生的干扰。在数控机床上有很多电感性负载，如继电器、接触器和电磁阀等。这些电感性负载在接通或断开时会产生很强的反电势干扰。数控系统（数字控制单元、键盘和机床控制面板等）与数字输出分别采用两个 24V 直流电源分开供电，既保证了数控系统 24V 直流供电的指令，降低了单个电源的容量，又防止了由于数字输出驱动电感性负载产生的电源干扰。

　　数控系统的 24V 直流稳压电源还应具有掉电保护功能，掉电保护就是在直流稳压电源的交流输入端出现掉电时，24V 直流输出保持一定时间的直流稳定电压，然后迅速降至 0，如图 2-43 所示。无掉电保护的直流稳压电源在输入端出现掉电时，电源仍然处于稳压调节状态，使输出的直流电压出现锯齿状的波形，如图 2-44 所示。这种电源输出可能导致数控中存储器的数据问题，甚至导致硬件故障。

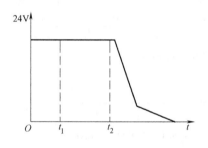

图 2-43　有掉电保护的稳压电源

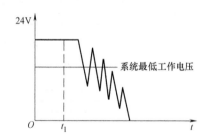

图 2-44　无掉电保护的稳压电源

　　直流控制电源的电气原理图如图 2-45 所示。

　　如果选购的直流稳压电源没有掉电保护功能，可采用单独的上电控制电路对数控系统进行供电。如图 2-46 所示，当数控机床的主电源接通后，24V 直流稳压电源开始工作，但并没有对数控系统供电，操作者需要在机床控制面板上按下"数控电源开"按钮 SB1，通过继电器自保持回路，24V 直流电源施加到数控系统上。关电时，须按下"数控电源关"按钮 SB2。这种方式为数控系统供电，可以避免由于稳压电源不具备掉电保护功能而引起的故障，但增加了操作的复杂性。

2.4.6　数控机床的控制电路

　　在电气控制电路比较简单、电器元件不多的情况下，应尽可能用主电路电源作为控制电

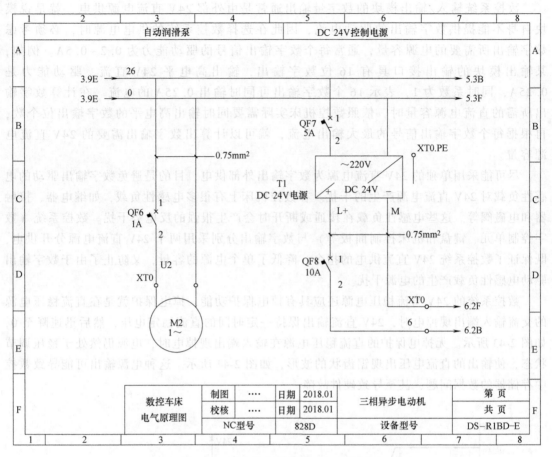

图 2-45　直流控制电源的电气原理图

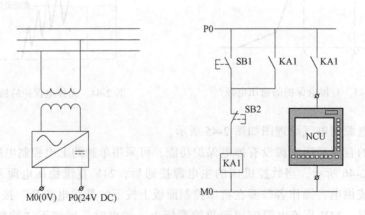

图 2-46　数控系统独立供电

路串源，即可直接用交流 380V 或 220V，简化供电设备。对于比较复杂的控制电路，应采用控制电源变压器，将控制电压由交流 380V 或 220V 降至 110V、48V 或 24V，这是从安全角度考虑的。一般机床照明电路为 36V 以下电源。这些不同的电压等级，通常由一个控制变压器就可提供。直流控制电路多采用 220V 或 110V。对于直流电磁铁、电磁离合器，常用

24V 直流电源供电。主电路交流接触器线圈所在的控制电路可以是单相交流 110V、交流 220V 以及交流 380V，不同的控制电路电压等级意味着不同的交流接触器线圈额定电压，这一点在交流接触器选型的时候必须注意匹配。图 2-42 的控制变压器就是为控制电路提供合适的电源。

数控机床采用了 PLC 控制技术，控制逻辑体现在 PLC 程序中，硬件电路只需要完成最基本的连接。例如，数控机床的主轴和进给轴的上电控制、冷却控制，刀架（刀库）正反转自动换刀都采用 PLC 控制。刀架正反转的控制逻辑由 PLC 程序实现，程序的输出实现对中间继电器 KA4、KA5 线圈得电与否的控制，具体连接如图 2-47 所示，然后由中间

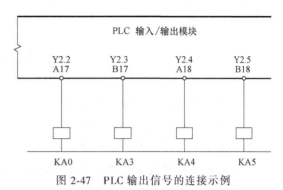

图 2-47　PLC 输出信号的连接示例

继电器 KA4、KA5 的触头实现对相应接触器 KM3、KM4 线圈得电与否的控制，如图 2-48 所示。最终通过接触器 KM3、KM4 的主触头控制刀架电动机主电路是正向旋转还

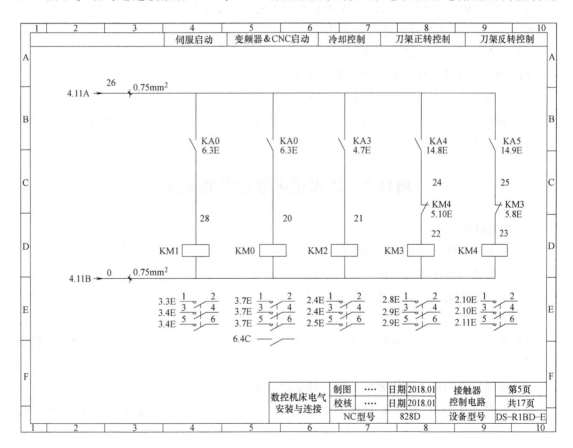

图 2-48　数控机床的接触器控制电路

是反向旋转，见前面电动机主电路图 2-40 所示。通过比较数控机床和普通机床刀架电动机正反转控制电路可知，由于采用了 PLC 控制系统，其相应的电动机控制电路的线路比继电-接触器系统简单。

数控机床的其他部分的电气原理图，如数控系统的连接、驱动系统的连接以及机床 PLC 输入/输出信号电路的连接在后面对应章节中讲述。

思考题与习题

1. 简述电磁式低压电器的基本结构和工作原理。

2. 分析电磁式低压电器的吸力特性，简述直流电磁机构与交流电磁机构的区别。

3. 接触器的作用是什么？如何选型？

4. 中间继电器的特点和作用是什么？如何选型？

5. 热继电器的作用是什么？如何选型？

6. 举例数控机床中常用的低压电器有哪些？它们的作用分别是什么？

7. 熔断器、过电流继电器以及热继电器的作用有什么不同？

8. 简述继电器接触器控制系统与 PLC 控制系统的主要异同。

9. 绘制电气系统原理图的原则是什么？

10. 电器元件的布置应注意哪些方面？

11. 什么是自锁？什么是互锁？举例说明。

12. 试设计实现电动机正反转控制的电气原理图。

13. 试设计两台笼型异步电动机 M1、M2 顺序起动，顺序停止控制的原理图。

14. 简述数控机床电气控制系统的组成及各部分的作用。

项目 3 认识机床常用电器元件

1. 学习目标

1）熟悉常用低压电气元件的用途。

2）掌握常用低压电气元件的技术参数。

3）掌握常用电气元件的选型和使用方法。

2. 任务要求

1）列出实验设备所用到的低压电气元件的清单，包括规格型号、生产厂家和主要技术参数等。

2）根据所学知识，使用简单工具，判断低压电气元件是否损坏。

3）按照所提供的电气布置图和元器件清单，完成元器件在电气底板上的布置与安装。

3. 方法步骤

1）列出实验设备所用的低压电气元件的清单，填写表 2-3。

表 2-3　实验设备低压电气元件清单

序号	元器件名称	文字符号	图形符号	规格型号	生产厂家	主要参数	备注
1							
2							
3							
…							

2）针对任务要求第 2）项，对所提供的元器件进行判断，指出其是否损坏，及具体问题所在。

3）根据表 2-4 和图 2-49，按要求完成元器件的选择、布置和安装。

表 2-4　电气安装元器件清单

序号	代号	名称	型号	数量
1	A2	开关电源	S-150-24	1
2	QF1	空气开关	DZ47-60　25A2P	1
3	QF2	空气开关	DZ47-60　15A1P	1
4	QF3	空气开关	DZ47-60　10A1P	1
5	QF4	空气开关	DZ47-60　5A1P	1
6	QF5/QF6/QF7	空气开关	DZ47-60　3A1P	3
7	QF8	空气开关	DZ47-60　1A1P	1
8	TC	变压器	NDK（BK）-210VA　220V/12V 60VA，110V 90VA，24V 60VA	1
9	KM0	交流接触器	CJX2-3210　AC220V	1
10	KM1/ KM2	交流接触器	3TB4022　AC220V	2
11	QM1	断路器	DZ108-20（0.25-0.4）	1
12	KA0	继电器	HH53P-DC24V-D+座+灯指示	1
13	KA1-KA13	继电器	HH52P-DC24V-D+座+灯指示	13

4. 评价标准

本项目中各项任务要求的具体评价标准见表 2-5。

表 2-5　本项目评价标准

序号	任　务	配分	考核要点	考核标准	得分
1	列出实验设备所用到的低压电气元件的清单，包括规格型号、生产厂家、主要技术参数等	35	认识常用低压电气元件低压电气元件的规格型号及含义低压电气元件的主要技术参数	元器件清单完整规格型号、生产厂家正确主要技术参数正确	
2	判断低压电气元件是否损坏	30	低压电气元件的结构、原理及使用	对元器件是否损坏判断正确	
3	完成元器件在电气底板上的安装	35	按照图纸完成低压电气元件的安装	元器件选用正确元器件安装正确	

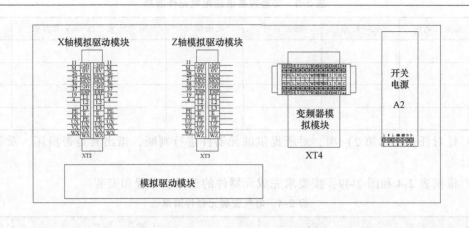

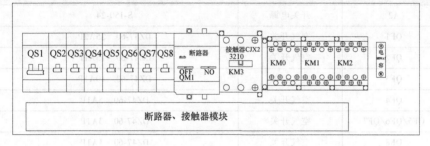

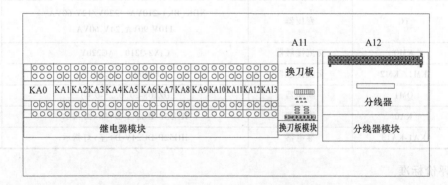

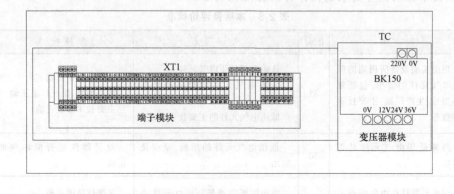

图 2-49　元器件布置图

项目4　数控机床电气图的识读与分析

数控机床电气原理图的组成比较复杂，不仅包括外围主电路、控制电路，还包括数控系统、伺服系统、PLC 相关电路。本项目主要完成数控机床电气控制系统外围电路的识读和分析。

1. 学习目标

1）了解数控机床电气图的分类和作用。

2）熟悉数控机床电气原理图的组成和特点。

3）掌握数控机床电气原理图的识图方法。

4）能够阅读分析数控机床电气原理图。

5）能够阅读分析数控机床电气安装布置图和接线图。

2. 任务要求

1）阅读分析实验设备的电气原理图（CNC 和伺服放大器除外）。

2）对照实物，画出实验设备电气控制系统的安装布置图。

3）对照实物，画出实验设备电气控制系统外围电路的接线图。

3. 方法步骤

识读电气原理图，首先应仔细阅读设备说明书，了解机床电气控制系统的总体结构、电动机的分布状况及控制要求等，对机床的运动机构的运动要求做到心中有数。

电气原理图按照先看主电路，再看控制电路的顺序进行。看主电路时，通常要从下往上看，即先从用电设备开始，顺次往电源端看。通过看主电路，要搞清有哪些用电设备，电源线经过哪些电器元件到达用电设备。根据其组合规律大致可知该电动机的工作情况，是否有正反转控制、是否有调速要求等，分析控制电路时就可以有的放矢。

分析控制电路时，首先根据主电路中的控制元件接触器的主触头，找到相应的控制回路，将控制电路"化整为零"，按功能不同划分成若干个局部控制线路来进行分析，进而搞清楚整个电路的工作原理和来龙去脉。只要依据主电路要实现的功能，结合生产工艺要求，就可以理解控制电路的内容。如果控制电路较复杂，逐个理解每个局部环节，再找到各环节的相互关系，综合起来从整体上全面分析，就可以将控制电路所表达的内容读懂。

生产机械要求安全、可靠，在选择合理的拖动、控制方案以外，在控制电路中通常设置一系列电气保护和必要的电气联锁。读图时，不可孤立地看待各部分，而应注意各个动作之间是否有互相制约的关系。在机床控制电路中，有时会有一些与主电路、控制电路关系不密切，相对独立的控制环节。这些部分往往是机床设计的附加功能。如产品计数器装置、自动调温装置等。它们自成一个小系统，其识图分析方法可以参照控制电路的分析过程，逐一分析。

由于数控机床采用了数控系统和伺服系统，从普通机床的硬件接线逻辑转化为 PLC 软件实现的梯形图逻辑，因此控制电路的分析变得简单，但由于数控机床自动化程度较高，辅助功能、安全保护功能更加完善，不同机床采用的数控系统和伺服系统的接口各不相同，I/O 单元的地址定义也有很大差别，因此要正确阅读分析数控机床电气控制系统图，不仅需要掌握低压电气元件的使用、典型控制电路，还需要掌握数控系统、伺服系统的原理和接口技术，熟悉 PLC 硬件和软件的相关知识。

4. **评价标准**（见表 2-6）

表 2-6　项目评价标准

序号	任务	配分	考核要点	考核标准	得分
1	阅读分析实验设备电气原理图的外围电路部分，写出分析报告	60	电气原理图的识图方法 电气原理图的主要特点 外围电路的连接关系 总结和撰写报告的能力	电路分析全面、正确报告条理清晰，简明	
2	画出实验设备电气控制柜中元器件的安装布置图	20	安装布置图的特点 安装布置图的画法	元器件布局、位置正确 元器件尺寸合理、间距尺寸及整体尺寸标注正确	
3	画出实验设备电气控制系统外围电路的接线图	20	电气接线图的特点 电气接线图的画法	各元器件的接线正确 端子排各端子的接线正确 配线布线方式与实际一致	

项目 5　数控机床外围电气控制线路的连接

机床电气柜整体性能决定了整个机床的电气性能。好的电柜设计是保证电气系统以至整个机床正常运行的必要条件，提高电气柜性能，有利于提高机床电气的稳定性，增强操作机床的安全性。在国标 GB 5226—1《工业机械电气设备》第一部的通用技术条件中，对电柜设计有较明确的要求。数控机床电气控制系统的安装应遵循以下规范，以保证电气控制柜的安装、接线、配线质量，提升数控机床品质。

1. **学习目标**

1）认识数控机床常用电气元件、熟悉其用途、技术参数、选型和使用方法。

2）熟悉数控机床电气控制系统安装的相关标准、规范，了解其抗干扰的主要措施。

3）掌握电气控制系统布线、接线的步骤和方法。

4）掌握电气线路的检查、测量方法。

2. **任务要求**

1）阅读国标 GB 5226—1《工业机械电气设备》。

2）按照提供的电气原理图，完成元器件的选用、安装。

3）按照所提供的电气原理图，完成电气控制系统（部分线路）的连接。

4）对所安装连接的线路进行断电检查和测量。

5）对所安装连接的线路进行通电检查和测量。

3. **方法步骤**

（1）电气元件安装规范

根据电气原理图和电气元件清单领取元器件等各类材料。按设备电气原理图、安装布置图、接线图进行安装。安装前仔细检查元器件是否完整无损，如有问题，修复或更换新的元器件。

元器件组装顺序应从板前视，由左至右，由上至下。安装时，避免震动磕碰变形油漆脱落。仪表板、元件板安装，应先衬橡胶条，后上仪表板、元件板；装配板件时允许用木锤轻轻敲打，不允许用铁器猛击。所有元器件（除电阻外），应牢固的固定在导轨或支架上，不得悬吊在其他电器的端子或连接上。对于有操作手柄的元件应将其调整到位，不得有卡阻现象，如图 2-50 所示。

（2）电气元件标号

每个元器件应粘贴与电气原理图上相同的元件标号，标号应完整、清晰、牢固，粘贴位置应醒目。设备上元件标号粘贴方向要统一，应尽量在一个水平线上。安装于面板、门板上的元件，其标号应粘贴于面板及门板背面元件下方，如下方无位置时可贴于左方，但粘贴位置尽可能一致。

（3）接线端子排

按照电控柜接线端子图和电气元件清单正确安装接线端子的规格和数量；端子排必须按接线端子图分组，每组端子前面加装端子标记座，标明 XT1、XT2、XT3…等。每个端子须标明端子序号，如图 2-51 所示。

图 2-50　有操作手柄的元件的安装

图 2-51　端子排及其标识

（4）电控柜接地

电控柜（箱）内必须装接地排，柜门焊接地螺栓，并连接接地线到柜内接地排上。接地螺栓和接地排必须有接地标识。电柜中的设备接地必须使用 OT 端子，如图 2-52 所示。

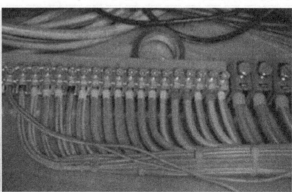

图 2-52　接地线的连接

（5）电控柜（箱）配线接线总则

导线排列应均匀合理，作到横平竖直、整齐美观。导线不允许受压力，以免在正常使用情况下减少其寿命，在线或线束的转弯处应有过渡，线束应有固定座或线夹以免振动或冲击，硬导线接线端应有 V 型缓冲器。电气元件端头或导线通过金属孔时，必须加装绝缘套圈，不允许从母线相间或安装孔中穿过，如图 2-53 所示。

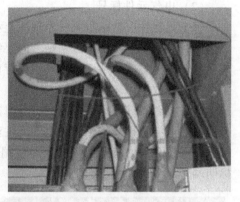

a)   b)

图 2-53　导线通过金属孔的安装图

a）导线通过金属孔的正确安装　b）导线通过金属孔的错误安装

（6）线径及导线颜色选择

按照导线通过的额定电流选择线径。交流或直流动力线为黑色；交流控制线为红色；直流控制线为蓝色；地线为黄绿线；特殊的线径及导线颜色选择按电气清单和图样要求执行。信号线采用屏蔽电缆接线。

（7）下线步骤和方法

下线长度比试测的线稍长，二次线下线长度比试测的线大约长 40~50mm，以防导线经捆扎后长度不够。下好导线用手或用鸭嘴钳拉直，剥线长度以比端头长度长 2mm 为准。根据电气原理图打印号牌管，号牌管字迹清晰，格式统一。将号排管准确无误地穿在已剥好的导线上，然后连接预绝缘接线端头，导线与压接端头必须压紧。导线端头用冷压钳压紧后用力拉导线，导线不允许从压套中拉出。

（8）接线要求和规范

导线不得直接与端子相连，导线截面小于或等于 $35mm^2$ 的，必须加装相近颜色的预绝缘端头。导线截面大于 $35mm^2$ 的，或确实不方便接预绝缘端头的，则先连接普通裸端头，再搪锡处理，最后用对应相序颜色的热缩管包好。端头与导线连接处需用专用的压线工具压紧。二次线导线颜色已有区分，预绝缘端头可不区分颜色。

每个电气元件的接点最多允许接 2 根线。若两根导线需连接一个端头，需采用对应规格的双线预绝缘端头；若导线截面大于 $10mm^2$，则先绞接在一起，后连接裸端头，再搪锡处理，最后用对应相序颜色的热缩管包好。端子排端子的接线点一般不宜接二根导线，特殊情况时如果必须接两根导线，则连接必须可靠。

将下好的线准确无误地连接到各电气元件上，注意继电器的常开、常闭触头不得接错。一根导线中间不允许有连接点，接好线后从垂直方向看，不得有导体的裸露。导线接好后，应仔细检查每根导线是否连接牢固。

（9）布线方法

布线方法原则上采用行线槽法，特殊小箱体二次线可采用捆扎法布线。

行线槽法基本要求：

1）应选择合适尺寸的槽体，线束布放后不应使槽体变形。

2）导线在槽体内应舒展，允许导线有一定长度，不强求导线摆放整齐但不能交叉。

3）导线在槽体断面过渡时不能与槽体发生摩擦，以防损坏导线绝缘。

4）导线从槽体中引出时，应从就近的口出线。

5）行线槽应有支架固定，槽体本身不能直接作为支撑件而受力。

6）行线槽在电气柜内部安装，安装时根据导线的多少来确定行线槽的规格，行线槽一般由金属条或硬塑料板安装，要求安装整齐，接头和出线处无毛刺，行线槽的安装应在 200～250mm 间有一个固定点，行线槽安装高度要求统一规格。

捆扎法基本要求：

1）布线后电路间不致相互干扰或互耦合的情况下，对相同走向的导线可以采用捆扎法。

2）线束的捆扎不得应捆扎力而降低导线的绝缘强度。

3）跨越板或门板的导线或线束应留有活动裕度并用缠绕管作为保护性护套。

4）每组导线线束一般不允许超过 50 根导线。

（10）自检

接线布线完毕后，配合电气原理图，检查所有接线是否符合图样要求，是否正确，检查号牌管方向是否一致。按电气原理图，对每根导线一一打点，以保证接线正确。紧固接线，保证每根导线连接牢固。

4. 评价标准（见表 2-7）

表 2-7 项目评价标准

序号	任务	配分	考核要点	考核标准	得分
1	阅读国标 GB 5226—1，对重点内容做阅读笔记	10	对国标相关规定的理解 做阅读笔记和总结能力	熟悉国标内容 总结条理清晰	
2	按照电气原理图，完成元器件的选用、安装	20	电气柜中元器件的合理布局 元器件的选用和安装	元器件布局合理 元器件选用正确 元器件安装规范	
3	按照原理图或接线图，完成电气控制系统的连接	50	看图样的能力 接线工具的使用 接线步骤和工艺是否规范 连接是否正确	规范正确使用相关工具 接线工艺规范，符合标准相关规定 电路接线正确	
4	检查电气控制系统的安装接线是否正确	20	正确使用工具和仪器，对接线进行检查的能力	工具仪器使用合理 对线路的检查方法正确 对照图样完成线路的检查	

第 3 章

机床数控系统

本章简介

数控系统是数控机床的控制器，它根据零件加工程序的要求，完成刀具加工轨迹的运算，输出位置控制信息。现代数控系统采用计算机数字控制技术（Computerized Numerical Control, CNC），以微处理器为其硬件核心，在数控软件的控制和管理下，实现加工过程的自动化。数控机床根据其工艺要求和性能的不同，配置不同的数控系统。

本章 3.1 节首先介绍机床数字控制技术的发展，然后对机床数控系统的软硬件结构和控制类型进行了介绍；3.2 节介绍机床数控系统的组成及各部分的作用，包括人机界面、硬件接口、通信和网络技术等。3.3 节介绍数控系统的工作原理和主要功能。最后，3.4 节介绍典型数控系统产品及其应用。

3.1 计算机数字控制技术

数字控制技术简称数控技术（Numerical Control, NC），是采用数字指令信号（数字化信息）对机电产品或设备进行控制的一种自动控制技术。在工程技术与制造领域通常是借助数字、字符或其他符号对某一工作过程（如加工、测量和装配等）进行可编程控制。为了对机械运动及加工过程进行数字化信息控制，需要具备相应的硬件和软件，这些硬件和软件是一个有机集成的整体，称为数控系统。数控系统在其发展过程中分为硬件数控系统（NC）和计算机数控系统（CNC）两类。现代数控系统采用计算机数字控制技术，生产过程用某种语言编写的程序来描述，以数字形式送入计算机或专用控制装置，利用计算机的高速数据处理能力，通过计算和处理将此程序分解为一系列的运动和动作指令，输出并控制生产过程中相应的执行对象，从而可使生产过程能在无人干预或少干预的情况下自动进行，实现生产过程自动化。

3.1.1 机床数字控制技术的发展

机床的主要任务在于快速而准确地重复一个受控的、稳定的运动过程，这样批量生产出来的产品有一致的质量，而不受人为因素的影响。机床所使用的控制单元类型可以分为机械控制系统、电气控制系统、电子控制系统、气动控制系统或液压控制系统。

在加工一个零件之前，机床需要必要的"信息"。在引入数控技术之前，位置信息是通过凸轮等机械辅助设备来完成的，使用可调节的限位开关在机床运动超出特定位置时使其自动停止。这样，如果要改变生产流程就需要很长的停工期，以调整机床和机械位置控制装置，精确调节限位开关也会耗费大量时间，还要考虑人工更换刀具的时间、设置主轴转速和进给速度的时间、工件的定位和夹紧时间以及程序转换时间。总之，这种控制方式的控制范围有限，可控步数很少，无法应对更加灵活的生产，如工位频繁变动和复杂形状零件的加工，在经济上没有可行性。于是人们开始寻求一种满足如下要求的新的控制理念：

1）在程序长度和安全行程范围内，机床运动尽可能不受限制。

2）加工过程中的调整无需人为干预。

3）加工程序可存储、可迅速交换、可修改。

4）不采用挡块和限位开关实现不同长度的行程控制。

5）能够精确定位，实时三维多轴联动，以加工复杂的形状和表面。

6）快速调整和改变进给速度和主轴转速，快速更换刀具。

7）根据需要自动更换被加工零件。

满足上述控制要求的控制系统通过输入数字（位置值等）而工作，数控的基本概念由此而来，更进一步的数据，如工件的进给速度、主轴转速和刀具编号也能够被编程，额外的操作指令（M功能）能自动激活换刀操作、控制切削液打开或关闭等功能。所有和加工次序相应的数字量按顺序排列，构成了控制机床的数控程序。这种控制系统能够快速准确地转换加工任务，能够使用零件图上的参数来控制刀具和工件的相对运动，带有高分辨率的定位测量系统，能保证机床和工件相对运动的精度。

早期的数控（NC）系统是通过小而密集的电子管、晶体管和集成电路采用接线式编程或者也称为硬接线搭建起来的，称作硬件数控装置，其数控功能由硬件逻辑电路实现。直到微电子和微处理器获得应用后，廉价、可靠、高效的数控系统得以实现，即CNC系统。CNC系统的数控功能由其硬件和软件共同完成，由于微处理器具有高速的处理速度（高速的运算主频），使处理器能够实时以极高的精度控制多个机床数控轴。在零件加工过程中除了必须不断地对位置及开关量信息进行处理，还要补偿不同的刀具直径、刀具长度或装夹误差等，同时完成所有的管理和显示功能，对于支持图形动态显示的机床还能在加工过程中读入下一环节的程序段。

如今，CNC数控技术已经成熟并仍在不断进步，纵观其发展历程如下：

1952年，在麻省理工学院运行了第一台由辛辛那提Hydrotel公司提供的带有立式主轴的数控机床。其控制部分由电子管实现，可以实现三轴同步运动，并且可以利用二进制编码磁带保存数据。

1960年，采用晶体管技术的数控（NC）系统替代了使用继电器和电子管的数控系统。

1968年，IC集成电路技术使得控制器更小且更可靠。

1972年，拥有内置标准小型计算机的数控机床开启了强大的计算机控制数控机床的新时代，但其很快被微处理器CNC系统取代。

1976年，微处理器对数控技术产生了革命性的影响。

1978年，柔性制造系统问世。

1979 年，第一次实现与 CAD/CAM 的结合。

1986—1987 年，利用标准化接口实现的综合信息交流方式（CIM），为自动化工厂开辟了一条道路。

1990 年，数控机床和驱动器之间的数字接口改善了数控轴和主轴的控制精度和控制特性。

1992 年，开放的数控系统可以适应客户个性化的修改、操作习惯和功能。

1993 年，首次在加工中心上使用标准的直线驱动器。

1994 年，通过使用 NURBS 样条曲线进行 CNC 插补，实现了 CAD/CAM/CNC 流程链的闭环。

1996 年，实现数字驱动控制和亚微米级（< 0.001μm）的精确插补，速度可达 100m/min。

2000 年，CNC 系统和 PLC 通过内部接口，实现数据交换和故障诊断/补救。

2002 年，首次实现高度集成的 IPC-CNC（工业计算机- CNC），系统配置在一张计算机插卡内，包括数据存储、PLC、数字 SERCOS 驱动器接口和 Profibus 接口。

2003 年，对机械的、热相关的和测量技术的误差源进行电子补偿。

2005 年，纳米和微米插值的 CNC 系统改善了工件的表面质量和加工准确度。

2007 年，实现远程服务。

2009 年，零件在一次装夹中完成加工，五轴联动和车铣复合加工中心越来越多。

2010 年，CNC 系统中多核处理器的引入带来了进一步的性能提升。

2011 年，CNC 系统可以检测整个机器的能量消耗。

2012 年，多任务机床及混合机床问世，把不同的加工工艺如车削、铣削、磨削和激光加工等集成到一台机床上。

2014 年，工业 4.0 的构想越来越多地运用在生产技术上。

2014 年，触摸式操作面板用于 CNC 技术。

3.1.2 数控系统的软硬件结构

现在的 CNC 系统硬件使用的是微处理器、集成电路（ICs）以及伺服控制回路专用模块。

1）CNC 系统采用一个或多个用于执行控制功能的微处理器，特别是多核处理器的使用，进一步提升了数控系统的性能。图形显示和动态模拟都要求具备很大的计算和存储容量，因此在主控制器中使用了额外的、专门定制设计的超大规模集成电路。这些高集成度的微电子模块，都是专门按照数控系统的要求设计的，并且是大量生产的，实现了体积小、可靠性高、控制速度高以及后期维护成本最少的目的。

2）超大规模集成电路（VLSI）制成的电子数据存储器可以存储越来越多的应用程序、子程序和大量的修正值。例如：在只读存储器（ROM）和可擦除可编程只读存储器（EPROM）中保存的是 CNC 操作系统中保持不变的数据，以及固化的、经常使用的加工循环程序和例程。在闪速可擦可编程只读存储器（FEPROM）中主要保存的是调试后才能获得的数据，这些数据必须能够永久保存并能经常进行修改，如机床参数、专用循环程序和子程序。在扩容的随机存取存储器（RAM）中保存的是主程序和修正值。

3）伺服控制回路专用模块的使用提高了系统的采样频率，增强了轴运动控制的实时性，保证了轴运动的高速高精。

数控装置的所有组件都集成在一块或者多块印制电路板上，插在部件底架上，通过内部总线相互连接。为了避免 CNC 系统出现误动作，电子器件安装在静电屏蔽和电磁屏蔽的金属板上，并具有防油和防尘功能，因为电路板上沉积的金属微粒会损害设备的可靠性。

CNC 系统需要一套操作系统，也称控制软件或者系统软件，它确定了机床整体的功能和使用范围，包括了所有必要的功能，如控制器内核的插补计算、位置控制、显示、编辑、数据存储和数据处理，此外还包括后台的用于检测机床数据及接口的持续跟随检测和故障诊断、加工过程的图形仿真和 CNC 集成编程系统。CNC 系统软件大致可以分为两个基本组成部分：标准软件和机床专用软件。标准软件用于数据输入、显示、接口管理或者表格管理，通常可以使用商业计算机运行。而和机床类型相关的专用系统软件必须与被控制的机床的类型相匹配，主要体现在机床的运动关系以及运动方式的显著差异上。

CNC 系统的优点之一是不需要改变 CNC 系统的硬件，通过修改或者调整参数就能使数控系统适应各种型号、不同规格机床的要求，并使系统的某些控制功能由用户指定，使数控系统和机床的功能最大限度地发挥出来。例如机床制造商可以通过调试阶段的参数定义，将数控系统定义为车床版、铣床版或者磨削版以适应车床、铣床和磨床，或者直接由 CNC 制造商预先提供车削控制、铣削控制或者磨削控制的参数；可以通过参数和机床数据来配置机床的具体结构，如轴的数量、伺服驱动器的参数值、不同的刀具库和换刀装置、软件限位开关或者刀具监控设备的连接。这些机床特有的参数值可在启动时输入，然后被永久存储，只有授权人员可以修改。另外，机床制造商可以用系统制造商提供的开发工具开发自己的用户界面。

用户不但可以从系统制造商和机床制造商那里获得自己的加工宏程序或者循环程序，还可以自己创建这些程序，并获得个性化的金属切削技术或者特殊刀具的支持。

3.1.3　控制类型

到目前为止，有以下三种不同的机床运动轨迹控制类型：

1）点位控制。点位控制只用于定位。所有编程轴在起动时总是同时快速移动，直到每根轴到达目标位置为止，在定位过程中刀具不做切削。当数控机床所有的轴到达程序指定位置的时候，加工处理才开始。例如，钻孔机、冲孔机和切割机的进给运动。

2）直线控制。直线控制方式下，各轴陆续进行编程移动，到达目标位置后刀具进给。其驱动运动路径总是平行于各运动轴，并且进给速度必须由编程控制。由于坐标直线控制与轮廓路径相比具有很大的技术局限性并且价格差异很小，所以坐标直线控制只在一些特殊的情况下才使用。

3）轮廓路径控制。两根或者更多的数控机床轴按照确切的相互关系运动称为轮廓路径控制，使其合成的平面或空间的运动轨迹符合被加工零件的图样要求。对机床而言，五轴联动是最具有意义的，即用 X、Y、Z 坐标可以确定空间上的目标点，用另外两个回转运动如 A 旋转运动和 B 旋转运动，可以确定刀具在空间内或者加工斜面上的轴线位置，当进行曲面切削时，可以使刀具对曲面保持一定的角度。

数控系统自动进行轴之间插补的协调，计算一系列起点和终点间的路径点。在编程的终点 NC 轴仍然不停止，而是在随后的轨迹区段不中断地继续运动，直到程序结束。其间会不断地调整轴的进给速率，以符合预定的切削速度。这种控制方式称为 3D 轮廓路径控制。铣床、车床、电火花成型机和加工中心，实际上所有的机床类型都是这种控制方式。

刀具从起点到终点在一条直线上移动称为直线插补，同样，如果在一条圆弧曲线上移动称为圆弧插补。普通数控系统一般只能作直线插补和圆弧插补的切削运动，如果工件轮廓是非圆曲线，数控系统就无法直接实现插补，而需要用直线段或圆弧段去逼近非圆曲线，逼近线段与被加工曲线交点称为基点。理论上所有的轨迹都可以通过直线插补用多条直线小线段来逼近，如图 3-1 所示，从而实现所有的平面曲线和空间曲线加工。每个基点相互的距离越近，或者说尺寸公差越小，那么切削轮廓的路径就越准确。基点数目越多就越增加系统在单位时间内的处理负荷，因此要求控制器必须有相应高的处理速度。

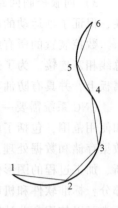

图 3-1　用直线小线段
逼近曲线插补

圆弧插补和抛物线插补可减少基点的数据量，同时增加运动的准确性。圆弧插补仅限于主平面 XY、XZ 和 YZ 上。

3.1.4　数控机床及数控轴

机床坐标轴可以分为平移轴和旋转轴。平移轴通常是垂直关系，以便刀具通过三个轴的运动到达工作区中的每个点。两个附加的旋转轴和摆动轴可用于加工倾斜表面或跟踪刀具轴。

为了对数控轴进行控制，要求每个数控轴有如下装置：

1）一个电子的可进行判断的位置测量系统。

2）可调节的伺服驱动器。

数控系统的任务是将 CNC 插补装置提供的设定值与位置测量系统返回的实际值进行比较，当出现偏差时由驱动器发出调节信号来弥补这种偏差，如图 3-2 所示。这就是所谓的闭环控制回路。轨迹控制过程连续提供目标轨迹的位置值，而被控轴则需要按预定轨迹运动，从而实现连续的运动。

由于现代数控机床的主轴通常都需要进行定位或与进给轴实现插补，所以将主轴作为数控轴来设计，加工中心通常要配备数控回转工作台，即回转轴。机床轴遵循笛卡儿坐标系的原则，平移轴为 X、Y、Z 轴；平行轴 U、V、W 轴；旋转轴或摇摆轴为 A、B 和 C 轴。

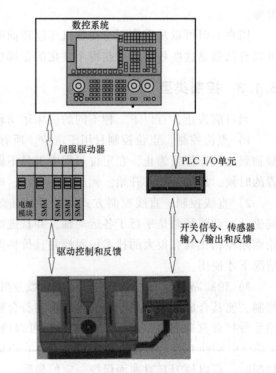

图 3-2　数控机床的原理图

3.2 数控系统的组成

数控系统（装置）通常由人机界面（HMI）、数字控制核心（NCK）以及机床逻辑控制（PLC）三个相互依存的功能部件构成，如图 3-3 所示。人机界面是数控机床操作人员与数控系统进行信息交换的窗口，操作人员可通过人机界面向数控系统发出运动指令，如点动、返回参考点、冷却泵起动等，而数控系统又通过人机界面向操作人员提供位置信息、程序状态信息和机床的运行状态信息。数控装置是否友好，都是由人机界面体现出来的。现代的数控装置不仅能够通过人机界面提供文字信息，而且还可提供图像信息，如加工轨迹的平面、三维的线架仿真、三维实体模拟及图形

图 3-3 数控系统的基本构成

编程等；数字控制是数控系统核心，是数控装置控制品质的体现。数字控制包括了轨迹运算和位置调节两大主要功能，以及各种相关的控制，如加速度控制、刀具参数补偿、零点偏移、坐标旋转与缩放等；逻辑控制，也叫做可编程机床接口或 PLC，是用来完成机床的逻辑控制，如主轴换挡控制、液压系统控制及车床的自动刀架、铣床的刀库、换刀机械手控制的部件。数控装置的这三个基本构成相互依存，默契配合，共同完成数控机床的控制功能。

数控装置可分为紧凑一体型结构和分离型结构。紧凑一体型结构将三部分完全组合在一起，如图 3-4 所示，结构紧凑、性价比高；而分离型结构采用模块化结构，功能强大，可按需要灵活配置，多用于高性能要求的高档应用场合。

3.2.1 数控系统的人机界面（HMI）

数控系统的人机界面（Human Machine Interface，HMI）包括数控面板，也称键盘与显示器面板或 MDI（Manual Data Input）面板，如图 3-4 所示，和机床控制面板（Machine Control Panel，MCP），如图 3-5 所示。数控装置的显示器常见的有 CRT 显示器及液晶显示器等，2014 年触摸式操作面板用于 CNC 技术，提供了更为直观易学的人机交互。机床操作面板主要用于手动方式下对机床的操作以及自动方式下对机床的干预。由于不同机床所需的动作不同，因此操作面板原则上应由机床厂家根据机床动作要求自行设计。早期许多系统均不提供操作面板，但是操作面板全部由机床厂家设计制造无疑带来了很多麻烦，也增加了许多不可

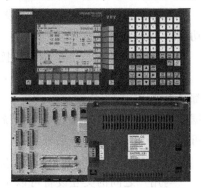

图 3-4 某型号紧凑一体型数控系统

靠因素。加之同类机床因功能类似，许多操作面板的按钮、开关都是相同的，因此许多数控系统制造商均提供标准的操作面板，如 FANUC、SIEMENS 等，使用十分方便并且可靠，机床厂家不需配置或仅需配置少量的功能按钮、开关和指示灯等即可满足要求。为了提高灵活性，有些数控系统不仅提供用户标准操作面板，还提供部分操作按钮由用户自行定义的操作面板，进一步简化了设计。

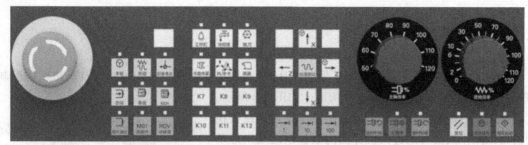

图 3-5　某型号机床操作面板（MCP）

常用面板按钮和开关包括：

1）急停按钮。常采用黄色蘑菇头形按钮，用于在紧急情况下，以所有驱动以最快方式制动停止。

2）复位（RESET）按键。中断当前程序的处理、删除报警。

3）程序控制。单段运行、程序测试、NC 启动、NC 停止按键等。

4）操作（运行）方式。通常有手轮、手动（JOG）、回参考点（REF）、手动数据输入（MDA）、自动加工（AUTO）和增量进给（INC）等工作方式。

5）进给倍率选择波段开关。用于选择进给速度的倍率。

6）轴移动及快速移动按钮。用于手动朝某方向移动或快速移动某轴。

7）主轴起停按钮。主轴起动、停止按键，用于手动使主轴正反转或停止。

8）主轴倍率选择。主轴倍率范围一般为 50%～120%，可采用按钮或波段开关。

9）用户自定义按键。

对于不同的数控系统，机床操作面板的设计以及它与系统之间连接的 I/O 信号也不同，需要参阅相应的说明书。

3.2.2　数控装置的接口

图 3-6 所示为制造系统分层模型中数控装置的功能接口，数控系统为用户提供的接口从功能上可分为：

（1）数控装置与上位系统的接口

上位系统通常是 DNC 系统、FMS 或 CIM 系统的单元或上位计算机，一般情况下，它们都是基于 PC 或工作站来实现的，上位系统计算机一方面为数控系统进行 NC 数据和刀具数据等的准备，另一方面对数控系统进行远程控制（如数控系统的启动/停止等），数控系统可以将修改过的程序、系统状态、故障和报警信号传送给上位系统。

（2）数控装置与用户之间交互设备的接口

与用户之间的交互设备可以是键盘、操作面板和手轮等，用于人工进行数控数据输入，并进行数控系统的操作和加工控制，数控装置通过显示器向用户显示数控系统的工作过程状态和数据。

（3）数控装置与下位系统的接口

下位系统指驱动和执行机构、传感器和机床电器控制器，它们接受数控系统的位置、速度、驱动电流命令值及开关功能的控制，并向数控系统提供系统实际运行值或运行状态，如各种过程数据（位置、温度变化）、应答信号和可能发生的错误报警信号。

早期，数控装置与上位计算机（或单元计算机）的连接以及数控装置与外部编程、打印等外设的连接，一般总是通过串行接口（RS-232C，RS-422 等）进行点到点的连接。数控面板（MDI/CRT）通过专用的键盘接口及显示控制接口与数控装置相连，机床操作面板及其他二进制形式的开关和应答信号通过开关量 I/O 接口与数控装置相连。数控装置与进给轴和主轴的驱动接口一般采用 ±10V 模拟量接口。数控装置与传感器的连接常使用开关量输入接口。内装式 PLC 作为数控装置内部的一个功能模块，通过内部系统总线与其他功能模块相连；独立式 PLC 可以通过电缆将 I/O 信号并行与数控装置的开关量 I/O 接口相连，也可以与数控装置的串行通信接口相接。

现代数控系统采用模块式、分布式控制结构，随着计算机网络的发展，特别是局域网标准的不断完善，分布式控制系统趋向于采用局域网实现各组成部分的通信。由国际电工委员会（IEC）提出的一种连接工业底层设备的局域网-现场总线网，被广泛应用于工业自动化加工控制领域，在分布式数控系统中现场总线网起着重要的作用。现场总线是一种串行通信链路，它在现代制造系统中适用于设备控制层和执行层之间及设备控制层和单元层之间的数据通信，它的通信协议比较简单，具有可靠性高、抗干扰能力强等特点，对于通信服务要求不太高的工业现场来说，具有很好的性能价格比。现代数控系统具有现场总线接口。

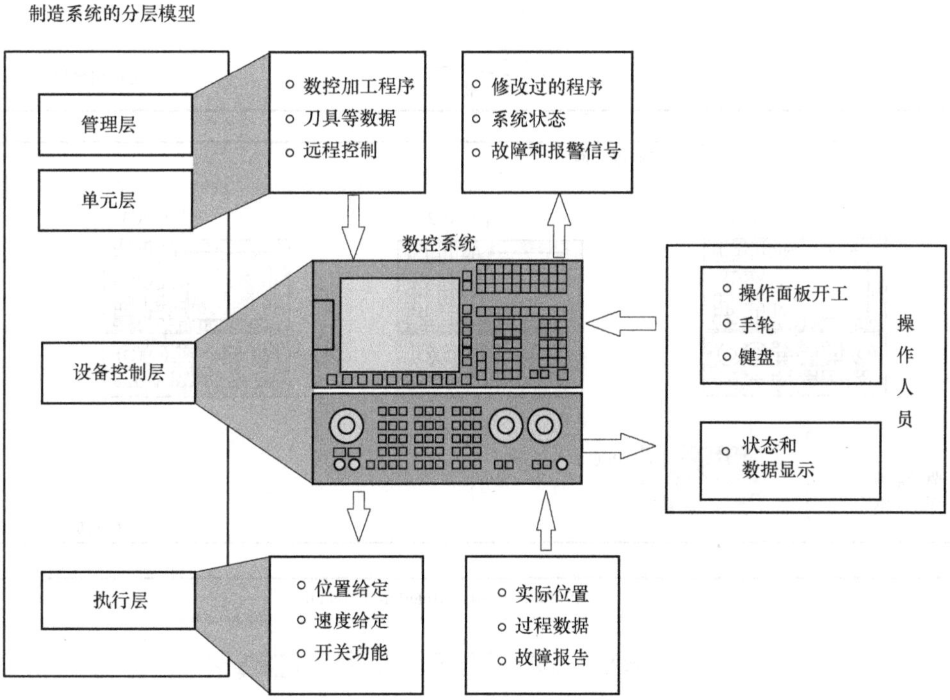

图 3-6　在制造系统的分层模型中数控装置的功能接口

单一总线系统在加工过程中不能满足多种任务要求，现在已经采用多个不同的总线系统来完成不同的特定任务，适用于设备控制层和执行层之间数据通信的现场总线，又称执行装置/传感器现场总线，适用于设备控制层和单元层之间数据通信的现场总线，又称系统现场总线或者称为数据总线。在执行装置/传感器现场总线中，SERCOS（SERial Communication Systen）接口是被实际现场应用证明了的、采用光纤传输数据的现场总线标准之一，它对分布式多轴运动的数字控制提供较好的应用。SERCOS 标准已通过 IEC 认证（IEC 1491）。数控装置与驱动之间越来越多采用开放式 SERCOS 数字接口，不同生产商的 CNC 系统和驱动设备之间可以相互通信。在系统现场总线中，由 SIEMENS 公司开发的 PROFIBUS 现场总线通信协议在欧洲广泛应用，同时基于工业以太网技术的数据总线有逐渐取代其他系统总线，成为系统级总线的标准化应用。

3.2.3 数据总线和现场总线

如今工厂要求实现从现场到生产、直到公司管理层的全集成自动化，工厂设备之间要求能够进行最优协同，实现生产过程的最大透明度和可用性。因此，CNC 控制器因为使用总线连接而具有技术和价格的优势。总线连接包括一个或多个并联连接设备，它们用于在系统的多个组成单元之间进行数据双向传输。在工厂自动化分层网络中，由于各层数据通信要求不同，存在多种不同的总线技术，如图 3-7 所示。

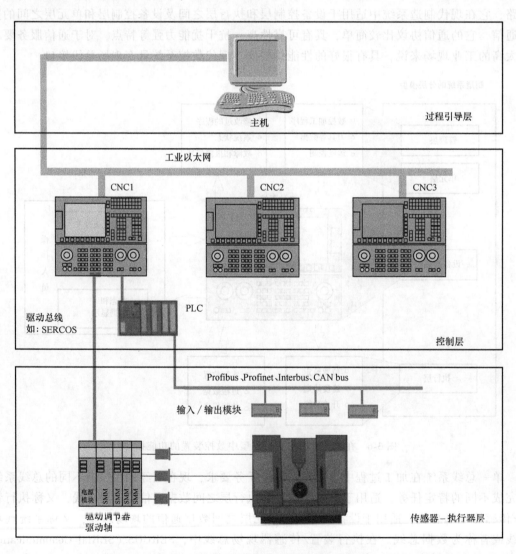

图 3-7　从主机到数控机床不同的总线系统

　　按照行业标准，现在的数据总线通常使用工业以太网进行通信。以太网接口小，价格低廉，具有系列标准可供使用，因此成为广泛使用的世界标准。现在快速以太网数据传输速度为 10Mbit/s 或 100Mbit/s，它可以根据不同的配置，直接传输给 256 个或更多个连接设备。物理传输介质采用特殊的 4 对双绞线电缆，带有 8 针 RJ45 标准连接器。

　　现场总线系统特别适用于执行器控制信号和传感器反馈信号的传输，如 Profibus、Inter-bus 或 CANbus。专门用来控制伺服驱动器的 SERCOS 总线最好使用光纤，从而避免在数控系统电路和驱动控制电路之间因使用铜线而带来的静电干扰或电磁干扰。

　　使用总线代替昂贵的布线不仅减少了电缆和节点的数量，而且也缩小了相关故障来源。总线的各个任务主要取决于其处于自动化网络金字塔（如图 3-8 所示）的哪个级别，并据此进行分类。金字塔上层处理少量的非实时的数

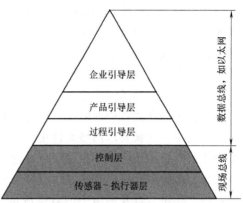

图 3-8　自动化网络金字塔

据任务。金字塔下层则相反，其处理实时数据包，连续发送信号进行过程控制和调节。总线的主要参数有用户（执行器和传感器）的最大数、所需要的最长响应时间（响应时间短）、数据传输量和传输路径的最大值。

　　下面重点对实时以太网和 SERCOS Ⅲ 协议进行分析介绍。许多企业使用多种网络，这些网络不能相互通信或者需要昂贵的成本才能相互通信。毫无疑问，如果一台机器不仅能够报错给现场工作人员，而且能够将错误发送到生产计划系统、材料管理部门以及控制器制造商，这将是非常有意义的。另外，开发计算机和生产线控制器直接通信可以更快、更低成本地完成软件的更新。因此，企业越来越多地在部门之间使用统一的协议传输信息，多数使用以太网和 TCP/IP，构成了互联网和办公室通信的基础。

　　由于工业自动化对信息网络的鲁棒性、可靠性和安全性要求非常高，因此生产车间的以太网网卡和办公室以太网网卡有所不同。工业以太网最重要的是能够实时通信，以确保重要信息被立即或在规定的时间间隔发送，这样才能完成复杂过程的协调。其次是可靠性。高温、多尘、振动和强磁场会引起非屏蔽电缆的电流而导致传输错误。所有这些影响不应损害无差错数据传输的可靠性。最后是外部访问的安全性。简单的通信固然很好，但在任何情况下都要禁止未经生产系统授权的访问。为保证设备和人员的安全，一个安全的数据传输要通过安全认证（如 SIL3 符合 IEC 61508）。

　　几个伺服电动机间有精确的相互作用或者传感器需要快速反应时，需要实时功能。实时功能需要较高的数据流量和能保证同步的网络。如今，现场总线和工业以太网系统可以解决这种典型的控制任务。快速以太网的数据流量为每秒 100Mbit，保证了信息的快速传输。由于快速以太网具有全双工特性，可以实现连接设备的直接通信，从而使响应时间尽可能短。

　　在现场级，即单个驱动器、传感器或控制器之间，其通信保障是 SERCOS Ⅲ 协议。SERCOS Ⅲ 协议专门应用在高精度的 CNC 系统中，同时网络可以很简单地集成到上一级控件中。在非实时通道，用户除了可以使用实时数据，还可以使用 TCP/IP 数据的全部功能。

人们可以通过 SERCOS 协议使用摄像头监控生产，而对实时没有影响。这样就可以使系统规划无需额外的布线和昂贵的花费。不同的模块甚至可以使用相同线路，且不影响安全性和可靠性。

SERCOS Ⅲ 协议和之前的 SERCOS 协义一样，通过特定用途集成电路（ASIC）实现成熟的硬件同步，同步性是 SERCOS 协议的基本特性，这种结构无需额外的模块（集线器和交换机）或协议。31.25μs 的处理周期不是完全由一个模块所使用的，多达 8 个驱动器可以在运动控制时接收和发送 8B 数据，这在工程中已足够使用。目前高精度快速 CNC 机床的最小处理周期不超过 500μs。高效的 SERCOS 技术使得发展快速网络成为必要。

柔性化是生产的基本要求，是工业以太网快速调整计划和生产过程的基石。但是，现代网络需要更多的在实践中的应用。智能控制系统将不同的机器根据生产的需要联系起来，以节省生产成本。这就要求网络柔性化。通常单个组件（从站）由控制器（主站）控制，是典型的生产线路结构。单个控件还可以通过开启自己的共同网段来进行通信。

此外，传感器也可以直接和由不同控制器控制的执行器进行数据交换。这样可减少中央处理器的工作量，以及网络中的数据流量。所谓的 C2C（Control to Control）主站通信是复杂生产设备分散控制的基础，如两个 PLC 之间的 C2C。柔性通信可以缩短主、从设备之间的响应时间，并在整个工作过程中保证同步轴控制不受 SERCOS 网络的影响。

节点之间直接通信的技术，不仅使 SERCOS 解决方案具有高效性，而且还使它具有柔性。同时还提高了方案的安全性，因为 SERCOS Ⅲ 网络有环形拓扑结构，在断线的情况下能提供冗余信号路径。SERCOS 网络可自我协调，并提供如下灵活的策略：经典的线性结构，可以节省材料；冗余的环结构，可以提高安全性。可以根据需要选择相应的线路，而不必另外考虑网络基础设施的因素。

自 2007 年 10 月起，实时以太网解决方案 SERCOS Ⅲ 成为 IEC 标准的一部分。这证实了 SERCOS 接口在全球范围内的重要性。因为 SERCOS Ⅱ 已经在全球实现标准化。为使 SER-COS Ⅲ 标准化，IEC 将已有的针对 SERCOS Ⅱ 的 IEC 61491 标准过渡为新的标准 IEC 61158 和 IEC 61784-1。SERCOS 驱动器配置文件也使用新的 IEC 61800-7 标准。

同时为了数据传输的安全性，SERCOS 解决方案提供安全协议来保证信息的安全传输。SERCOS 安全协议符合 IEC 61508 标准的安全要求，达到安全等级 3（SIL3）。它涵盖了由系统故障引起的并可能导致人员和物质损失的风险。通过 SERCOS Ⅲ 能使用现有的数据线安全传输信息，当发生故障按下紧急停止开关时，就能立即中断电力供应。

SERCOS 安全协议防止可能出现的错误，如重复、丢失、插入、错误顺序、延迟以及标准数据与安全数据间的混淆。安全日志由 IEC 61508 标准认证并且要求进行 TUV 安全测试。为了保证数据传输的安全性，SERCOS ODVA 使用 CIP 安全协议。它被用于各种通信标准，如 DeviceNet 协议、Control-Net 协议和以太网/IP 协议，并允许用户在不同的平台上使用相同的安全机制。因此，连接几个基于 CIP 的网络是可行的。

高效的、柔性的并通过安全测试的 SERCOS Ⅲ 协议满足现代化、自动化网络的所有要求。通过使用 SERCOS 协议提供了必要的实用性，并且提供了实时以太网解决方案的未来安全性。由于快速以太网和 31.25μs 同步周期，SERCOS Ⅲ 具有高性能数据并且能够处理复杂的自动化任务。例如最多 330 个具有 4B/s 数据输入/输出速度的驱动器能在 1ms 内与 8 个数字 I/O 进行通信。已经证明 SERCOS Ⅲ 协议的性能比当今先进的生产设备的要求还要高，它还能够通过远程 I/O 模块完成中央处理系统的过程数据处理。

SERCOS 协议是一种世界通用标准的、用于控制器和现场总线成员之间通信的数字连接接口协议，它可以实现高精度的控制器、伺服驱动器、输入/输出单元、变频器和编码器等之间的实时同步。

在 SERCOS Ⅰ 协议和 SERCOS Ⅱ 协议下使用光纤环路作为传输介质，而在 SERCOS Ⅲ 协议下的通信则通过以太网的物理媒介层进行。SERCOS Ⅲ 协议允许以 100Mbit/s 在以太网下高速工作。任意基于以太网的协议都可以与实时数据传输并行，而不影响实时性。任意成员间可以在一个处理周期内的最小静态时间内实现直接通信。可以在 $31.25\mu s \sim 65ms$ 之间自由选择处理周期。同步性可至亚微秒范围内。为实现可用的高度自动化解决方案，SERCOS Ⅲ 协议用于环网拓扑，确保电缆断线或节点故障可以可靠地检测到，并继续保持通信的能力（冗余环网）。电缆中断的最大识别和响应的必要时间为 $25\mu s$，最多会丢失一个周期内的数据，之后通信将不中断地继续。在冗余的情况下保持稳定的同步性质量。安全的和不安全的成员会在一个网络中混起来，安全技术不会因此而受到影响。不仅可以由中心控制设备，也支持分散制控制。可用于线性或环状拓扑，可实现实时的、分级的和同步的网络结构连接。协议自动识别哪些设备在一个拓扑连接内，因此可实现一个简单的相关设备的本地化。无须关注设备的物理顺序，因此电缆铺设变得简单，并且对设备的 SERCOS Ⅲ 协议端口的接线顺序也没有限制。在 CNC 技术下，最好将数字控制伺服驱动器通过 SERCOS 协议接口连接，以达到很高的动态精度和静态精度。目前世界上有 80 多个 SERCOS 产品供应商。

3.3　数控系统的工作原理及功能

CNC 数控系统的主要任务是根据零件加工程序中所编写的尺寸以及其他工艺参数，如进给量、切削速度、刀具、辅助功能来控制刀具和工件的相对运动，即控制机床轴按加工程序要求运动。也就是说，数控系统要能正确识别和解释数控加工程序，对解释结果进行各种数据计算和逻辑判断处理，完成各种输入、输出任务。

数控系统将数控加工程序按两类控制信息分别输出：一类是连续控制量，送往驱动控制装置；另一类是离散的开关控制量，送往机床电器逻辑控制装置，主要完成一些辅助功能和现场开关量信息的处理，这一部分内容将在后面 PLC 章节详细讲述。

3.3.1　数控系统的工作原理

根据零件图样和机械加工工艺编写出数控加工程序送给 CNC 装置，在内部进行一系列的处理后，输出相应的位置控制信号给伺服系统，经过电动机和滚珠丝杠副驱动工作台或刀具进行移动，最后加工出合格的零件。CNC 装置中主要的连续信息流数据转换过程如图 3-9 所示。

1. 输入

输入 CNC 装置的信息包括数控加工程序、系统控制参数和各种补偿数据等。输入方式主要有手动键盘输入、电子数据存储器输入和通信方式输入等。

键盘输入方式是指通过数控面板（MDI 面板）和机床操作面板（MCP 面板）手动输入

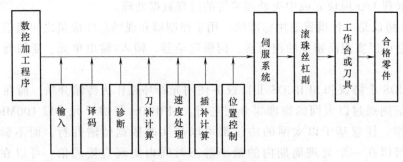

图 3-9　CNC 装置内部连续信息流数据转换过程

数据的方式，主要输入小型或部分数控加工程序、系统控制参数、操作命令或修改程序、参数等。

对于加工程序数量多、程序长的情况，更高效便捷的输入方式是通过便携式电子数据存储器输入。USB 闪存驱动器及 USB 硬盘以其方便、价格低廉、存储容量大等的优势替代了 PC 卡。如今几乎所有的数控系统和计算机都配备了 USB 2.0 和 USB 3.0 插头和必要的驱动程序。USB 闪存驱动器是快速擦写只读存储器（Flash-ROM），这是一种在断电后不会丢失所储存数据的存储设备，但可以人为删除所储存的数据。数控系统中的其他数据同样可以通过 USB 接口传输，但是必需注意检测病毒及安全性，否则就可能造成由计算机病毒引起的数据丢失和控制系统损坏。电子数据存储的缺点在于人们容易误改和误删数据。

通信输入方式是现代数控机床使用得越来越多的一种途径，现代 CNC 装置都配置了标准通信接口，使得数控机床能够方便地与编程机或微型计算机相连，进行点对点的通信，从而实现数控加工程序、工艺参数的传送。随着工厂自动化（FA）和计算机集成制造系统（CIMS）的发展，CNC 装置作为分布式数控系统 DNC 及柔性制造系统（FMS）的基础组成部分，应该具有与 DNC 计算机或上位主计算机之间的网络通信的功能。有些数控系统不仅有标准的点对点串行通信接口，而且还配置了网络接口或者数据高速通道等接口，使得数控系统与外部的信息交换渠道更畅通。随着通信、网络技术的发展，传统的点对点串行方式逐步为日益发展强大的标准化网络接口（如以太网）所代替。

随着网络技术的发展，以安全数据传输和程序管理为基本目的的分布式数字控制（DNC）系统得到广泛应用，所有 DNC 系统通过标准的网络或串行电缆（多串口模式已越来越少）连接计算机和 CNC 机床，用于将 DNC 主计算机中的数控程序及刀具数据等快速传输到机床。这种类型的数据输入不属于直接"数据输入设备"，但却由于它本身的优势发展成为常用的输入方式。一台或多台计算机负责与之连接的数控机床所有数控程序的存储和管理，并把这些数据按照预定的安全检查需求传送到数控系统。此外，需要传送的还有所需的刀具数据、停机时间和校正值等。得到的数据可以在数控系统上手动处理或自动处理。数据传送之后，数控机床即可自由处理所存储的数控程序，之后不必再与 DNC 主机连接。除非数控程序过于庞大，即数控系统的内存太小不足以容纳整个程序，这种情况下需要逐段传送程序。

一个或多个数控加工程序输入 CNC 装置后必须按某种约定的格式存储在内存中，并且还要求能对它们进行各种编辑处理，包括搜索、插入、删除、替换和修改等操作。

2. 译码

所谓译码，就是将输入的数控加工程序段按一定规则翻译成 CNC 装置中计算机能识别的数据形式，并按约定的格式存放在指定的译码结果缓冲器中。具体来讲，译码就是从数控加工程序缓冲器（MDI）中逐个读入字符，先识别出其中的文字码和数字码，然后根据文字码所代表的功能，将后续数字码送到相应译码结果缓冲器单元中。

3. 诊断

在译码过程中，还要进行数控加工程序的诊断。也就是利用控制软件检查加工程序的正确性，把凡是不符合数控机床编程手册规定的加工代码找出来，通过显示器提示机床操作人员进行修改。这种诊断过程的实现大多是贯穿在译码软件中完成，有时也会专门设计一个诊断软件模块来完成。

在CNC装置中，除数控加工程序的诊断外，一般还具有对机床运行状态、几何精度、润滑情况、硬件配置、刀具状态及工件质量等的监测和诊断功能，并依此进行故障定位和修复指导。

4. 刀具补偿计算

刀具补偿计算包括刀具长度补偿和刀具半径补偿两大类，其中刀具长度补偿计算主要针对数控钻床和数控车床等，而刀具半径补偿计算主要针对数控铣床和数控车床等。对于数控铣床来讲，由于CNC装置的控制对象是主轴刀具的中心轴线，而编程时使用图样标注的零件轮廓是用刀具边缘切削形成的，它们两者之间不一致，相差一个刀具半径值。可见，刀具半径补偿计算就是将刀具边缘轨迹偏移到刀具中心。

5. 速度处理

数控加工程序中给定的进给速度F代码是指零件切削方向的合成线速度，CNC装置无法对此进行直接控制。因此，速度处理实际上就是根据零件的几何轮廓信息将合成进给速度分解成各个坐标轴的分速度，然后通过各个轴的伺服系统实现相应的分速度控制，使数控机床最终得到所要求的线速度。另外，数控机床所允许的最低速度、最高速度、最大加速度和最佳升降速曲线的控制，都是在这个环节中实现的。

6. 插补处理

所谓插补，就是根据数控加工程序给定的零件轮廓尺寸，结合精度和工艺方面的要求，在已知的特征点之间插入一些中间点的过程。换句话说，就是在零件轮廓起点与终点之间的曲线上进行"数据点的密化过程"。当然，中间点的插入是根据一定的算法由数控系统控制软件或硬件自动完成，以此来协调控制各坐标轴的移动，从而获得所要求的运动轨迹。

7. 位置控制

位置控制处于伺服回路的位置环中，这部分工作可以由软件完成，也可由硬件实现。其主要任务就是根据插补结果求得命令位置值，然后与实际反馈位置相比较，利用其误差值去控制伺服电动机，驱动工作台或刀具朝着减小误差的方向运动。在位置控制中，通常还要完成位置回路的增益调整、各坐标轴的零漂处理、反向间隙和螺距误差的补偿等，以提高机床的定位精度。

3.3.2 数控系统的功能

数控系统在系统硬件、软件支持下可实现的功能很多，下面按核心功能、可选功能和先进功能分别加以介绍。

1. 核心功能

所谓核心功能，是指一般数控系统必须具备的一些基本功能，包括准备功能、进给功能、主轴功能、辅助功能和刀具功能等。

(1) 准备功能（G功能）

准备功能是用于建立数控机床或控制系统工作方式的一种命令，其后大多紧跟两位数字，即G00~G99。随着数控系统功能的增加，有些数控系统的G功能开始采用三位数字。尽管有ISO 1056：1975（E）国际标准和JB/T 3208—1999行业标准，但大多数控系统都没有完全遵守标准，而且有些系统的差别还较大。对于G代码，除了G00~G04、G17~G19、G40~G42及G90~G92的含义在各类系统中基本相同外，其余代码的标准化程度较低。因此接触一种新的数控系统时，必须仔细阅读产品说明包后才能正确编程和使用。

(2) 进给功能（F功能）

进给功能用于给定切削进给速度，用F后的数字直接给定进给速度（mm/min）。对于车床，还可用主轴每转进给量给定。另外，F地址符在螺纹切削程序段中还用来给定导程。

(3) 主轴转速功能（S功能）

主轴转速功能用来给定主轴转速（r/min），由数控系统S指令后数值直接给定。为了提升主轴低速时的输出力矩，增大调速范围，可将齿轮变速档与无级调速配合使用，从而实现主轴分段无级变速。

(4) 辅助功能（M功能）

辅助功能由M后紧跟二位数字构成，用于指定数控机床辅助装置的接通或断开，它是由数控装置通过开关量I/O接口，由内置或独立的可编程控制器来实现。与G功能一样，M功能的标准化程度也较低。除M00~M05、M06、M08、M09和M30等指令外，其他M功能不同公司产品其含义相差较大。

(5) 刀具功能（T功能）

刀具功能用于指定加工用刀具号及刀具长度与半径补偿号，并且车床系统与加工中心（镗铣床）系统刀具功能的使用差别较大。对于大多数的数控车床系统，一般采用T加2位或4位数字构成。经济型数控系统通常采用2位数字。2位数字既表示刀具号，又表示刀具长度补偿号（经济型数控系统通常无刀尖半径补偿）。采用T加4位数字的形式时，其中前2位表示刀具号，后2位表示刀具补偿号（既是刀具长度补偿号，又是刀尖半径补偿号）。对于加工中心（镗铣床）来讲，刀具的指定（换刀）与刀具补偿号的指定是分开进行的。通常使用M06和T加2位数字（或4位数字）来表示换刀刀具号，而不同公司的产品刀具补偿号指定的方法差别较大。刀具半径补偿由G41、G42和G40指定左、右偏置和取消偏置，偏置号由D地址符加偏置数字来完成。

2. 可选功能

除上述核心功能外，应机床制造厂和数控机床使用者的要求，在数控系统中还集成了许多附加的可选功能，这些功能不仅在现场操作和编程等方面提高了数控机床操作的方便和舒适性，而且还拓宽了数控系统的适用范围。

(1) 编程功能

数控系统可提供各种数控加工程序的编程工具，鉴于价格和功能方面的考虑，这些编程工具可以是简单的手工编程系统、自动编程系统以及面向车间的编程（Workshop Oriented

Programing，WOP）系统等。自动编程系统使用计算机代替手工编程，编程员根据被加工零件的几何图形和工艺要求，用自动编程语言编写源程序输入计算机，由计算机自动生成数控加工程序。WOP利用图形编程，操作简单，编程员不需使用抽象的语言，只要以图形交互方式进行零件描述，利用WOP系统推荐的工艺数据，根据自己的生产经验进行选择和优化修正，WOP系统就能自动生成数控加工程序。

（2）加工模拟功能

数控系统在不起动机床的情况下，可在显示器上进行各种加工过程的图形模拟，特别有利于对难以观察的内部加工以及被切削液等挡住部分的观察，编程者可以利用图形模拟功能检查和优化所编数控加工程序，减少机床的准备时间。图形加工模拟器有二维和三维图形模拟器之分。

使用图形加工模拟器有两个目的：其一，检查在加工运动中和换刀过程中是否会出现碰撞干涉现象，并检查工件的轮廓和尺寸是否正确；其二，识别不必要的加工运动（如空切削），将其去除或修改为快速运动，从而对加工轨迹进行优化，减少加工时间。

使用与数控装置相连的手轮进行操作时，也可以利用图形加工模拟器实时观察数控系统的运行状况。功能较强的图形加工模拟器还允许通过修改机床和刀具参数，进行不同机床类型各种刀具的加工模拟。

必须指出，利用图形加工模拟器一般不能对数控加工程序进行工艺分析（如判断切削量是否合适，并对其进行优化等），只能通过实际切削来分析。

（3）监测和诊断功能

为了保证加工过程的正确进行，避免机床、工件和刀具的损坏，应使用监测和诊断功能。该功能可以直接置于数控装置的控制程序中，也可以设计成附加的、可直接执行的功能模块形式。监测和诊断功能可以对机床（如动态运行状态、几何精度和润滑状态等）进行检查处理；可以对数控系统本身的硬件和软件（如数控系统硬件配置、硬件电路导通和断开、各硬件组成部件的功能以及相应软件功能等）进行检查处理；还可以对加工过程（如刀具磨损、刀具断裂、工件尺寸和表面质量等）进行检查处理。

若要对数控系统进行完全地监测和诊断是很复杂的，需要通过几个或多个监测和诊断功能模块的运行及硬件的配合才能进行故障定位。

（4）测量和校正功能

由于机床机械精度不足、机械结构受温度影响、刀具磨损以及一些随机因素的影响，会导致加工位置的变化。对经常变化的量，如工件的夹紧位置（夹紧公差）、刀具磨损和受温度影响导致的主轴伸长等，可借助测量装置、传感器和探测器测出机床、刀具和工件的位置变化，查出相应的校正值进行补偿。对随机的误差，如主轴上升误差，通常在开动机床时，在机床上一次性测量，并存入校正存储单元中，用于后续相应操作的校正。

（5）用户界面功能

用户界面是数控系统与其使用者之间的界面，是数控系统提供给用户调试和使用机床的全部辅助手段，如屏幕、开关、按键及手轮等人工控制元件，用户可自由查看的过程和信息、可定义的数据和功能键、可规定的软件钥匙和可连接的硬件接口等。数控系统应为用户提供尽可能多的自由性，使系统适应性强，灵活多变。例如，要使所购置的数控系统适应具体的机床，可利用用户界面对数控系统进行应用性构造，即将运动轴、主轴、手轮、测量系统、调节环参数、插补方式、速度和加速度等配置以参数形式置入数控系统；利用用户界面可使数控装置的控制也具有可编程性，例如机床运动软极限开关的设置、受控的换向操作、多个主轴准停位置的定义等。用户界面的友好性是一个数控系统质量和开放性的标志。

（6）通信功能

数控装置能够与可编程控制器进行通信；对驱动控制装置和传感器可采用现场总线网络实现通信连接；远程诊断也需要通过通信的方式实现；要将数控单元集成到先进制造系统中，通信也起着重要的作用。例如，可以通过 MAP/MMS（制造自动化协议/制造报文规范）支持的网络来实现。

（7）单元功能

为了提高生产效率，并使各种设备得到充分利用，要求制造系统中各种机床和设备互相紧密配合，为此可采用先进的制造系统，例如柔性制造单元（FMC）、柔性制造系统（FMS）和计算机集成制造系统（CIMS）等。为适应先进制造系统，可为数控机床配置单元功能，即为其配置任务管理、托盘管理和刀具管理等功能。

3. 先进功能

功能先进与否不是绝对的，也没有明显的标准。因此，这里所谓先进功能并不是一种严格的说法，而只是给出了中高档数控系统中出现的较新功能。

（1）半径直接编程

编程时指定圆心位置的方法通常是给出圆心相对于起点或坐标原点的坐标值。由于零件图样一般都仅给出圆弧半径，因此编程就必须计算出圆心坐标值，大大增加了计算工作量。半径编程可直接使用指定半径的方法来编程。由于使用半径编程所得圆弧非唯一，因此通常定义 $R>0$ 表示圆心角小于 180 度的圆弧，$R \leqslant 0$ 表示圆心角大于 180 度的圆弧。

（2）倒角功能

通常倒角为 45°直线或与两面相切的圆弧倒角。一般数控系统在倒角增加了工作量。但如果使用数控系统要增加一个零件加工程序段，尤其是圆弧倒角时，还要确定圆心坐标，倒角功能编程则可简化倒角处程序。

（3）恒线速度切削功能

在传统车床上车削端面时，由于转速在切削过程中恒定，理论上只有某一直径处的粗糙度最小。而采用数控系统的恒线速度切削功能，则可选择最佳线速度切削，数控系统根据所加工点处直径的大小，自动无级调节主轴转速。这样，直径越小处主轴转速越高，以保证所编程的线速度加工值。

（4）刀尖圆弧半径补偿功能

刀尖圆弧半径自动补偿功能是现代数控车床系统档次的重要标志。如果刀尖是理想上绝对的尖，那么编程时只要简单地指定这个刀尖就可以了。但实际上刀具刀尖呈圆弧形，如果还按理想刀尖编程就会形成编程误差。此时，可以采用刀尖圆弧半径补偿计算功能来提高系统的综合精度。

（5）刀具寿命管理功能

现以下面的实例来说明该项功能的使用。假设在能装 12 把刀具的车床上车削某种零件需用甲、乙、丙三种刀具，每天加工 180 个零件。根据计算和经验，加工 180 件该种零件需甲刀 4 把、乙刀 3 把，丙刀 5 把，于是就在刀架上安装 12 把刀，并将按甲刀、乙刀和丙刀分成三组，每组内刀具排好顺序，并设置第一组刀具中每把刀具的寿命为45件，第二组刀具中每把刀具的寿命为60件，第三组刀具中每把刀具的寿命为36件。而在加工程序中则指令组号而不是刀具号。开始加工时，机床会自动使用每组中的第一号刀，如果某刀具寿命已到，则会自动换取本组中的2号刀。到每天下班时，12把刀具正好全部用完。这样在一个班次内不需换刀和对刀，大大提高了生产效率。

（6）镜像加工功能

镜像加工也称为轴对称加工。对于一个轴对称形状的工件，利用这一功能，只需编出一半加工程序即可。例如，左鞋和右鞋就是镜像对称的图形。该功能主要用于铣床、加工中心和线切制机床等。

（7）自动交换工作台功能

由数控系统及可编程控制器控制可完成两个工作台的自动交换。当一个工作台上的工件加工时，另一个工作台上进行工件的检验与装卸，这样可大大缩短加工的准备时间，提高生产效率。

（8）靠模加工与数据采集功能

有些情况下需根据实物进行加工，此时可采用具有靠模加工功能的数控系统，此类系统大多既可进行数控加工也可进行靠模（也称电脑仿型）加工。现代数控系统配置了数据采集系统后，可以通过传感器（通常为电磁感应式、红外或激光扫描式）。对实物模型进行测量和数据采集，并对采集到的数据进行自动处理，然后生成加工程序进行加工，为仿型制造提供了有效的手段。

（9）动力刀具与C轴功能

车削中心是以数控车床为主体，增加了如下三项功能：①配置刀库和换刀机械手，使得自动选择的刀具数量大大增加。②动力刀具功能。即刀架上某些刀位可使用回转刀具，如铣刀或钻头，然后通过刀架内部机构，可使铣刀、钻头回转。③C轴位置控制功能。一般来说，车削加工只要求主轴无级变速，以实现恒线速度切削，而对定位分辨率和角位置控制没有什么要求。车削中心的C轴（指以Z轴为中心旋转坐标轴）有很高的角度分辨率，例如0.001度，可按数控系统的指令作任意低速的回转运动，并能与原X、Z轴做插补运动，使得车床具有三坐标二联动的轮廓加工功能。

（10）子程序与用户宏程序

编程时常常遇到这种情况：一组程序段在一个程序中多次出现，或者几个程序都要使用它。换言之，同样的加工需要多次重复。为此，可以把这段程序单独命名并且可供其他主程序调用，这就是子程序。这个概念与计算机高级语言编程中的概念类似。但有一点关键的不同之处，那就是子程序所做的工作是固定的，没有变量功能，不能作任何数学运算。进一步把使用了变量和演算式以及转向语句的子程序称为宏程序。

宏程序功能是数控系统功能的重要发展，它也是许多其他先进功能的基础。宏程序的变量具有公共变量、局部变量和系统变量三种，可进行加、减、乘、除、逻辑运算和高级函数运算，因而更接近高级语言中子程序的概念。值得指出的是，目前不同公司的数控系统宏指令及用法不统一，差异很大，用户需根据所用数控系统说明书具体掌握。

（11）循环加工功能

该功能实际上是数控系统制造厂家利用宏程序功能，将常用的加工步骤编制成宏程序，经加密后提供给用户，用户可自由调用。对于铣床数控系统，循环加工功能主要是各种孔加工循环，例如钻、扩、铣、镗等以及一些典型形状如圆、槽等，而对车床数控系统，则主要是各种粗车、精车循环以及螺纹加工循环。利用循环加工功能可大大简化编程，减少编程错误。

（12）跳步功能

跳步功能是在数控加工程序不变的前提下对指令作出执行或不执行的选择。通常是使用操作面板上的跳步选择开关来完成。该开关信号送至数控装置相应的输入接口。灵活应用跳步功能可满足编程者的许多特殊要求。跳步功能是在程序段号前或后加入"/"符号来完成。

（13）自动工件检测功能

工件加工好后可由安装在某刀位上的接触式传感器探针（测头）进行机内检测、判别，并根据测量结果自动修改刀偏值，也可以边加工边检测。

（14）螺纹加工中的特殊功能

数控车床中螺纹加工是较复杂的一个问题。螺纹种类很多（如直螺纹、锥螺纹、端面螺纹、米制螺纹和英制螺纹等）、导程精度要求高，为此许多数控系统增加了一些螺纹加工的特殊功能，如精密螺纹加工功能、变螺距螺纹加工功能等。

（15）同步轴控制功能

它能使机床的两个部件同步运动，例如使用两台电动机驱动的重型龙门式机构。

（16）先进伺服控制功能

为了提高系统的综合精度，减小轮廓误差，可以将自动控制理论中一些先进控制技术应用于伺服系统中。例如，位置前馈控制就属于按给定作用的复合控制，应用于具有升降速控制功能的位置闭环控制回路中，可以改进闭环控制的性能，减小跟随误差。

（17）比例缩放与坐标旋转功能

此功能能将程序指定的形状按一定比例放大或缩小，缩放比例一般为 $0.001 \sim 99.999$ 倍，也可将程序给定的形状旋转一定的角度。

4. 其他功能

除了上述各项功能外，在数控系统中还可以设置一些其他的功能，例如企业和机床数据统计功能、数控加工程序管理功能等。

若将企业和机床数据统计软件集成到数控系统中，可使数控系统的功能范围得到扩展。统计数据分为任务数据（任务期限、设备时间、件数和废品率等）、人员数据（出勤情况和工作时间等）以及机床数据（生产时间、停机时间、故障原因和故障时间等），通过统计数据的应用，能初步分析、管理机床设备和加工的情况。

在数控系统中，还可以集成数控加工程序管理功能，进行数控加工主程序和子程序信息（程序号、程序版本、程序状态和运行时间等）的管理，提供工件加工必要的配备需求（如夹具、设备和测量手段等），为某种工件的加工做准备。

3.4 典型数控系统产品及其应用

数控系统是数控机床的核心，数控机床根据其功能要求和经济性要求的不同，配置不同的数控系统。数控系统通常可以分为普及型（经济型）、标准型、高档型（模块化）三个层次。普及型数控系统以操作简单，调试维修方便，成本最低为特点，标准型数控系统较之普及型数控系统其功能更加强大，较之高档型数控系统其价格更低，所以标准型数控系统以高性价比为特点，满足标准机床的性能要求。普及型和标准型数控系统通常采用基于操作面板的紧凑结构。高档型数控系统以高度的开放性和灵活配置为主要特点，用于满足高端定制机床要求，通常采用模块化的结构。

3.4.1 数控系统应用简介

德国 SIEMENS（西门子）、日本 FANUC（发那科）、德国 HEIDENHAIN（海德汉）、日本 MITSUBISHI（三菱）和西班牙 FAGOR（发格）等公司的数控系统及相关产品在数控机床行业占据主导地位，国产数控系统品牌正在逐步地发展和壮大，主要有华中数控、广州数控、航天数控、凯恩帝数控等。

根据机床行业调查数据显示，目前国内机床行业中普及型数控系统的应用占 30% 左右，标准型占 40% 左右，高档型占 30% 左右。可以看出，国内数控机床行业已经从以前使用普及型数控系统为主，转为使用普及型和高档型数控系统为主的局面。国内数控技术起步和发展都落后于国外先进水平，就目前国内数控系统应用的情况来说，高档数控系统市场仍是国外品牌如 SIEMENS、FANUC 和 HEIDENHAIN 等的天下，国产数控系统如华中数控、航天数控和凯恩帝等都有自己的高档数控系统系列，在高端市场有了施展本领的机会。在标准型数控系统市场中，国外品牌市场份额仍然超过了半数，但国产数控系统的市场份额在近几年有了很大提高。在普及型数控系统中，国产数控系统占有一定的优势，但国外品牌也开始重视和加强这块市场，有很强的竞争力。

3.4.2 SINUMERIK 数控系统

德国 SIEMENS 公司的机床数控系统 SINUMERIK 和伺服驱动系统 SIMODRIVE、SINAMICS 产品和解决方案被广泛应用于汽车工业、模具制造业、航空制造业和消费类物品制造业等制造自动化领域。

SINUMERIK 全系列数控系统产品包括普及型数控系统 808 D/808 ADVANCED、标准型数控系统 828D/828D BASIC 和高档数控系统 840D sl，对应满足经济型数控机床到高端定制数控设备的不同应用。SINUMERIK 数控系统产品结构如图 3-10 所示。SINUMERIK 全系列不同数控系统均采用统一的数控系统架构，保证了数控功能、数控操作和编程的一致性。

1）SINUMERIK 808D 是一款基于操作面板的紧凑型数控系统。适用于车削和铣削应用。其结构紧凑，性能可靠，操作简便，调试维修方便，成本最优。

2）SINUMERIK 828D 也是一款基于操作面板的紧凑型数控系统。适用于大批量加工、模块化程度较低的标准机床。高性价比、结构紧凑、数控性能高、便于调试。

3）SINUMERIK 840D sl 是一款基于传动，模块化的开放型数控系统。具有高度的开放性和灵活性，是定制机床所用数控系统的最佳选择。SINUMERIK 840D sl Basic 基于 SINAMICS S120 Combi 驱动器，适用于具有模块化和灵活配置选择的六轴以内的高端机床。

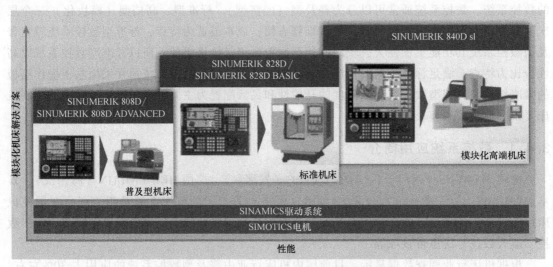

图 3-10　西门子 SINUMERIK 数控系统产品结构

1. 808D ADVANCED 总体性能介绍

808D 数控系统分为车削版（T）和铣削版（M），车削版系统满足现代普及型车床的轮廓精度和动态特性要求，能够确保机床在大批量加工时的生产效率；同时，由于支持多达 5 根进给轴/主轴，它还能够用来控制不带 Y 轴的车削中心。铣削版系统适用于铣床及立式加工中心，因为它拥有精优曲面功能的速度控制功能，因此还能够适用于简单模具加工，具有良好的性价比。具体来讲，808D 系统的主要特点有：

1）最多支持 5 根进给轴/主轴。

2）数控单元与伺服驱动器之间采用总线通信，保证了位置闭环控制的高速高精。

3）可选横版和竖版的数控单元及机床控制面板，7.5in 彩色显示屏，支持多语言版本。

4）SINAMICS V70 伺服驱动器及 SIMOTICS S-1FL6 伺服电动机支持 3 倍过载。

5）可选不带 Y 轴的端面转换和柱面转换、基本龙门轴及双向螺距误差补偿功能。

6）支持专用于模具加工的精优曲面功能。

7）支持自动伺服优化功能，可自动优化 CNC 和伺服驱动器参数。

8）支持动态伺服控制功能（DSC）。

9）支持摩擦补偿功能。

10）1 个加工通道。

11）支持数控单元与 PC 间的以太网通信。

12）配备 S7-200 PLC。

808D ADVANCED 集成式设计使得系统接口数量少，无电池，免维护。前面板防护等级 IP65，坚固耐用，适应恶劣的工业环境。有机械按键、热键和软菜单键，操作人性化，机械按键确保日常参数输入的便利性，热键和软菜单键使数控系统操作更加直观。另外，通过前面板上的通用 USB 接口可以方便地进行数据传输，并且可以连接 USB 电脑键盘，使得对工件程序的编辑更加便利。

808D 集成了在线向导功能 StartGUIDE，为调试参数提供了图形化输入帮助，调试快速。808D 用 SINUMERIK Operate BASIC 用户界面，为日常操作、程序编辑提供诸多强大功能，给操作者带来简洁的现代化电脑式操作体验。

2. 808D ADVANCED 接口介绍

SINUMERIK 808D ADVANCED 与 SINAMICS V70 驱动器及 SIMOTICS S-1FL6 伺服电动机配合，共同完成数控机床数控轴的运行。SINUMERIK 808D ADVANCED 的总体连接示意图如图 3-11 所示。

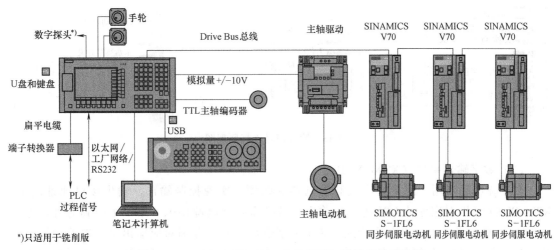

图 3-11 SINUMERIK 808D ADVANCED 系统连接示意图

808D ADVANCED 系统集成式设计使得系统接口数量少，具体如图 3-12 所示。主要有与主轴驱动系统的接口、与进给驱动系统的接口、数字输入/输出接口、通信接口和电源接口等。

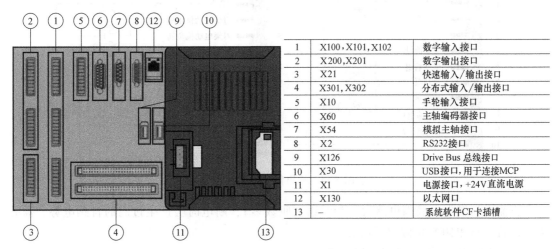

1	X100，X101，X102	数字输入接口
2	X200，X201	数字输出接口
3	X21	快速输入/输出接口
4	X301，X302	分布式输入/输出接口
5	X10	手轮输入接口
6	X60	主轴编码器接口
7	X54	模拟主轴接口
8	X2	RS232接口
9	X126	Drive Bus 总线接口
10	X30	USB接口，用于连接MCP
11	X1	电源接口，+24V直流电源
12	X130	以太网口
13	—	系统软件CF卡插槽

图 3-12 808D ADVANCED 装置接口

（1）数字输入接口（X100/X101/X102）

数字输入接口用于连接机床侧的急停按钮、刀位信号、轴硬限位信号以及传感器信号等，将它们送入 PLC 系统，实现对机床外部命令和状态的监控。在 808D 系统中，输入接口地址固定，X100/X101/X102 分别对应地址 IB0/IB1/IB2。输入信号所需的电源有两种方式提供，一是 PLC 内部提供电源，二是由外部电源供电。X100/X101/X102 均有 10 个接线引脚，其中第一个引脚为内部电源 DC24V 的输出端。第二到第九号引脚连接 8 个数字输入信号，分别对应输入字节地址的第一位到第 8 位，信号的引脚位置可任意安排。第十个引脚为输入信号的公共端。机床功能不同，数字输入输出信号的种类、数量均不同，本书以普及性通用数控车床为例进行举例说明，如图 3-13 所示。

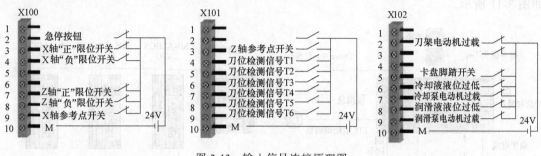

图 3-13　输入信号连接原理图

（2）数字输出接口（X200/X201）

数字输出接口用于连接直流控制继电器的线圈，实现控制输出。输出接口地址固定，X200/X201 分别对应地址 QB0/QB1。输出信号必需外部电源供电。第 1 个引脚为外部电源 DC24V 的输入端。第 2~9 号引脚连接 8 个数字输出信号，分别对应输出字节地址的第 1~8 位，信号的引脚位置可任意安排。第 10 个引脚为输出信号的公共端。图 3-14 所示为输出信号连接示例。

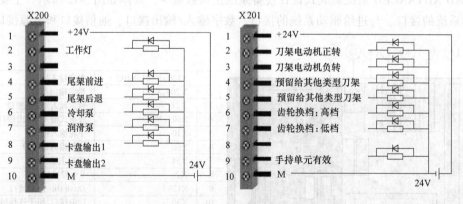

图 3-14　输出信号连接原理图

直流中间继电器线圈电感大（导线细、匝数多），断电时会产生过高的自感电势，需并接二极管（或电阻）消除自感电势。

（3）X21 快速输入/输出接口

X21 接口电缆必须为屏蔽电缆，引脚 4/5 可用于连接测量头，引脚 6 可接感应接近开关作为主轴位置编码器零脉冲，连接到系统。模拟主轴时，引脚 8 和 9 控制主轴正反转。信号具体地址和说明如图 3-15 所示。

（4）X301/302 分布式输入/输出接口

分布式输入/输出接口（X301/302）为 50 针扁平接口，需要配置端子转换器，其引脚说明和地址如图 3-16 所示。

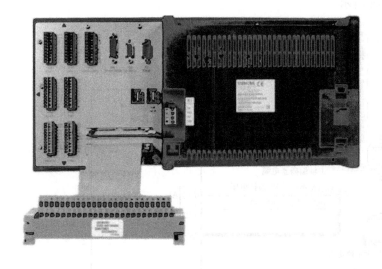

针脚	信号	说明	变量
4	DI1	快速输入1, 地址为DB2900.DBX0.0	$A_IN[1]
5	DI2	快速输入2, 地址为DB2900.DBX0.1	$A_IN[2]
6	DI3	快速输出3, 地址为DB2900.DBX0.2	$A_IN[3]
7	DO1	快速输出1, 地址为DB2900.DBX4.0	$A_OUT[1]

图 3-15　X21 快速输入/输出接口说明

1	MEX	外部接地	26	I5.7	数字量输入
2	+24V	+24V 输出	27	—	未分配
3	I3.0	数字量输入	28	—	未分配
4	I3.1	数字量输入	29	—	未分配
5	I3.2	数字量输入	30	—	未分配
6	I3.3	数字量输入	31	Q2.0	数字量输出
7	I3.4	数字量输入	32	Q2.1	数字量输出
8	I3.5	数字量输入	33	Q2.2	数字量输出
9	I3.6	数字量输入	34	Q2.3	数字量输出
10	I3.7	数字量输入	35	Q2.4	数字量输出
11	I4.0	数字量输入	36	Q2.5	数字量输出
12	I4.1	数字量输入	37	Q2.6	数字量输出
13	I4.2	数字量输入	38	Q2.7	数字量输出
14	I4.3	数字量输入	39	Q3.0	数字量输出
15	I4.4	数字量输入	40	Q3.1	数字量输出
16	I4.5	数字量输入	41	Q3.2	数字量输出
17	I4.6	数字量输入	42	Q3.3	数字量输出
18	I4.7	数字量输入	43	Q3.4	数字量输出
19	I5.0	数字量输入	44	Q3.5	数字量输出
20	I5.1	数字量输入	45	Q3.6	数字量输出
21	I5.2	数字量输入	46	Q3.7	数字量输出
22	I5.3	数字量输入	47	+24V	+24V 输入
23	I5.4	数字量输入	48	+24V	+24V 输入
24	I5.5	数字量输入	49	+24V	+24V 输入
25	I5.6	数字量输入	50	+24V	+24V 输入

图 3-16　分布式输入/输出接口说明

（5）X10 手轮的连接

808D ADVANCED 系统可连接两个手轮，X10 手轮接口引脚说明和连接示意如图 3-17 所示。手轮信号为差分信号，差分信号作用在两个导体上，信号值是两个导体间的电压差，不同于传统的一根信号线一根地线的做法。当这两个导体上被同时加入一个相等的电压，也即共模信号，对差分放大系统来说是没有影响的，而干扰信号一般是共模信号。尽管差分放大器的输入信号幅度是几毫伏，却可以对一个高达几伏特的共模信号无动于衷。所以差分信号的应用极大地提高

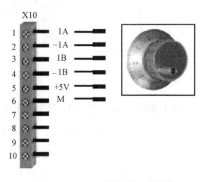

图 3-17　X10 手轮接口说明

了信号的抗干扰性。

（6）机床控制面板（MCP）接口 X30

MCP 面板可以由数控系统制造商配套提供，也可以采用其他面板厂家的面板。如果采用系统配套的 MCP 面板，则可以方便地将标准面板后面的 X10 接口与系统的 X30 接口连接即可。如果采用其他厂家的非标准面板，则需要将面包上的输入/输出信号接入分布式输入/输出接口 X301/X302。

（7）变频器与系统之间的连接原理

主轴根据控制要求不同，可以是变频器控制的模拟量主轴和主轴伺服放大器控制的数字量主轴。模拟量主轴的变频器需要系统给它两个信号，一是速度给定值信号，另一个是主轴方向信号，速度给定值信号为模拟电压信号，通过相应的系统参数设置，可以设定为 0～+10V 单极性方式和 -10～+10V 双极性方式两种。X54 为系统送给变频器的主轴转速模拟量设定值接口，X60 为主轴编码器反馈电缆接口。变频器的正反转信号由 X21 的第 8、第 9 引脚控制输出。具体连接如图 3-18 所示。

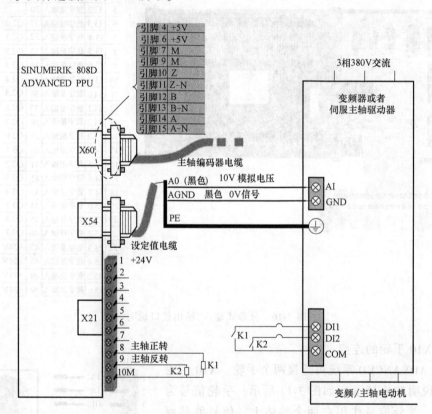

图 3-18　变频器与系统之间的连接说明

（8）Drive Bus 总线接口（X126）

总线是信息的双向通道，总线上的设备采用依次串接的方法，如图 3-11 所示，一个串接下一个。即从 808D 系统的 X126 接口出来，连接到驱动的总线接入接口，然后再从驱动的总线接出接口连接下一个驱动设备的总线接入接口，最后一个驱动设备的总线接出接口连接终端电阻。总线不仅可以传输控制信号，也可以传输设备的状态信号、监测信号等，因此，数控系统与伺服驱动器之间采用总线通信，不仅大大简化了部件之间的连接，而且更重要的是保证了位置闭环控制的高速、高精和高可靠性。808D 的 Drive BUS 总线连接如图 3-19 所示。

此外，数控系统还有 X1 电源接口，用于连接外部直流 24V 电源，X130 以太网接口用于连接编程设备、调试电脑，或者接入工厂局域网实现远程数据传输和控制。

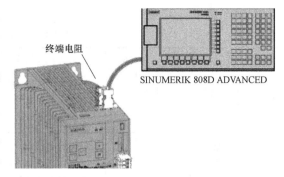

终端电阻

SINUMERIK 808D ADVANCED

图 3-19　系统与驱动的总线连接示意图

思考题与习题

1. 什么是计算机数控技术？
2. 简述数控机床控制技术的发展。
3. 简述现代数控系统的软硬件结构。
4. 简述数控系统（装置）的组成及各部分作用。
5. 简述现代数控系统（装置）的接口技术。
6. 阐述工厂自动化分层网络技术。
7. 数控机床中常用的执行检测层现场总线技术有哪些？各有什么特点？
8. 数控机床中常用的设备层数据总线技术有哪些？各有什么特点？
9. 阐述 SERCOS（Serial Communication Systen）接口的技术特点。
10. 简述数控系统的工作原理。
11. 简述数控系统的主要功能。
12. 举例介绍一种典型数控系统产品的组成和特点。
13. 举例介绍一种典型数控系统产品的具体接口及连接。
14. 举例介绍一种典型数控系统产品采用的总线技术。

项目 6　典型数控系统的硬件连接

1. 学习目标

1）掌握典型数控系统的硬件接口及各接口的作用。

2）掌握典型数控系统对电源的要求。

3）掌握典型数控系统和伺服系统之间的连接。

4）掌握典型数控系统和 I/O 信号之间的连接。

5）掌握典型数控系统和其他部件之间的连接。

2. 任务要求

1）参阅数控系统的技术手册，画出数控系统各接口的连接示意图。

2）按照提供的电气原理图，完成数控系统和其他部件的连接。

3）对数控系统各接口连接的正确性进行检查和调试。

3. 评价标准（见表3-1）

表3-1 项目评价标准

序号	任务	配分	考核要点	考核标准	得分
1	画出数控系统和其他部件的连接示意图	20	数控系统各接口的名称标识 各接口包含的主要信号 数控系统与其他部件的连接	接口名称标识准确 各接口内主要信号正确 数控系统与其他部件连接正确	
2	完成数控系统与电源、伺服系统、主轴电动机、I/O单元的连接	30	接线与图样的一致性 各接口连接的可靠、规范性 各接口连接的正确性	接线与图样一致 连接可靠、规范 与各部件连接正确	
3	完成必要的检查,按照正确顺序,给数控系统上电	20	使用万用表对接线进行检查 上电顺序	规范正确使用万用表 检测方法、检测点正确 上电顺序合理正确	
4	验证连接是否正确	30	数控系统开机启动 数控系统与伺服连接的正确性 数控系统与主轴连接的正确性 数控系统与I/O单元连接的正确性	正确启动数控系统 通过系统显示的报警信息、状态显示画面,判断连接是否正确	

项目7 数控系统的参数设置

本项目以西门子 Simumeric 828D basic T 为例,学习数控系统基本参数的作用和设置,不同厂家、不同型号的数控系统参数不同,但是常用参数覆盖的作用基本相同,可以互相借鉴。

1. 学习目标

1）了解数控系统参数的作用。

2）熟悉参数设置的步骤和方法。

3）了解常用参数的功能和设置。

2. 任务要求

根据表3-2所列的 Simumeric 828D basic T 数控系统常用参数,查找和设置相关参数,并理解其作用和意义。

表3-2 828D basic T（车）常用参数

参　数		设置与说明
激活外部I/O、MCP	MD12986[0]...[6]:取消/激活与PLC的外设连接,生效方式:Power On	
	12986[0]:第一块 PP72/48,默认值为 0 12986[1]:第二块 PP72/48,默认值为 9 12986[2]:第三块 PP72/48,默认值为 18 12986[3]:第四块 PP72/48,默认值为 27 12986[4]:第五块 PP72/48,默认值为 36 12986[5]:PN/PN Coupler,默认值为 96 12986[6]:MCP,默认值为 112	例:配标准西门子面板和一块 PP72/48,需设置 12986[0]=-1,12986[6]=-1

（续）

参　　数		设置与说明
分配轴	通用参数	MD10000［0］...［4］:机床轴名称,生效方式:Power On	
		10000［0］= MX1 10000［1］= MZ1 10000［2］= MSP1	如为标准的车床配置,默认值即可
	通道参数	MD20050［0］...［2］:分配几何轴到通道轴,生效方式:Power On	
		20050［0］= 1 20050［1］= 0 20050［2］= 2	如为标准的车床配置,默认值即可
		MD20060［0］...［2］:通道中的几何轴名称,生效方式:Power On	
		20060［0］= X 20060［1］= 20060［2］= Z	如为标准的车床配置,默认值即可 在车床中,20060［1］为空,可不填
		MD20070:通道中有效的机床轴号,生效方式:Power On	
		20070［0］= 1 20070［1］= 2 20070［2］= 3 20070［3］= 0 20070［4］= 0	如为标准的车床配置,默认值即可
		MD20080［0］...［4］:通道中的通道轴名称,生效方式:Power On	
		20080［0］= X1 20080［1］= Z1 20080［2］= SP1 20080［3］= 20080［4］=	如为标准的车床配置,默认值即可
	轴参数	MD30130:设定值输出的类型,生效方式:Power On	
		30130［0］= 0:模拟 30130［0］= 1:设定输出有效	
		MD30240［0］...［1］:实际值采集的编码器类型,生效方式:Power On	
		0:模拟 1:增量编码器 4:绝对值编码器	MD30240［0］:对应第一测量系统 MD30240［1］:对应第二测量系统
NC调试	传动系统参数	MD32100:轴运动方向(不是反馈极性),生效方式:Power On 轴的运动方向可由此参数改变,默认值为1,如果控制方向与实际运动方向相反,则将此参数改为-1,反之亦然	
		MD32110［0］...［1］:实际值符号(反馈极性),生效方式:Power On	
		默认值为1,如果反馈极性相反,则将对应测量系统的参数改为-1,反之亦然	32110［0］:对应第一测量系统 32110［1］:对应第二测量系统
		MD30130:丝杠螺距,生效方式:Power On	
		MD31050［0］...［5］:负载变速箱分母; MD31060［0］...［5］:负载变速箱分子;生效方式:Power On 对于主轴,索引号为［0］的减速比分子和分母均无效。索引号［1］表示主轴第一档的减速比,［2］表示主轴第二档的减速比,依此类推。对于进给轴,减速比应设定在索引号［0］。对于车床减速比分子索引号［0］~［5］都要填入相同的值,分母索引号［0］-［5］也要填入相同的值;否则在加工螺纹时会有报警;26050	

（续）

参　　数	设置与说明
轴速度 MD32000 最大轴速度,对应 G0 的速度,生效方式:机床数据有效	
MD32010:JOG 点动方式快速速度,不能超过 MD32000 中的设置值;复位生效	
MD32020:点动速度,JOG 方式下的轴进给速度,生效方式:复位	
MD36200 [0]…[5]:轴速度监控的门限值(最大极限值),生效方式:机床数据有效 索引号[1]~[5]分别对应换档档位 1~5 档,应比 MD32000 大 10%~15%	
返回参考点 MD34000:此轴带参考点开关,生效方式:复位 0:此轴无参考点开关;1:此轴至少有一个参考点开关	
MD34010:负方向返回参考点,0/1:正向/负方向返回参考点;复位生效	
MD34020:寻找参考点开关的速度;复位生效	
MD34040:寻找零脉冲的速度;复位生效	
MD34060:机床轴离开参考点开关后,开始寻找零标记的最大距离;复位生效	
MD34070:返回参考点的定位速度(从零脉冲至到达参考点期间的速度);复位生效	
MD34080:参考点偏移距离,生效方式:机床数据有效; 1. 标准测量系统(等距零标记的增量编码器),零标记的偏移量,实际偏移值为 MD34080+MD34090; 2. 距离码的编码器无效	
MD34090:参考点偏移距离偏置值,生效方式:机床数据有效; 1. 增量测量系统:零标记的偏移量,实际偏移值为 MD34080+MD34090; 2. 距离码测量系统:MD34090 实际为绝对偏置,为机床零点到当前测量系统第一个零标记距离的偏移; 3. 绝对值编码器:MD34090 实际为绝对偏置,为机床零点和绝对测量系统的零点之间距离的偏移	
MD34100:参考点在机床坐标系中的位置;复位生效	
MD34110:在自动回零时,机床各轴返回参考点的次序;生效方式:Power On	
MD34200 [0]…[1]:0/1:绝对/增量编码器返回参考点模式;生效方式:Power On	
MD34210 [0]…[1]:绝对值编码器调试状态,立即生效; 绝对值编码器调试回零时,MD34200 应设为 0,MD34210 设为 1,然后执行回零。 回零结束后,MD34210 自动由 1 变为 2,表示回零结束,编码器调整完毕	
0:编码器未校准 1:编码器校准使能 2:编码器已校准	34210[0]:对应第一测量系统 34210[1]:对应第二测量系统
MD11300:返回参考点触发方式;生效方式:Power On; 1:点动方式,按住返回参考点轴的方向键,直到屏幕上出现参考点到达的标志; 0:连续方式,点一下方向键,即可自动返回参考点	
软限位 MD36100:第一软限位负向	
MD36110:第一软限位正向;生效方式:机床数据有效; 仅当回零结束后且 PLC 中第二软限位负的信号未激活时有效	
主轴相关 MD30300:旋转轴/主轴;生效方式:Power On; 0:直线轴;1:旋转轴;主轴 SP 需将此参数设置为 1	
MD30310:旋转进给轴/主轴为模态;生效方式:Power On; 0:非模态;1:模态;主轴和旋转轴需设置此参数为 1	
MD30320:使旋转轴和主轴以 360 度模数显示;生效方式:Power On; 0:360 度模数显示;1:绝对位置显示有效	
MD35000:定义机床轴为主轴;生效方式:Power On; 将主轴号输入到此参数,主轴被定义,同时 MD30300 和 MD30310 也必须设置为 1	
SD43200:通过 VDI 进行主轴起动时的速度;立即生效; 由 PLC 接口信号 DB380x. DBX5006.1(主轴顺时针旋转)和 DB380x. DBX5006.2(主轴逆时针旋转)触发的主轴旋转的速度	

（左侧纵向分类标注：NC 调试；轴速度、返回参考点、软限位、主轴相关）

（续）

参　　数	设置与说明
主轴换档 MD35010:齿轮级改变使能;复位生效; BIT0 = 1,BIT1 = 1:恒定的齿轮级,第一级生效,不能通过 M40 到 M45 改变齿轮级; BIT0 = 1:齿轮级可改变,齿轮级最多 5 级	
MD35110 [0]...[5]:自动换档时,主轴各档最高转速; MD35120 [0]...[5]:自动换档时,主轴各档最低转速; 索引[1]~[5]分别对应 1~5 档位,MD35110 的值应大于 MD35120 的值,MD35120 的值应小于 MD35110 的值	
MD35130 [0]...[5]:主轴各档最高转速限制; MD35140 [0]...[5]:主轴各档最低转速限制;生效方式:机床数据有效	
自动优化 MD32200 [0]...[5]:位置环增益;生效方式:机床数据有效; 调整各轴的位置环增益一致(取最小 MD32200)。如无主轴换挡,各进给轴增益以索引[0]为准;如有主轴换挡,索引[1]-[5]对应档位 1-5,对应档位索引的增益值生效。	
MD32810 [0]...[5]:速度控制环等效时间常数;生效方式:机床数据有效; 调整各轴的速度控制时间一致(取最大 MD32810)。如无主轴换挡,各进给轴以索引[0]为准;如有主轴换挡,索引[1]~[5]对应档位 1~5,对应档位索引的值生效。	
MD32640:动态刚性控制;生效方式:机床数据有效; 若置位,将激活动态刚性控制,如果有报警,将其改为 0	
P1433:转速控制器参考模型固有频率;保存/复位生效;自动优化后需将各轴取 P1433 最小值;	
P1434:转速控制器参考模型衰减;保存/复位生效;自动优化后需将各轴取 P1434 最大值	
P1460:速度环增益,当自动优化后,机床还有异响可适当降低此值;保存/复位生效	
P1462:速度控制器积分时间参数;保存/复位生效	
MD32420:手动和定位方式下轴加加速度限制使能;复位生效;0/1:不激活/激活	
MD32430:手动和定位方式下轴加速度最大值;默认值为 100;生效方式:机床数据有效;当自动优化后,正反向反复摇手轮时轴的震动比较明显,则说明机床轴在换向时加速度过大,可激活 MD32420 来限制加速度	
补偿 MD32450:反向间隙补偿;32450[0]/[1]对应第一/第二测量系统	
MD32700[0]···[1]:编码器/丝杠螺距误差补偿生效;生效方式:机床数据有效	
32700[0]/[1]:对应第一/第二测量系统 0/1:螺距误差补偿无效/有效	第一次做螺距误差补偿时,要想使其生效必须执行 Power On,之后想生效或取消螺距补偿, 执行机床数据有效即可
用户数据 MD14510[0]...[31]:用户数据(整型数); MD14512[0]...[31]:用户数据(十六进制数); MD14514[0]...[7]:用户数据(十六进制数);生效方式:Power On; 14510[0]...[31]:对应 PLC 接口地址 DB4500.DBW0-DB4500.DBW62; 14512[0]...[31]:对应 PLC 接口地址 DB4500.DBB1000-DB4500.DBB1031; 14514[0]...[7]:对应 PLC 接口地址 DB4500.DBD2000-DB4500.DBD2028;	
MD14516 [0]...[247]:PLC 用户报警的响应;对应用户报警 700000-700247; 14516[0]-[247]:对应 PLC 接口地址 DB4500.DBB3000-DB4500.DBB3247; BIT0:NC 启动禁止;　　　　BIT1:读入禁止 BIT2:所有轴进给禁止;　　　BIT3:急停 BIT4:PLC 停止;　　　　　BIT5:预留 BIT6:删除键取消报警;　　　BIT7:上电取消报警	

（续）

参　　数	设置与说明
刀库管理	MD20270：未编程时刀具刀沿的默认设置；生效方式：Power On； 　　　1：默认设置（适用于带机械手刀库和刀塔） 　　　-2：旧刀具的刀沿补偿继续生效，直至编程 D 号（适用于斗笠式刀库） 　车床刀塔在调用 TxDx 进行换刀后会产生 NC 读入禁止，等待 PLC 发送换刀完成应答后，NC 读入禁止取消，才能继续运行 NC 程序，所以 MD20270＝1 保持默认值即可
	MD20310：不同类型的刀具管理，调试刀库时采用默认值；生效方式：Power On 　Bit 9：由 PLC 模拟应答。所有的换刀命令均由系统立即自动产生应答，不用由用户 PLC 程序做出应答。没有刀库的车床上需要选中此位，之后所有的应答信号均由系统内部自动给出
	MD52270：刀库管理功能；生效方式：Power On 　Bit0：不允许在刀库位置创建刀具；　　　Bit1：当机床不处于复位时，禁止装载/卸载 　Bit2：急停时，禁止装刀/卸刀；　　　　Bit3：禁止向主轴装刀或从主轴卸刀 　Bit4：刀具直接装入主轴，刀具只能直接装入主轴 　Bit7：通过 T 号创建刀具，创建刀具时必须输入刀具的 T 号 　Bit8：隐藏"移位"，刀具移位功能键在操作界面中隐藏 　Bit9：隐藏"刀库定位"，刀库定位功能键在操作界面中隐藏
	MD22562：刀具交换过程出错；生效方式：Power On； 　Bit1：允许手动刀，如果允许手动刀具，要设置此位为 1；如果不允许手动刀具，则保持默认值即可

3. 评价标准（见表 3-3）

表 3-3　项目评价标准

序号	任务	配分	考核要点	考核标准	得分
1	打开数控系统参数界面，查找表 3-2 相关参数	10	不同参数的不同界面	正确进入各参数界面	
2	设置表 3-2 相关参数	50	主要参数的含义和功能 参数设置的步骤和方法	参数列表完整无遗漏 参数设置的数据正确 参数设置操作步骤正确	
3	观察不同参数值的不同现象	40	常用参数的调整	能够根据机床实际设置调整相关参数	

第4章

数控系统中的PLC

本章简介

　　数控系统内部处理的信息大致可以分为两大类，一类是控制坐标轴运动的连续数字信息，另一类是控制刀具更换、主轴起停、换档变速、冷却开/关、润滑开/关等的逻辑离散信息。其中，数控核心（Numerical Control Kernel，NCK）完成连续的轴控制功能，而数控系统中可编程序控制器（Programmable Logic Controller，PLC）完成对离散信息的处理，实现机床和外围设备的开关功能控制。

　　本章首先简单介绍 PLC 的基本结构和工作原理，阐述 PLC 在数控机床电气控制中的作用，重点介绍了 PLC 与 NCK、HMI 及机床侧输入/输出之间的信息交换，并对典型数控机床 PLC 控制功能实例进行讲解，旨在使读者掌握阅读、分析机床 PLC 程序的能力，并学习机床 PLC 程序的设计方法和步骤。

4.1　数控系统中的 PLC

　　可编程序控制器（PLC）是一种具有数字运算操作功能的控制器，专为在工业环境下应用而设计。它采用了可编程序的存储器，用来在其内部存储执行逻辑运算、顺序控制、定时、计数和算术运算等操作指令，并通过数字式或模拟式的输入和输出，控制各种类型的机械或生产过程。PLC 是计算机技术与继电—接触器控制技术相结合的产物，是以计算机技术为中心的程序存储控制装置，通过修改程序来改变控制，控制灵活，无触头，可靠性高，它取代了传统的由分立电器组成的有触头、硬件接线控制的继电器、接触器系统，已经成为标准化、通用性的工业控制设备。随着 PLC 的功能日益增强，其不仅实现逻辑、定时及计数等控制功能，还承担着许多其他的控制功能和诊断任务，已经成为现代数控系统中一个不可或缺的重要组成部分。集成在数控系统中的 PLC 与工业控制中独立、标准的 PLC 控制器在原理上是相同的。

4.1.1　PLC 的工作原理

　　从原理上讲，PLC 是一种计算机控制系统，如图 4-1 所示，它由中央处理单元（微处理器)、程序存储器(RAM、EPROM 或 FEPROM)、输入/输出模块和电源等组成,包括硬件和软件两大部分,如图 4-2 所示。在 PLC 硬件和控制对象之间有三层软件:第一层是操作系统(操作管理软件),它用来管理 PLC 的硬件资源;第二层是语言编译系统,它用来对 PLC 用户应用程序进行编译,这两个层构成了 PLC 的系统软件,由 PLC 制造商固化在只读存储器 ROM 中,用户不能访问和修改,系统软件使得用户只需要关心工艺过程;第三层是用户根据控制要求编写的控制程序,称为 PLC 用户应用程序。

PLC 具有面向用户的指令,用户根据工业现场控制任务编制相应的应用程序(应用软件)来完成控制。PLC 可采用梯形图、指令表、功能块图和结构化文本语言等多种语言编程。PLC 的程序存储器的存储容量足够大,因此程序的大小不是很重要。程序的优化不是在程序长度的最小化,而是在于程序的一目了然、易于诊断以及子程序的特色。这些对用户来说最重要,可以帮助用户在最短的停机时间内排除故障,此外,可以提供诊断程序,捕捉控制过程和节拍时间,记录下中断并触发一个精确记录错误的纯文本文件等途径来提高程序的可诊断性。

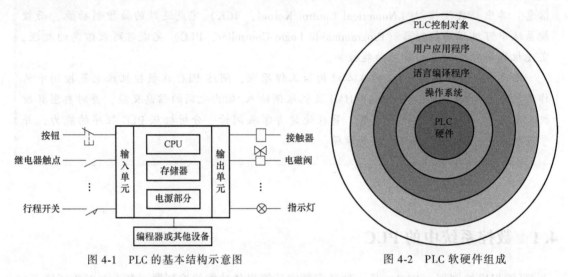

图 4-1　PLC 的基本结构示意图　　　　图 4-2　PLC 软硬件组成

PLC 程序执行为串行方式,CPU 从第一条指令开始按顺序逐条执行用户程序直到结束,然后重复执行,一直循环,这种工作方式称为不断循环的顺序扫描方式。如图 4-3 所示,循环扫描的三个基本过程为:

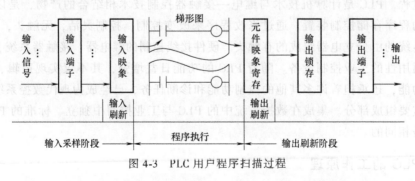

图 4-3　PLC 用户程序扫描过程

1)输入采样阶段。读取物理输入点的状态,并刷新到输入映像寄存器中。

2）程序执行阶段。从头到尾执行用户程序，用户程序从输入映像寄存器中获得外部状态信号，把中间结果存到程序要求的相应数据保存区中，运算的输出结果写到输出映像寄存器中。

3）输出刷新阶段。将输出映像寄存器中的数据值输出到物理输出端子上。

PLC 的内部资源指的是 PLC 为用户提供的编程资源，又称编程元件，实际就是指可供 PLC 用户使用的内部存储器（内部继电器），也即用户数据存储器。用户数据存储器需要用户详细地了解，非常地熟悉。PLC 根据数据存储器功能的不同，对其进行分类归区，基本上有输入映像寄存器（输入继电器）、输出映像寄存器（输出继电器）、辅助继电器、内部标志位存储器、特殊标志位寄存器、定时器、计数器、变量存储器、模拟量输入映像寄存器、模拟量输出映像寄存器、累加器和高速计数器等。在许多场合这些编程元件按继电控制系统的习惯，被冠以"继电器"的名称。不同厂商、不同型号 PLC 的基本编程元件在类别和功能上大体相同，对小型 PLC 尤其如此。但其编程元件的地址标记和编码方法存在差异，这点必须注意。

4.1.2 数控系统中 PLC 的结构和作用

PLC 是现代数控装置必不可少的组成部分，介于数控装置与机床之间的中间环节，起着承上启下的作用。PLC 的主要任务：一是监控机床侧包括机床控制面板上的所有操作，监控机床侧所有传感器输入信号的变化，对它们作出及时响应，完成控制和互锁。也就是说，PLC 根据输入的开关信息，在内部进行逻辑运算，并输出控制功能。二是实现 CNC 系统传送来的开关指令（M、S、T 指令），如更换刀具和更换零件，由 PLC 自动逐步监控，正确地完成这个控制周期后，PLC 给 CNC 系统一个信号，使数控程序继续运行。因此，机床 PLC 也称为可编程序机床控制器（Programmable Machine tool Controller, PMC）。数控系统中 PLC 的应用提高了 CNC 系统的灵活性、可靠性和利用率，并使结构更紧凑。

在 CNC 系统中，PLC 的硬件可以完全集成在数控系统上，数控轴的控制和 PLC 功能是集成的，数控系统中集成 PLC 的方案随着技术的发展而发生着显著的改变，目前通常有内装型 PLC 和集成的软件 PLC 两种方式。内装型 PLC 从属于 CNC 装置，与 CNC 集于一体，如图 4-4 所示。CNC 和 PLC 之间通过内部总线交换信息，增强了系统的可靠性和数据交换的速度。

在一些数控系统中，PLC 功能已经作为一个 PLC 软件项功能集成到 CNC 系统中，带

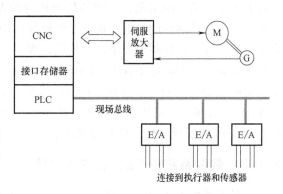

图 4-4　内装型 PLC 的 CNC 系统框图

有标准化数据接口的与 CNC 集成的软件 PLC 是一种低成本的解决方案。带完整功能的"CNC+集成的软件 PLC+轴控制"已经集成于一个共同的印制电路 PC 卡上，并获得广泛的使用。

机床 PLC 是数控系统开放性的重要体现，数控系统的开放性是指数控机床制造商可以利用数控系统提供的开发平台将自己专有的技术与标准的数控系统进行集成。机床 PLC 是数控系统为机床制造商提供的一个开放的开发平台，机床制造商利用数控系统提供的 PLC

开发工具，可以控制机床明确而详细的功能和顺序，如冷却、润滑、刀库和机械手的控制以及各种辅助动作的控制。并且 PLC 可以与数控系统之间进行数据交换，如 PLC 可以读写数控系统的系统变量，PLC 可调用零件程序等。

通常需要设计的 PLC 控制功能有：

1）机床的人机界面（操作面板和机床控制面板）。

2）坐标轴的控制（使能、硬限位、参考点）。

3）主轴换挡控制。

4）机床的冷却、润滑系统。

5）机床的液压系统。

6）机床的排屑系统。

7）机床的换刀系统（车床的刀架、加工中心的刀库）。

8）机床的辅助动作（防护门锁、报警指示灯等）。

一台数控系统在出厂时，无 PLC 应用程序，此时数控系统不能完成对机床的操作命令，如数控系统运行方式选择、手动移动坐标等。也就是说没有相关的 PLC 应用程序，机床控制面板和操作面板的操作命令不能送达数控系统。因此，对于任何一种型号的数控机床在其研发时的第一项工作就是针对数控机床的技术指标设计 PLC 应用程序，并且必须保证所有与安全功能相关的基本功能正确无误，如急停控制、各坐标轴的限位控制等。只有满足上述条件才能进行驱动器调试、数控系统参数的设定和调试。

数控机床 PLC 应用程序的设计除了可以使用标准 PLC 产品的所有指令外，一般数控厂家还为用户提供了一部分机床控制专用的功能指令或一些子程序，来满足数控机床信息处理和动作控制的特殊要求。例如，数控机床 PLC 要对由 NC 输出的 M、S、T 二进制代码信号进行译码，对机械运动状态或液压系统动作状态做延时确认，对加工零件计数，对刀库、分度工作台从现在位置至目标位置的步数进行计算并沿最短路径旋转，对换刀时数据检索等。PLC 对于上述动作的实现，若用移位操作等的基本指令编程实现将会十分困难，因此需要一些具有专门控制功能的指令解决这些较复杂控制，这些专门指令就是功能指令。功能指令都是一些子程序，这些子程序由数控厂家提供，随系统程序一起固化在 ROM 中，应用功能指令就是调用了相应的子程序。FAUNC 数控系统就为上述任务提供了诸如译码（DEC）指令、定时（TMR）指令、计数（CTR）指令、最短路径选择（ROT）指令，以及比较检索（DSCH）、转移、代码转换、四则运算和信息显示等指令控制功能。而 SIEMENS 数控系统提供 PLC 样例子程序供用户参考和使用。

4.1.3 数控系统中 PLC 的信息交换

数控系统中 PLC 的信息交换是指以 PLC 为中心，在 PLC 与 NCK、HMI、MCP 以及机床电气输入/输出信号之间的信号传递处理过程，如图 4-5 所示。为了便于 PLC 与 NCK、HMI、MCP 之间的数据交换，数控系统集成 PLC 增加了其与 NCK、HMI、MCP 之间进行信息交换的数据区，这个数据区称为接口信号。这个用于信息交换的接口信号也即数控系统集成 PLC 与标准 PLC 产品的不同之处。

接口信号的地址和内容是数控系统明确定义的，数控系统不同，其接口信号的内容和数量也有所不同，不能一概而论。信号接口中信息量的大小是衡量数控系统开放性，以及其控制功能强弱的依据。在接口信号中，有机床控制面板的按键状态信号、制造厂使用的报警信息、辅助功能信息、刀具信息、通道控制信息和轴控制信号等。每个接口信号具有方向性，信号的方向决定了该信号的可读可写性能，例如，NCK 与 PLC 之间的接口信号分两个方向传送：一是由 NCK 发给 PLC 的信息（NCK→PLC），通常表示数控系统的内部状态，对 PLC 是只读的，主要包括各种功能代码 M、S、T 的信息、手动/自动

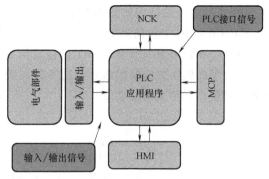

图 4-5　PLC 的信息交换示意图

等工作方式状态信息和各种使能信息等。二是由 PLC 发给 NCK 的信号（PLC→NCK），通常是 PLC 向数控系统发出的控制请求，主要包括数控系统的控制方式选择，坐标的使能、进给倍率、点动控制和 M/S/T 功能的应答信号等，这些信号对 PLC 是可读可写的。

在西门子数控系统中，接口信号的种类（分区）有机床控制面板的按键状态信号、通道控制信息、轴控制信息、用户报警信息、辅助功能信息和刀具信息等。接口信号地址识别符为 DB，地址范围：DB1000～DB7999，DB9900～DB9906。不同的数据块放置了不同功能的接口信号，例如：DB1000 中放置的是来自 MCP 的按键信号，即 MCP→PLC 的信号，为可读信号；而 DB1100 中放置的是 PLC→MCP 的状态指示信号，可读可写；DB2500 中是来自 NC 通道的 M 功能（动态 M0～M99）的译码信号，即 NCK→PLC 的只读信号，并且译码信号只保持一个 PLC 周期。不同数据块中对应不同接口信号的详细情况如图 4-6 所示。

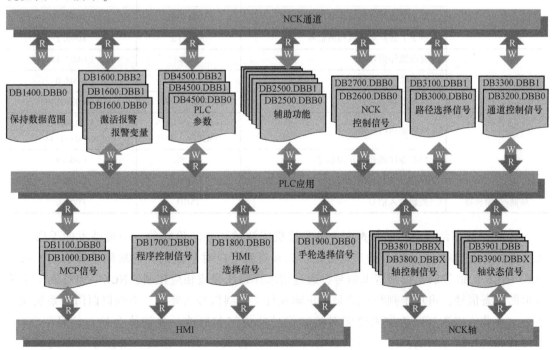

图 4-6　西门子数控系统信号接口的结构

DB 变量地址的结构如图 4-7 所示。

FANUC PMC 中与信息交换有关的接口信号地址符有 F、G、X 和 Y，分别指 NC→PMC、PMC→NC、MT→PMC、PMC→MT 的接口信号，如图 4-8 所示。这与西门子数控系统中将所有接口信号都放在数据块的编址方法不同。表 4-1 举例说明了 FANUC 数控系统接口信号的地址、符号、名称及信号功能。

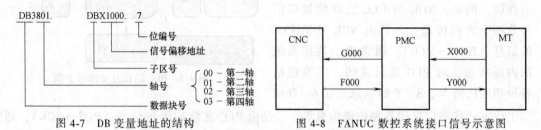

图 4-7　DB 变量地址的结构　　　图 4-8　FANUC 数控系统接口信号示意图

表 4-1　FANUC 数控系统接口信号说明示例表

功能	信号名称	符号	地址
钻孔用固定循环	小口径深孔加工钻削循环执行中信号	PECK2	F066.5
	攻丝中信号	TAP	F001.5
报警信号	报警中信号	AL	F001.0
	电池报警信号	BAL	F001.2
异常负载检测	异常负载检测忽略信号	IUDD1～IUDD5	G125.0～G125.4
	异常负载检测信号	ABDT1～ABDT5	F184.0～F184.4
	伺服轴异常负载检测信号	ABTQSV	F090.0
	第 1 主轴异常负载检测信号	ABTSP1	F090.1
	第 2 主轴异常负载检测信号	ABTSP2	F090.2
互锁	起动锁停信号	STLK	G007.1
	所有轴互锁信号	*IT	G008.0
	各轴互锁信号	*IT1～*IT5	G130.0～G130.4
	不同轴向的互锁信号	+MIT1～+MIT5 -MIT1～-MIT5	G132.0～G132.4 G134.0～G134.4
	切削程序段开始互锁信号	*CSL	G008.1
	程序段开始互锁信号	*BSL	G008.3
英制/公制转换	英制输入信号	INCH	F002.0

对 PLC 接口信号的访问和查询，是数控机床调试和故障诊断的一个最基本的手段和方法。例如，通过对 NC↔PLC 接口地址的访问和查看可以对数控机床的故障进行诊断，因为 PLC→NCK 的信号属于控制请求信号，通过请求让系统完成相应控制，NCK→PLC 属于系统给出的状态信号，可用于判断系统是否正确执行了控制信号的要求。下面以西门子系统如何进行"操作方式选择"为例来说明对接口信号的访问和修改，并请体会接口信号的作用。数控机床的操作方式有多种，包括自动（AUTO）方式、MDA 方式、回参考点方式和手动 JOG 方式等，PLC 将操作方式信号送至 NCK 是通过接口地址 DB3000.DBB0000 来实现的，

当 DB3000. DBX0000. 0 = 1，表示 PLC 告诉 NCK 用户选择了 AUTO 方式，NCK 接到此信息后需进入 AUTO 运行方式，当 NCK 有效进入 AUTO 方式后，送出方式有效信号给 PLC，NCK→PLC 的系统方式有效信号通过接口地址 DB3100. DBB0000 实现。本操作所涉及的接口信号见表 4-2。

表 4-2   西门子数控系统"操作方式选择"相关的接口信号

DB3000 PLC 变量	方式选择信号送至 NCK PLC→ NCK 接口 (可读/可写)							
Byte	Bit 7	Bit 6	Bit 5	Bit 4	Bit 3	Bit 2	Bit 1	Bit 0
DBB0000	复位			禁止 方式转换		选择操作方式		
						手动 (JOG)	MDA	自动 (AUTO)
DB3100 PLC 变量	来自 NCK 的系统方式有效信号 NCK→PLC 接口 (只读)							
Byte	Bit 7	Bit 6	Bit 5	Bit 4	Bit 3	Bit 2	Bit 1	Bit 0
DBB0000					系统就绪	有效的操作方式		
						手动 (JOG)	MDA	自动 (AUTO)

具体方法有两种：

方法一：通过数控系统的操作画面选择操作方式。

1）进入"SYSTEM"系统页面，从系统画面→PLC →PLC 状态，显示 PLC 状态页面。

2）输入接口地址 DB3000. DBB0000，按 MDI 面板上的"输入"键，系统显示对应字节的 8 位信号状态 0000 0000。

3）将光标移至 0000 0000，按"编辑"软键后将其改为 0000 0001，按"输入"软键，再按"接收"软键，就将 DB3000. DBX0000. O 设为 1，相当于告诉 NCK，选择了"自动运行"方式。

4）NCK 接到 DB3000. DBX0000. O = 1 信号后，系统应进入自动方式，输入地址 DB3100. DBB0000，观察内容是否为 0000 0001。

方法二：通过 PLC 编程软件选择操作方式。

1）数控系统进入与 PLC 编程工具软件 (PLC Programming Tool) 的联机状态。

2）进入 PLC 编程工具软件的状态表，输入地址，写入新值。

3）将新值写入数控系统，即可选择不同的机床操作方式，与方法一效果一致。

同理，I/O 信号状态的显示和诊断方法与上述例子一样，进入系统页面，从系统画面→PLC →PLC 状态页面，输入需要检测的 I/O 信号地址字节，如需检测 I0.1、Q1.0 或 DB3800. DBB0000 时，输入信号地址 IB0、QB1 和 DB3800. DBB0000，系统即显示对应字节信号状态。

4.2 PLC 的输入/输出模块

PLC 作为标准的工业控制器，其输入/输出电路的接线方式是独立于结构的，也就是说不同厂家的 PLC，其输入/输出电路的接口和连接一致。图 4-9 所示为西门子和 FANUC 数控系统的输入/输出模块实物图，其输入/输出接口均为 50 芯扁平电缆接口，并具有相同的电气标准。

图 4-9 输入/输出模块

a) 西门子 I/O 模块 PP72/48　b) FANUC I/O 模块

通过 50 芯扁平电缆从模块的扁平接口连接至相应的端子转换器，端子转换器的具体端子说明见图 4-10 说明。

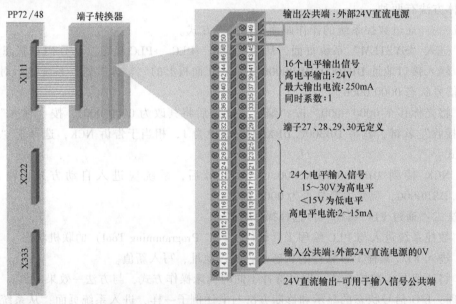

图 4-10 输入/输出模块 50 芯接口的连接与说明

注意，端子 2 往外输出 DC24V，为 DI 输入信号提供内部 DC24V 电源，输入信号可以通过该引脚取用 PLC 自身提供的 DC24V 电源为输入信号供电，将输入信号公共端连接至该引脚，如图 4-11 所示。如果输入信号使用外部电源，则此端子不需连接，将输入信号公共端连接至外部直流 24V 电源的正极，如图 4-12 所示。必须注意不要将外部 24V 电源连接到该引脚上，否则会烧毁模块接口。

注：西门子 PP72/48 输入/输出模块的端子 2 提供的 24V 电源的最大输出电流为 0.5A，每个输入信号的标称输入电流最大为 0.015A。即端子 2 提供的电流最多可驱动约 32 个输入信号。

注：P3 和 M3 分别为外部 24V 直流稳压电源的 +24V 和 0V。输出信号的连接见第 2 章输入/输出电路部分内容。

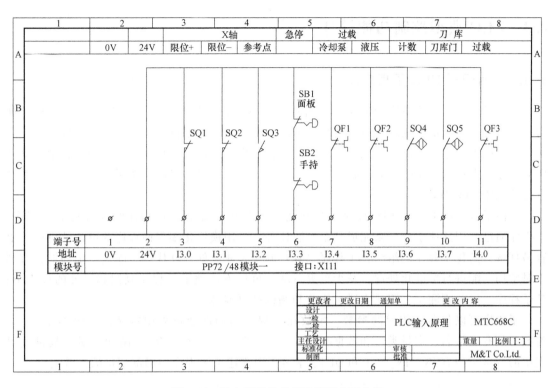

图 4-11 输入信号公共端连接至内部电源

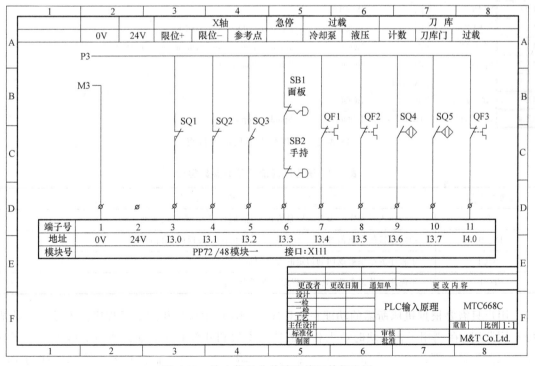

图 4-12 输入信号公共端连接至外部电源

4.3　PLC 典型控制功能设计

4.3.1　西门子 PLC 子程序库

西门子公司为简化机床制造商 PLC 程序的设计工作，将具有共性的 PLC 应用程序，如初始化、机床面板信号处理、急停处理、轴的使能控制、硬限位和参考点等，提炼成各个子程序，组成子程序库。制造商只需将所需的子程序模块连接到主程序中，再加上其他辅助动作的程序，即可非常快捷地完成程序设计。当然制造商也可以以此样例子程序为参考，编制自己的机床 PLC 程序。

西门子数控的 PLC 样例程序采用模块化（子程序）编程，按功能编写各功能子程序，主程序通过调用这些子程序来完成整个控制任务。采用模块化编程使程序的可读性更好，更容易理解；简化了程序的组织，子程序只有在调用时才会处理其代码，缩短扫描周期；有利于对常用功能进行标准化处理，减少重复劳动，可以方便地把子程序复制到另外的程序中；各子程序可以分别测试，因此查错、修改和调试都更容易。

子程序可以包含要传递的参数，参数在子程序的局部变量表中定义，如图 4-13 所示。参数必须有变量名、变量类型和数据类型。一个子程序最多可以传递 16 个参数。局部变量表中的变量类型有 IN、IN_OUT 和 OUT，表 4-3 中描述了子程序中局部变量的参数类型。

	Name	Var Type	Data Type	Comment
	EN	IN	BOOL	
LW0	NODEF	IN	WORD	
L2.0	E_KEY	IN	BOOL	Emergency Stop Key：(NC)
L2.1	HWL_ON	IN	BOOL	any of hardware limit switches is active(NO)
L2.2	SpStop	IN	BOOL	Spindle stopped(NO)
		IN_OUT		
L2.3	NC_Ready	OUT	BOOL	
L2.4	SP_STOP	TEMP	BOOL	Spindle Stopped

图 4-13　子程序中的局部变量表

表 4-3　子程序局部变量的参数类型

参数类型	说　　明
IN	参数传入子程序。参数可以是直接寻址、间接寻址、常数或地址
IN_OUT	指定位置的参数值被传入子程序，子程序的结果被返回到相同地址
OUT	子程序的结果被返回到指定的参数地址
TEMP	不能用来传递参数，只在子程序内部暂存数据

用户只需要根据机床所需的功能在主程序（OB1）中调用相应的子程序，不需要的功能可不用调用。在调用子程序块时填入相应的选项参数和外部 I/O 地址，如图 4-14 所示，子程序块左侧为输入端，填入外部输入信号；右侧为输出端，填入输出信号。第二，在与 PLC 功能相关的 NC 参数（又称 PLC 机床参数）中填入相应功能所需的参数，表 4-4 列出了一部

分 PLC 机床参数。

表 4-4 PLC 机床参数（部分）

PLC 地址	NC 参数	数据类型	说 明
DB4500.DBW0	14510[0]	INT	刀库刀位数
DB4500.DBW2	14510[1]	INT	手轮类型:0. 电子手轮;1. 第三方手轮;2. 西门子 Mini HHU
DB4500.DBBW4	14510[2]	INT	润滑时间,单位:s
DB4500.DBBW6	14510[3]	INT	润滑间隔时间,单位:min
DB4500.DBBW8	14510[4]	INT	润滑压力低报警输出延迟时间,单位:s
DB4500.DBW10	14510[5]	INT	刀塔换刀监控时间,单位:ms
DB4500.DBW12	14510[6]	INT	刀塔锁紧时间,单位:ms

西门子 PLC 样例程序由三个项目文件组成：default_turning.ptp（车床的样例程序）、default_milling.ptp（铣床的样例程序）、default_ManMachPlus_T.ptp（Manual Machine Plus 的样例程序），具体常用的子程序有初始化子程序、急停子程序、轴（使能）控制子程序、主轴控制子程序、换刀控制子程序、冷却和润滑子程序等，用户可以通过调用、修改和重组 PLC 子程序来实现大多数机床功能。还有一点需要注意的是，数控系统 PLC 的内部资源的数量有可能比标准 PLC 的资源少，具体需要查阅技术手册。

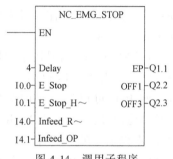

图 4-14 调用子程序

4.3.2 初始化子程序

初始化子程序仅在首个 PLC 扫描周期执行一次循环（SM0.1），程序的主要功能有：

（1）轴倍率修调有效，轴位置编码器有效。涉及的接口信号有：

1）去向 NCK 通道的信号（PLC→NCK 通道信号）：DB3200.DBX6.7：进给修调有效。

2）去向进给轴/主轴的通用信号（PLC→NCK 轴信号）：DB380x.DBX1.7：修调有效；DB380x.DBX1.5：位置编码器有效。

（2）为安全考虑，快速移动进给率修调有效，空运行时倍率无效。涉及的接口信号有来自 HMI 的程序控制信号（HMI→PLC，断电保持）；DB1700.DBX1.3：快速移动进给率修调已选择；DB1700.DBX0.6：空运行进给率已选择。

具体参考程序如图 4-15 所示。

4.3.3 急停子程序

急停控制的目的是在紧急情况下，使机床上的所有

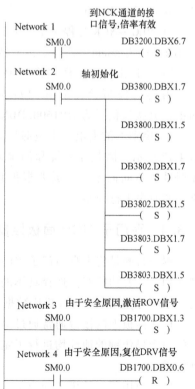

图 4-15 初始化子程序示例

运动部件制动，并在最快的时间内停止。通过急停按钮直接切断主电源的方法是不正确的，必须在所有运动部件停止后才能切断主电源，因为如果直接断电，机床上的运动部件会进入自由停车状态，进入静止的时间会很长；另一方面，直接断电不符合伺服驱动系统断电时序的要求，可能会导致伺服驱动器的硬件故障。

急停程序的功能是对急停按键操作处理，以及对伺服电源模块的上电和下电时序进行控制。一般来说，急停按钮没有按下，则 PLC 给出 NC Ready（drive enable）信号；如果急停按钮被按下，则 PLC→NCK 请求急停；并产生急停报警；具体参考程序如图 4-16 所示。

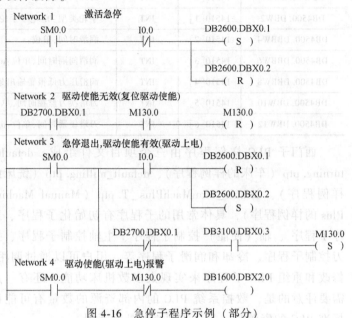

图 4-16　急停子程序示例（部分）

1）NC_Ready 信号用于轴控制程序，如果 NC_Ready 信号有效，则 PLC 可以进一步的给出驱动使能信号，（即 NC Ready→驱动使能）。在样例程序中，M130.0 为 NC_Ready 标志位（M130.0：NC_Ready）。

2）PLC→NCK 急停请求，其接口信号为 DB2600. DBX0. 1：急停、DB2600. DBX0. 2：急停 Acknowledgement，这两个信号状态互补。

3）急停报警，在样例程序中，700016 号报警为急停报警，Alarm 17：driver not ready。其接口信号为 DB1600. DBX2.0。

4）驱动器的上电、下电时序要求，如图 4-17 所示，因数控系统和伺服系统厂家和型号的不同而不同，需要根据设备手册要求的时序进行控制。

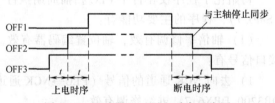

图 4-17　驱动器上、下电时序示意图

4.3.4　西门子 MCP 面板控制子程序

程序目的是将来自西门子 MCP 和 HMI 接口信号送到 NCK 接口，以激活操作模式和控制序列。主要功能有：选择具体的运行模式、选择倍率、HMI 信号送 NCK 接口（如程序控制、手轮等）、根据 PLC 机床数据对轴运行信号进行控制。

机床面板上的按键通常通过输入/输出模块连接到数控系统。在数控系统中对机床面板上的每个操作键的地址均进行了定义，见表 4-5，表中的每个信号位对应机床面板上的一个操作键。

PLC 应用程序从机床面板信号接口（MCP→PLC）中读取按键的状态，然后将操作信号送到 NC 信号接口（PLC→NC）对应的位置，数控系统根据操作人员的指令激活相应的控制功能。同时，NC会通过接口将系统的实际状态反馈到PLC接口。图4-18所示为RESET、NC START和NC STOP按键程序。

表4-5 MCP接口说明（部分）

表4-5 MCP接口说明（部分）

输入（MCP->PLC），DB1000

DB 编号	位 7	位 6	位 5	位 4	位 3	位 2	位 1	位 0
DB1000.DBB0	M01	程序测试	MDA	单程序段	自动	REF. POINT	JOG	手轮
DB1000.DBB1	键16	键15	键14	键13	键12	键11	键10	ROV
DB1000.DBB2	100(INC)	10(INC)	1(INC)	键21	键20	键19	键18	键17
DB1000.DBB3	键32	键31	循环开始	循环停止	复位	主轴右旋	主轴停止	主轴左旋
DB1000.DBB8	进给倍率值(格雷玛)							
DB1000.DBB9	主轴倍率值(格雷玛)							

输出（PLC->MCP），DB1100

DB1100.DBB0	LED 8	LED 7	LED 6	LED 5	LED 4	LED 3	LED 2	LED 1
DB1100.DBB1	LED 16	LED 15	LED 14	LED 13	LED 12	LED 11	LED 10	LED 9

DB1100.DBX3.3 到MCP面板的信号：NC复位有效
DB1100.DBX3.5 到MCP面板的信号：NC起动
DB1100.DBX3.4 到MCP面板的信号：NC停止
DB3000.DBX0.7 到NCK通道的信号：复位
DB3200.DBX7.1 到NCK通道的信号：NC起动激活
DB3200.DBX7.3 到NCK通道的信号：NC停止激活
DB3300.DBX3.6 来自NCK通道的信号：通道状态：中断
DB3300.DBX3.7 来自NCK通道的信号：通道状态：复位
DB3300.DBX3.0 来自NCK通道的信号：程序状态：运行
DB1000.DBX3.5 MCP面板信号：NC起动
DB1000.DBX3.4 MCP面板信号：NC停止
DB1000.DBX3.3 MCP面板信号：复位

图4-18 RESET、NC START 和 NC STOP 按键程序

4.3.5 轴控制子程序

轴控制子程序的目的是控制驱动器脉冲使能和控制器使能；监控硬限位和参考点碰块信号。

1. 进给轴使能程序

涉及的接口信号有，控制驱动器脉冲使能（PLC→NCK）：DB380xDBX4001.7、控制器使能（PLC→NCK）：DB380xDBX2.1。参考程序段如图4-19所示。

2. 主轴使能程序

主轴根据控制信号不同，分为模拟主轴和数字主轴，模拟主轴是开环控制，NC只给出

图 4-19　进给轴使能程序段

模拟量速度给定值，主轴速度不反馈到系统。数字主轴的控制原理和进给轴基本一致。NCK→PLC 的接口信号 DB3903. DBX1.4（Spindle standstill）和 DB3903. DBX1.5（Position controller active）仅用于数字主轴，对于模拟主轴需要外接传感器来检测主轴零速。

主轴使能参考程序段如图 4-20 所示。涉及的接口信号有，控制驱动器脉冲使能（PLC→NCK）：DB3803. DBX4001.7，控制器使能（PLC → NCK）：DB3803. DBX2.1。DB3803. DBX4001.7 自动复位。

3. 限位开关程序段

限位开关参考程序段如图 4-21 所示，程序中输入信号 I＊.＊分别连接各轴的正、负限位开关传感器。在机床上与安全相关的信号大

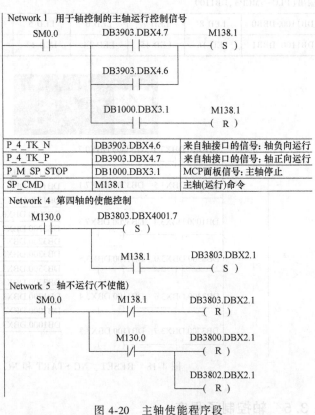

图 4-20　主轴使能程序段

多采用常闭连接方式，比如急停按钮、硬限位开关等。所谓常闭连接是指在行程开关没有与碰块接触时，开关触头闭合，数控系统接收到高电平信号，而在行程开关压住碰块时，开关触头断开，数控系统接收到低电平信号。假如采用常开连接方法，在意外情况下信号线断开，急停或硬限位信号就不能送到数控系统的信号接口，因而数控系统也就不能对紧急情况作出及时反应。而采用常闭的连接方式时，假如急停信号线被切断，数控系统认为急停信号有效，立即进行处理。尽管这时不是真正的急停发生，只是因为信号线断开而导致报警，但这种情况为机床维修人员提供了信息，并引导其查出故障原因。再比如数控机床出现了硬限

位报警，但是硬限位开关明显没有与碰块接触，说明硬限位信号的连接线可能被切断，或者作为输入信号公共端的 24V DC 电源故障。

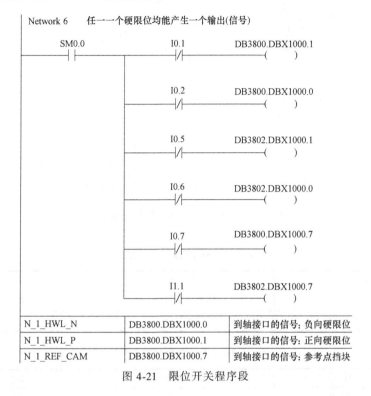

图 4-21　限位开关程序段

4.3.6　刀具冷却控制

数控机床在切削时，刀具需要冷却，刀具冷却系统由冷却液存储箱、冷却泵、过滤器、电磁阀和管路等构成。刀具冷却可以在手动方式下，通过按下机床操作面板上的冷却按钮，冷却泵起动，冷却液打开，同时面板上冷却指示灯亮；再按一下该按钮，冷却液关闭，指示灯灭。在自动方式下可以通过零件程序中的辅助指令启动或停止。在数控标准中规定，辅助功能 M07 为第一冷却介质启动，M08 为第二冷却介质启动，M09 为冷却停止。异常情况处理包括，机床运行过程中，如有急停、复位命令发生、程序停止 M02/M30，或机床工作在程序测试模式下，则不运行冷却系统。冷却泵过载、冷却液液位过低时，应在显示器上显示报警，并停止正进行的冷却。

从电气设计上刀具冷却的控制十分简单，如图 4-22 所示，只需控制冷却泵的起动和停止，PLC 应用程序根据手动、自动要求产生冷却输出。

刀具冷却 PLC 参考程序如图 4-23 所示，程序中所涉及的接口信号见表 4-6～表 4-9。

表 4-6　输入/输出接口信号

I/O 地址	描　　述
I5.4	冷却液液位过低
I5.5	冷却泵电动机过载
Q2.4	冷却泵控制继电器

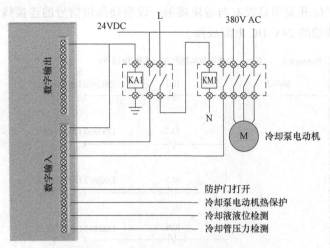

图 4-22 带诊断设计的冷却控制示意图

表 4-7 与 MCP 面板的接口信号

接口信号	信号说明	信号方向
DB1000. DBX1.2	MCP 冷却按键	来自 MCP
DB1100. DBX1.2	MCP 冷却指示灯	送到 MCP

表 4-8 与 NC 的接口信号

接口信号	信号说明	信号方向
DB3100. DBX0.0	自动方式	NCK→PLC
DB3100. DBX0.1	MDA	NCK→PLC
DB2500. DBX1000.7	M07	NCK→PLC
DB2500. DBX1001.0	M08	NCK→PLC
DB2500. DBX1.1	M09	NCK→PLC
DB2500. DBX1000.2	M02	NCK→PLC
DB2500. DBX1003.6	M30	NCK→PLC
DB2700. DBX0.1	急停	NCK→PLC
DB3000. DBX0.7	复位	PLC→NCK

表 4-9 与 HMI 的接口信号

接口信号	信号说明	信号方向
DB1600. DBX2.2	700018 报警号,冷却泵过载	PLC→HMI
DB1600. DBX2.3	700019 报警号,冷却液液位低	PLC→HMI

与 NC 的接口信号, M 代码经译码后存放到 NCK 与 PLC 的接口 DB2500. DB1000 ~ DB2500. DB1012 中, PLC 通过检测这些接口信号就可获知来自 NCK 通道对应的 M 功能。

报警号 700018: 冷却泵过载, 报警号 700019: 冷却液液位过低, 提示操作人员进行故障检查和排除。

参考程序中, M150.0 是冷却液开状态标志位。各网络的功能如下:

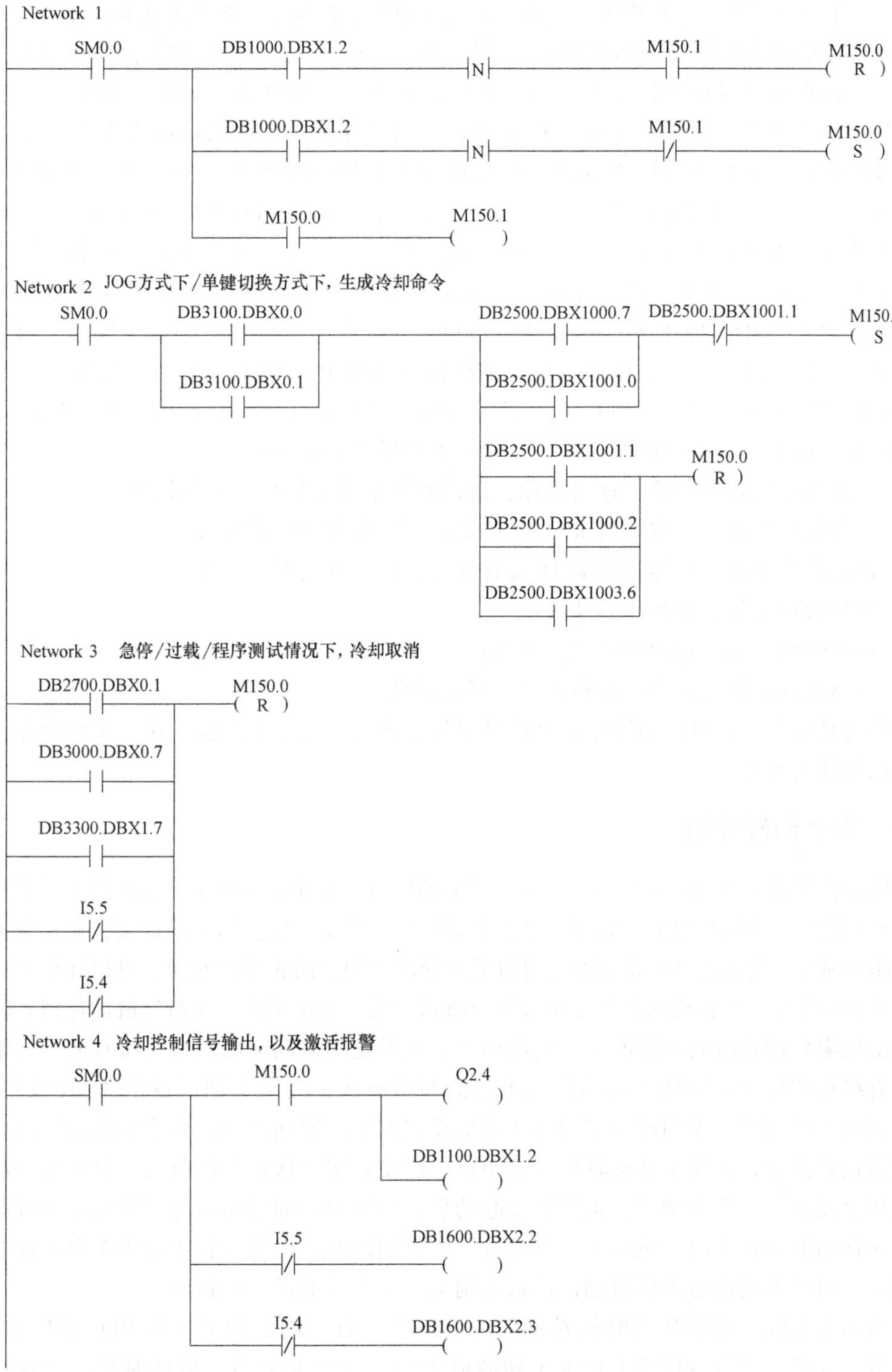

Network 1

```
    SM0.0      DB1000.DBX1.2                M150.1        M150.0
    ─┤├────────────┤├──────────┤N├───────────┤├──────────( R )

               DB1000.DBX1.2                M150.1        M150.0
               ───┤├──────────┤N├───────────┤/├──────────( S )

                M150.0         M150.1
               ───┤├──────────( )
```

Network 2　JOG方式下/单键切换方式下，生成冷却命令

```
    SM0.0    DB3100.DBX0.0              DB2500.DBX1000.7  DB2500.DBX1001.1   M150.0
    ─┤├──────────┤├────────────────────────┤├───────────────┤/├──────────( S )

             DB3100.DBX0.1
             ───┤├────

                                        DB2500.DBX1001.0
                                        ───┤├────

                                        DB2500.DBX1001.1    M150.0
                                        ────┤├──────────( R )

                                        DB2500.DBX1000.2
                                        ────┤├────

                                        DB2500.DBX1003.6
                                        ────┤├────
```

Network 3　急停/过载/程序测试情况下，冷却取消

```
    DB2700.DBX0.1    M150.0
    ────┤├──────────( R )

    DB3000.DBX0.7
    ────┤├────

    DB3300.DBX1.7
    ────┤├────

     I5.5
    ────┤/├────

     I5.4
    ────┤/├────
```

Network 4　冷却控制信号输出，以及激活报警

```
    SM0.0         M150.0          Q2.4
    ─┤├────────────┤├───────────( )

                              DB1100.DBX1.2
                              ────────────( )

                   I5.5      DB1600.DBX2.2
                  ──┤/├────────────( )

                   I5.4      DB1600.DBX2.3
                  ──┤/├────────────( )
```

图 4-23　刀具冷却 PLC 参考程序

网络 1：冷却手动控制；网络 2：自动控制；网络 3：异常情况处理；网络 4：输出。

当数控机床的操作人员通过手动或零件程序发出刀具冷却指令后，发现冷却液并没有喷射出来。操作者首先检查由 PLC 应用程序控制的数字输出是否为高电平，再检查冷却继电器是否吸合。如果继电器吸合，再检查继电器驱动的接触器是否吸合，如果接触器已经吸合，再检查冷却液存储箱中是否有充足的冷却液，如果冷却液也充足，再检查冷却管路是否阻塞。

这里通过设计刀具冷却控制的实例，说明在完成冷却功能的基础上，如何设计诊断功能。如果能将上述人工诊断的过程集成到 PLC 应用程序中，那么机床的操作人员就不必做上述繁琐的检查，直接从数控系统的人机界面上得到明确的报警信息。从图 4-22 中看到，当 PLC 指令生效后，数字输出有效，数字输出的状态连接到 PLC 的数字输入，用于检测数字输出的状态。如果输出有效，继电器 KA1 就应该闭合，通过继电器的辅助触头将继电器是否吸合的状态反馈到 PLC 的数字输入。如果继电器吸合，继电器应该驱动交流接触器 KM1 闭合，利用 KM1 的辅助触头又将接触器吸合的状态反馈到 PLC 的数字输入。通过这种连接方式，控制回路中每一个环节的状态都可以反馈到 PLC 的数字输入。另外，在冷却管路中可以设置压力检测开关。PLC 应用程序根据这些信息作出分析诊断，并且将诊断信息以报警的形式提供给机床的操作人员。可能产生的报警信息有：

1）冷却指令生效，但数字输出故障，请检查数字输出模块及外部供电；

2）冷却指令生效，但继电器 KA1 没有吸合，请检查继电器 KA1；

3）冷却指令生效，但接触器 KM1 没有吸合，请检查接触器 KM1；

4）冷却液位过低，请加注冷却液；

5）冷却管路阻塞，请检修冷却液回路；

6）冷驱电动机过载保护，请检查冷驱泵电动机。

这些报警信息，使机床的操作者可以轻而易举地找出故障的部位。这个实例旨在说明诊断是可以设计出来的。

4.3.7 导轨润滑控制

机床导轨是机床上用来支承和引导部件移动的轨道，机床导轨润滑的良好与否，直接影响机床的加工精度。机床导轨的良好润滑是传动系统具有稳定静摩擦因数的保证，避免低速重载下发生爬行现象；机床导轨的良好润滑可以减少导轨磨损，防止导轨腐蚀；可以降低高速时摩擦热，减少热变形。数控机床的各个坐标轴导轨都安装有润滑系统，可将润滑油送到导轨上。

有的机床采用按时间控制的统一润滑模式，以设定的时间间隔同时对所有的坐标轴进行润滑。有些数控机床采用按坐标轴移动距离的润滑模式，当某个轴所设定的润滑距离到达后，对该轴进行润滑。采用统一润滑模式需要设定润滑的时间间隔和每次润滑的时间。采用逐轴润滑模式需要设定每个坐标轴的润滑距离，以及设定每次润滑的时间。对于统一润滑模式，机床上设计了一个润滑泵，该润滑泵起动后，将润滑油通过压力送到所有坐标轴的导轨上，采用逐轴润滑模式时，机床上不仅设置了一个润滑泵，而且设置了若干个电磁阀，润滑泵起动后，通过不同的电磁阀将润滑油输送到某一个需要润滑的坐标轴。

润滑间隔时间、润滑持续时间在不同的机床上会有不同，为了增加 PLC 程序的柔性，采用参数化设计。将每台机床上可能不同的值用 PLC 参数来表示，调试时只需将每台机床的实际值输入相对应的参数中，而不需要修改 PLC 程序。

而与润滑相关的移动路程则是数控系统的机床参数。当某坐标轴移动过的路程大于或等于设定的润滑路程时，由数控系统通过信号接口向 PLC 发出润滑脉冲。利用这个脉冲 PLC 应用程序可以启动对某个坐标轴的润滑控制。

关于 PLC 参数非常重要的注意事项就是，由于不合理的参数可能导致控制功能的异常，甚至机床控制部件的损坏，因此，一旦在 PLC 应用程序中使用了 PLC 参数，在 PLC 应用程序中必须控制 PLC 参数的取值范围，保证参数的值在设计的取值范围之内。

本文对按时间控制的统一润滑模式的数控机床导轨润滑控制进行介绍。其具体控制要求如下：每次机床上电时自动启动一次润滑。正常情况下润滑是按规定的时间间隔周期性自动启动，每次按给定的时长润滑。用户可以通过 PMC 参数对润滑时间间隔以及润滑时间等参数进行调整。加工过程中，操作者可以根据实际需要进行手动润滑控制（通过机床操作面板的润滑手动开关控制）。当润滑泵电动机出现过载或者润滑油箱油面低于极限时，润滑停止，并且系统要有相应的报警信息（此时机床可以运行）。润滑控制程序使用的 I/O 地址见表 4-10。

表 4-10　润滑控制程序使用的 I/O 地址

I/O	I2.6	I2.7	Q0.5
信号说明	润滑液位检测开关	润滑电动机过载检测开关	润滑泵输出

根据项目控制要求，导轨润滑控制流程图如图 4-24 所示。

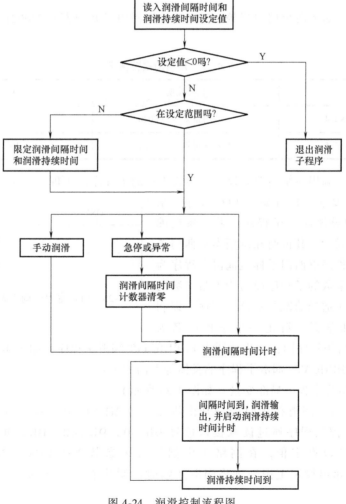

图 4-24　润滑控制流程图

如表 4-11，将 MCP 面板上的自定义键 K3 定义为手动润滑键，将 LED3 定义为润滑指示灯。

表 4-11　MCP 面板上的信号

接口信号	信号说明	信号方向
DB1000.DBB1.3	手动润滑键 K3	MCP→PLC
DB1100.DBB1.3	润滑指示灯 LED3	PLC→MCP

程序中采用的 PMC 参数见表 4-12。

表 4-12　用到的 PMC 参数

参数号	PLC 地址	单位	参数值范围	参数描述
MD14510[24]	DB4500.DBW48	1min	5 到 300	润滑间隔时间
MD14510[25]	DB4500.DBW50	0.01s	100 到 2,000	润滑持续时间

程序中制作了如下两个用户报警。700020：润滑电动机过载；700021：润滑液液位低，见表 4-13。

表 4-13　用到的报警信号

接口信号	信号说明	信号方向
DB1600.DBX2.4	有效的报警号 700020	PLC→NCK
DB1600.DBX2.5	有效的报警号 700021	PLC→NCK

设计人员可以调用系统制造商提供的参数化示例子程序，实现机床导轨的润滑控制，也可以根据自己的要求，自行编写 PLC 程序。系统制造商提供的导轨润滑子程序，采用参数编程，具有很好的柔性，其说明和调用参见西门子相关手册。本书程序以西门子样机润滑子程序为模板，把原来带参数的子程序简写为不带参数的子程序，目的在于适当简减原示例子程序，以利于更快地理解和掌握。新建一个子程序名为

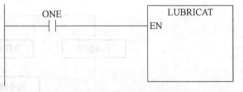

图 4-25　PLC 主程序调用无参数润滑子程序

LUBRICAT 的润滑子程序图，主程序调用 LUBRICATT 润滑子程序，如图 4-25 所示。

本书参考 LUBRICATT 润滑子程序的具体梯形图如下：

网络 1：初始化子程序局部变量（如图 4-26 所示）。

润滑间隔时间、润滑持续时间分别由机床参数 MD14510［24］和 MD14510［25］设定输入，PLC 控制程序通过读取接口信号 DB4500.DBW48、DB4500.DBW50 的值获得相应的机床参数设定值。在网络 1 中如果机床参数 MD14510［24］和 MD14510［25］设定输入超出设定范围，则将润滑间隔时间限定在 5~300min，润滑持续时间限定在 1~20s。

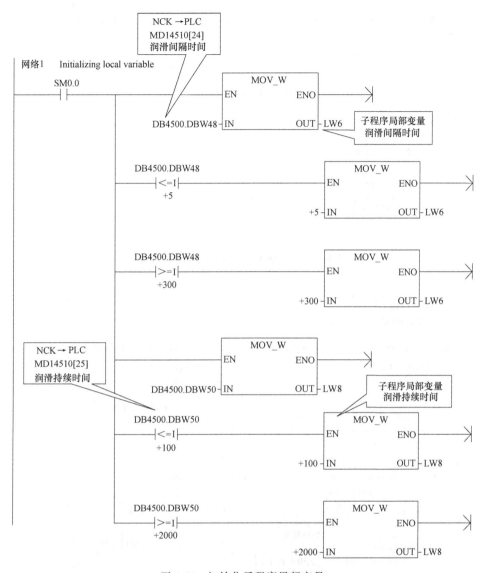

图 4-26　初始化子程序局部变量

网络 2：如果没有设定润滑间隔时间和润滑持续时间，则复位输出信号并退出润滑子程序（如图 4-27 所示）。

网络 3：按下 MCP 面板上的手动润滑按键，或者 PLC 第一次上电，润滑命令生效。

网络 4：如果一次润滑持续时间结束，或者出现异常，则终止润滑（如图 4-28 所示）。

如果一次润滑持续时间结束，则复位润滑命令，复位润滑间隔时间计数器 C24，准备开始新一次润滑循环。同理，如果出现急停、润滑电动机过载或润滑液液位低时，终止润滑。

网络 5：润滑间隔时间计数器 C24 对 1min 的时钟脉冲进行计数。

若润滑命令生效，或者上一次润滑持续时间到，则开始一次新的润滑循环，即润滑间隔时间计数器复位。其中，SM0.4 提供了一个 1min 的时钟脉冲，30s 为 1，30s 为 0，周期为 1min。

网络 6：润滑持续时间控制。

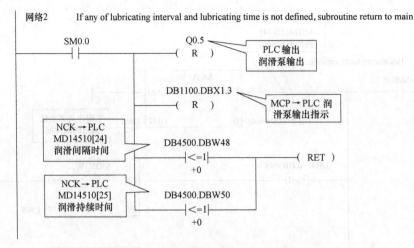

图 4-27　复位输出信号及退出润滑子程序

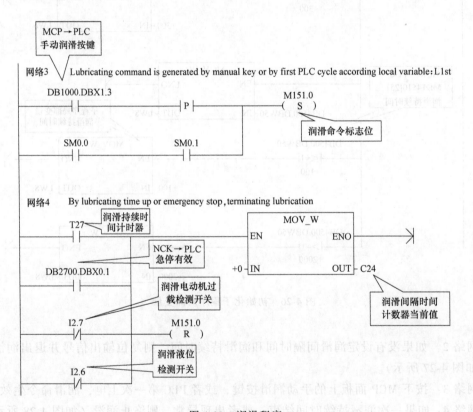

图 4-28　润滑程序

若润滑命令生效，或者上一次润滑间隔时间到，则开始润滑持续时间计时。T27 为润滑持续时间计时器。

网络 7：润滑控制信号输出（如图 4-29 所示）。

网络 8：报警输出（如图 4-30 所示）。

若检测到润滑液液位过低，或者润滑电动机过载，触发相应报警。

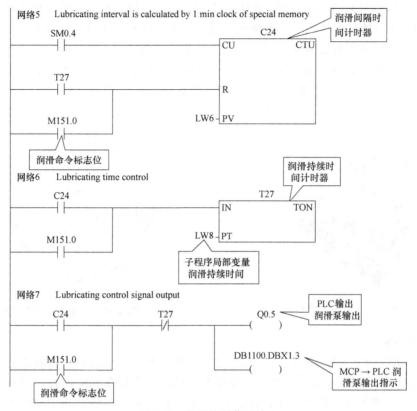

图 4-29 润滑控制信号输出

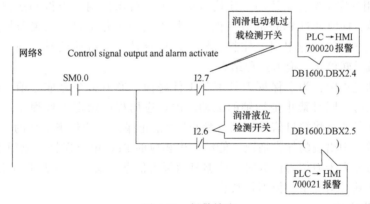

图 4-30 报警输出

4.3.8 车床刀架控制

刀架是车床自动换刀的机构，刀架的种类有：霍尔元件检测刀位的简易刀架、带位置编码器的可双向换刀的自动刀架、可带动力刀具的自动刀架。驱动刀架旋转的刀架电动机可采用普通异步电动机，也可采用伺服电动机。简易四工位刀架，如图 4-31 所示，是经济车床上最常用的一种自动换刀机构，它的机械结构简单，调试和使用方便，本文以简易四工位刀架为例，介绍数控车床自动换刀的基本控制过程。

简易四工位刀架采用普通三相异步电动机为刀架电动机，通过蜗轮蜗杆传动，驱动刀架旋转。这种刀架只能单方向换刀，刀架电动机正转为寻找刀具换刀，反转为锁紧定位。需要注意：刀架反转锁紧时刀架电动机实际上是一种堵转状态，因此反转时间不能太长，否则可能导致刀架电动机的烧毁。刀架采用霍尔元件检测刀位信号，每个刀位配备一个霍尔元件（如图 4-32 所示），霍尔元件常态是截止，当刀具转到工作位置时，利用磁体使霍尔元件导通，将刀架位置状态发送到 PLC 的数字输入。

图 4-31　四工位电动简易刀架

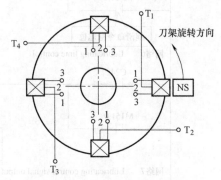

图 4-32　刀架上的霍尔元件

1. 控制要求

当 NCK 执行到加工指令 T××时，NCK 将"T 功能改变"的接口信号置为有效，意为告诉 PLC 更改 T 功能，并且把 T 指令后的编程刀号译码后存放在相应的接口寄存器中，从而启动自动换刀。或者可以按下机床控制面板上的"手动换刀"键启动手动换刀，按动一次手动换刀键可以换相邻的一个刀具。

当 PLC 应用程序由数控系统的上述接口信号或从机床控制面板得到换刀指令后，控制刀架电动机正转，同时通过 PLC 的数字输入监控刀架的实际位置，如果刀架的实际位置等于指令刀具的位置，PLC 应用程序控制刀架电动机反转，并启动延时控制。延时时间到达后，刀架电动机反转停止，换刀过程结束。

在刀架转动过程中，为了保证刀具不与工件碰撞，换刀指令完成之前，PLC 要锁定零件程序的继续执行，同时禁止坐标轴的运动。PLC 应用程序锁定零件程序的继续执行和禁止坐标轴的运动是通过将接口信号"读入禁止""禁止保持"置位来实现的。

对于换刀过程中出现的异常情况，能够产生相应的 PLC 用户报警，以便于诊断和维修。例如，当编程刀号大于刀架刀位数时，能够显示报警信息：编程刀号大于刀架刀位数。在急停或程序测试生效等情况下，换刀被禁止。

2. 电气线路设计

根据控制要求，车床换刀控制的电气线路如图 4-33 所示。将霍尔元件的检测信号经一定的处理后接入机床 PLC 的输入端子（图略）。刀架电动机的转动通过 PLC 的数字输出进行控制，PLC 的数字输出控制直流继电器，继电器再驱动交流接触器，实现刀架电动机的正、反转。所使用的 I/O 地址见表 4-14。

表 4-14　换刀子程序用到的 I/O 地址

I/O 地址	I1.0	I1.1	I1.2	I1.3	Q0 4	Q0.5
信号说明	1#刀	2#刀	3#刀	4#刀	刀架电动机正转	刀架电动机反转

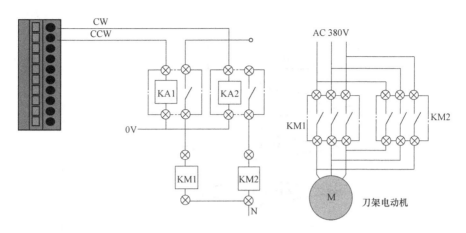

图 4-33 刀架控制电路

3. 换刀控制流程图

换刀控制流程如图 4-34 所示。

4. 接口信号说明

在西门子数控系统中，传送 NC 通道的辅助功能的接口信号区为 V2500××××，详见表 4-15。当 NCK 执行到加工指令 T×× 时，NCK 置 V25000001.4 信号为有效，并且把 T 指令后的编程刀号译码后存放在在 V25002000 中。

表 4-15　西门子某型号数控系统与"T 功能"相关的接口信号

2500 PLC 变量	来自 NCK 的通用的辅助功能 接口 NCK→PLC（只读）							
Byte	Bit 7	Bit 6	Bit 5	Bit 4	Bit 3	Bit 2	Bit 1	Bit 0
25000001				更改 T 功能				
2500 PLC 变量	来自 NCK 的通用辅助功能（T 功能译码） 接口 NCK→PLC（只读）							
Byte	Bit 7	Bit 6	Bit 5	Bit 4	Bit 3	Bit 2	Bit 1	Bit 0
25002000	T 功能（数据类型：DWORD）							

在刀架转动过程中，接口信号"读入禁止""进给保持"自动置位，直到换刀结束，从而保证刀具不与工件碰撞，见表 4-16。

表 4-16　防止换刀碰撞的接口信号

接口信号	信号说明	信号方向
V32000006.1	读入禁止	PLC→NCK
V32000006.0	进给保持	PLC→NCK

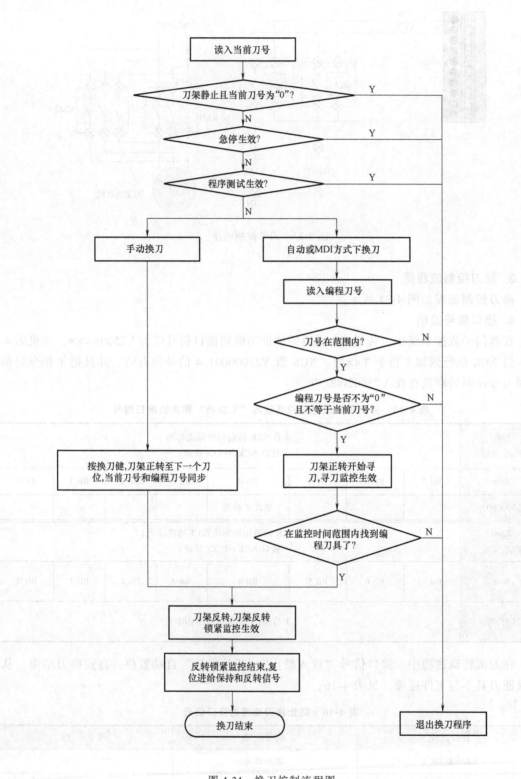

图 4-34　换刀控制流程图

在急停或程序测试生效等情况下，换刀被禁止，用到的信号见表4-17。

表4-17 换刀禁止相关的接口信号

接口信号	信号说明	信号方向
V27000000.1	急停有效	NCK→PLC
V33000001.7	程序测试有效	NCK→PLC
V160000003.0	程序测试有效	PLC→NCK

将MCP面板上的自定义键K4定义为手动换刀键，将LED4定义为换刀指示灯，见表4-18。

表4-18 面板上和换刀相关的接口信号

接口信号	信号说明	信号方向
V11000000.3	LED4 自定义	PLC→MCP
V10000000.3	手动换刀键 K4	MCP→PLC

程序中制作了如下三个用户报警：700023—编程刀号大于刀架刀位数；700024—找刀监控时间超出；700025—无刀架定位信号。相应的地址见表4-19。

表4-19 换刀控制中报警相关的接口信号

接口信号	信号说明	信号方向
V160000002.7	有效的报警号 700023	PLC→NCK
V160000003.0	有效的报警号 700024	PLC→NCK
V160000003.1	有效的报警号 700025	PLC→NCK

与机床各种方式相关的接口信号见表4-20。

表4-20 机床工作方式相关的接口信号

接口信号	信号说明	信号方向
V10000003.0	NC 复位	MCP→PLC
V31000000.0	自动方式有效	NCK→PLC
V31000000.7	MDA 方式有效	NCK→PLC
V31000000.2	JOG 方式有效	NCK→PLC

5. 程序设计

设计人员可以调用系统制造商提供的样例子程序，也可以根据要求自行编写PLC程序。系统制造商提供的换刀子程序，采用参数编程，高柔性，可以适应不同机床的不同刀架的控制要求，具体说明和调用参见西门子相关手册。本书参考程序以样例子程序为模板，采用非参数编程，如刀架最大刀具号、刀架锁紧时间和找刀监控时间等参数在程序中以固定常量值给定，目的在于适当简化原示例子程序，以利于更快的理解和掌握数控车床换

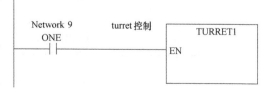

图4-35 PLC主程序调用无参数换刀子程序

刀的基本控制过程。

新建一个文件名为 TURRET1 换刀子程序，主程序调用 TURRET1，如图 4-35 所示。换刀子程序 TURRET1 的具体程序如图 4-36 所示。

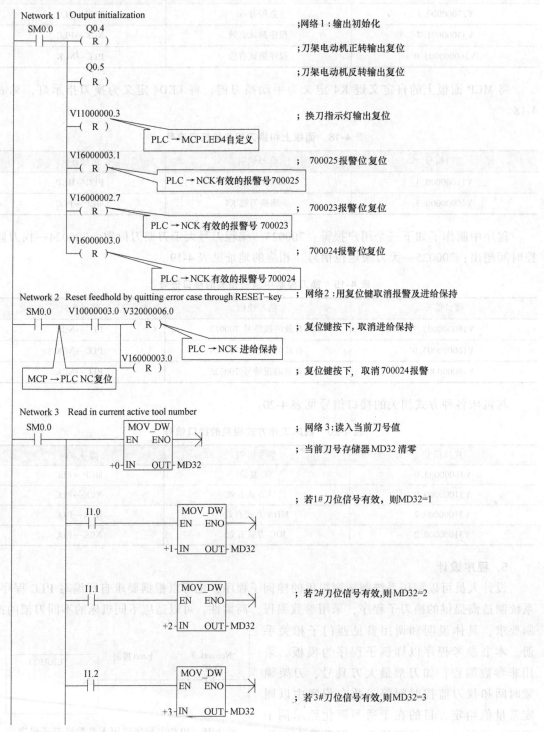

图 4-36　换刀子程序

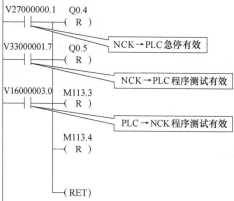

; 若4#刀位信号有效,则MD32=4

; 非换刀状态下,若MD32=0,则出现700025无刀架定位信号报警;并退出换刀程序。

Network 4 Disallow tool change in the following cases

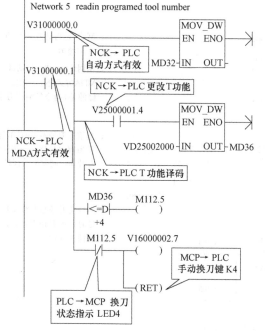

; 网络4:下列情形下退出换刀程序,不允许换刀

; 急停有效时

; 程序测试有效时

; 找刀时间超出时

Network 5 readin programed tool number

; 网络5:(自动方式或MDA方式下),读入编程刀号

; 目标刀号寄存器MD36赋初值,等于当前刀号值

; 编程刀号值送入目标刀号寄存器MD36

; 若编程刀号大于4,则700023报警,并退出换刀程序

图4-36　换刀子程序（续）

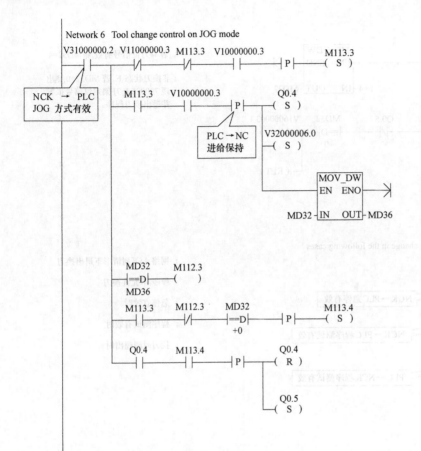

Network 6 Tool change control on JOG mode

; 网络6:点动方式换刀

; M113.3 手动换刀使能

; 在手动换刀使能并按下
手动换刀键时,刀架电动机
正转,进给保持

; 在换刀开始时,将当前刀
号值赋给目标刀号值

; 换刀开始后,当前刀号值
与目标刀号值将不等

; 当当前刀号值不为0且与
目标刀号值不等时,则表示
已换到下一位置,否则正转
换刀过程未结束

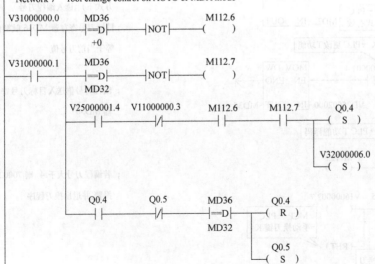

Network 7 Tool change control on AUTO or MDA mode

; 网络7:自动或MDA方
式下换刀

; 由网络5可知,自动或
MDA方式下,MD36中存
储的是T指令的编程刀号值

; 当编程刀号不为0且不等
于当前刀号值时,正转换
刀开始,同时进给保持

; 当当前刀号等于编程刀
号时,正转换刀结束,反
转锁紧开始

图 4-36 换刀子程序(续)

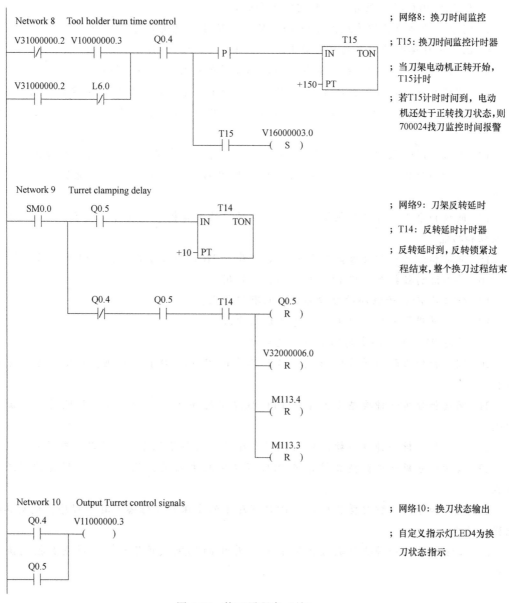

图 4-36 换刀子程序（续）

思考题与习题

1. 简述 PLC 在数控机床控制系统中的作用。

2. 数控系统中的 PLC 与工业标准 PLC 有什么异同？

3. 简述数控系统中 PLC 的结构。

4. 数控机床中 PLC 控制的具体内容通常有哪些？

5. 数控系统中 PLC 如何实现与 NCK、HMI、MCP 以及机床电气输入输出信号之间的信息交换？

6. 什么是 PLC 接口信号？它有何特点和作用？

7. 例举一种典型数控系统产品中 PLC 的接口信号，说明其具体应用。

8. 画出一种典型数控系统产品的 PLC 输入输出信号的连接。

9. 列出一种典型数控系统产品的输入输出信号的地址及其设置情况。

10. 阅读和分析一种典型数控系统 PLC 的急停子程序，说明其控制流程和功能。

11. 阅读和分析一种典型数控系统 PLC 程序中的轴控制子程序，说明其控制流程和功能。

12. 如果西门子数控系统，出现"等待轴使能"的报警提示，分析可能的原因。

13. 阅读和分析一种典型数控系统 PLC 程序中的手轮控制子程序，说明其控制流程和功能。

14. 阅读和分析一种典型数控系统 PLC 程序中的主轴松刀和紧刀控制子程序，说明其控制流程和功能。

15. 阅读和分析一种典型数控系统 PLC 程序中 MCP 面板子程序，说明其控制功能。

16. 举例说明数控系统中 PLC 机床参数的作用。

17. 什么是 PLC 子程序的接口参数，它有何作用？

18. 举例说明带参数的 PLC 子程序的调用方法。

19. 试述 PLC 子程序中局部变量的定义方法。

20. 阅读和分析西门子系统样例子程序库中的刀具冷却子程序块，说明其控制流程和功能。

21. 阅读和分析一种典型数控系统 PLC 程序中的导轨润滑子程序，说明其控制流程和功能。

22. 阅读和分析一种典型数控系统 PLC 程序中的排屑子程序，说明其控制流程和功能。

23. 阅读和分析一种典型数控系统 PLC 程序中的主轴换挡子程序，说明其控制流程和功能。

24. 阅读和分析一种典型数控系统 PLC 程序中的车床霍尔转塔刀子程序，说明其控制流程和功能。

25. 阅读和分析一种典型数控系统 PLC 程序中的机床照明子程序，说明其控制流程和功能。

项目 8 认识数控系统中的 PLC

1. 学习目标

1）熟悉 PLC 在数控机床控制中的作用。

2）熟悉数控系统 PLC 和 CNC 的关系。

3）掌握数控系统 PLC 的硬件组成及 I/O 单元。

4）掌握外部信号与 I/O 单元的连接及 I/O 地址。

5）理解 PLC 与 CNC、机床之间的信息交换。

2. 任务要求

1）根据实验设备的硬件配置，完成 I/O 单元设定。

2）写出机床操作面板上各按键及指示灯对应的I/O地址。

3）根据I/O信号的状态变化，验证手轮接线是否正确。

4）使用操作面板上的用户自定义键及LED指示灯，编写简单的PLC功能（如照明灯的控制）。

3. **评价标准**（见表4-21）

表4-21 项目评价标准

序号	任务	配分	考核要点	考核标准	得分
1	完成I/O单元设定	30	根据硬件配置设置 I/O单元的地址	I/O单元的地址设置合理正确	
2	写出机床操作面板上各按键及指示灯对应的I/O地址	30	确定面板上I/O点地址的方法 I/O信号状态的监控	I/O地址表填写正确	
3	根据I/O信号的状态变化，验证手轮接线是否正确	20	手轮的I/O地址 I/O信号状态的监控 手轮的使用	能够根据I/O信号的状态变化，验证手轮接线的正确性	
4	使用操作面板上的用户自定义键及LED指示灯，编写照明灯控制程序	20	PLC和操作面板的信息交换 用户自定义键的使用 简单PLC程序的编写	能够使用操作面板上的用户自定义键及LED指示灯，编写照明灯控制程序	

项目9 数控机床简单PLC程序设计与调试

1. **学习目标**

1）熟练使用PLC开发软件。

2）熟练掌握PLC开发软件与CNC网络通信方法。

3）熟练掌握在数控系统上，通过键盘编辑PLC程序的方法。

2. **任务要求**

1）通过数控系统键盘，在系统上编辑PLC程序，并保存、运行。

2）通过PLC开发软件实现计算机和CNC的网络通信，上传PLC程序并编辑。

3）将项目8编写的照明灯程序做为子程序添加到系统原有的PLC程序中，并下载调试。

3. **评价标准**（见表4-22）

表4-22 项目评价标准

序号	任务	配分	考核要点	考核标准	得分
1	通过键盘，添加机床照明灯控制程序并调试	20	通过键盘，修改系统PLC程序 修改后的程序保存到ROM 程序运行、调试的步骤 实现照明灯控制功能	能够通过键盘，在线修改系统PLC程序，并保存到ROM，程序运行、调试的步骤正确，实现照明灯控制功能	
2	以存储卡为传递介质，添加机床照明灯控制程序并调试	40	系统中的程序备份到存储卡 在计算机中打开、修改和保存程序 从存储卡恢复PLC程序到数控系统 程序运行、调试的步骤 实现照明灯控制功能	能够以存储卡为介质，在计算机和数控机床之间复制、存储PLC程序，程序运行、调试的步骤正确，实现照明灯控制功能	

(续)

序号	任务	配分	考核要点	考核标准	得分
3	以网线为传递介质,添加机床照明灯控制程序并调试	40	PLC 软件及数控系统的以太网通讯设置 通过以太网,上传下载 PLC 程序 程序运行、调试的步骤 实现照明灯控制功能	能够正确设置通信数据,通过以太网实现 PLC 程序的上传、编辑、下载,程序运行、调试的步骤正确,实现照明灯控制功能	

项目 10　数控机床操作面板 PLC 程序设计与调试

1. 学习目标

1) 掌握 PLC 程序设计相关的基础知识。

2) 掌握 PLC 程序设计的原则、步骤和方法。

3) 掌握 PLC 程序的调试步骤和方法。

4) 领会 PLC 程序对数控机床性能的影响。

2. 任务要求

1) 根据实验用数控机床的电气连接,确定进给倍率开关的输入信号地址。

2) 给出进给倍率开关各档位对应的输入信号编码。

3) 设计进给倍率开关 PLC 控制程序,并下载到 CNC。

4) 完成进给倍率开关 PLC 程序的调试,实现倍率控制。

3. 评价标准 (见表 4-23)

表 4-23　项目评价标准

序号	任务	配分	考核要点	考核标准	得分
1	给出进给倍率开关的输入信号地址	15	机床电气原理图等资料的使用 工具、仪器仪表的使用 倍率开关信号地址	能够合理使用机床电气原理图等资料 正确使用电工工具、仪器仪表 倍率开关信号地址正确	
2	给出进给倍率开关各档位对应的输入信号编码	15	数控系统的诊断和监控功能的使用 工具、仪器仪表的使用 倍率开关各档位对应的输入信号编码	合理利用数控系统的诊断和监控功能 正确使用电工工具、仪器仪表 倍率开关各档位对应的输入信号编码正确	
3	设计进给倍率开关 PLC 程序,并下载到 CNC	30	PLC 编程软件的使用 PLC 程序的结构、功能 通过以太网或存储卡,下载 PLC 程序	程序设计结构清晰合理、功能完善 能够下载 PLC 程序到 CNC	
4	进给倍率开关 PLC 程序的调试	40	程序运行、调试步骤和方法 进给倍率开关的控制功能	程序运行、调试的步骤、方法合理,且安全可靠 能够实现进给倍率控制相关功能	

项目11 数控机床辅助功能设计与调试

1. 学习目标

1）熟悉数控机床常用的辅助装置及其作用，熟悉润滑和冷却系统的基本知识。

2）能够读懂数控机床冷却与润滑系统电气图。

3）能够分析数控机床冷却与润滑控制的PLC程序。

4）能够完成冷却与润滑功能的调试。

5）熟悉冷却与润滑系统的常见故障及诊断方法，能够完成典型故障的诊断与维修。

2. 任务要求

1）根据数控机床冷却、润滑系统电气图，检查电气连接是否正常，排除存在的故障。

2）分析数控机床冷却与润滑控制的PLC程序，画出流程图。修改PLC程序，对冷却、润滑功能进行扩展。例如增加手动按键润滑功能、修改润滑及间隔时间。

3）对冷却、润滑功能进行调试，排除存在的故障，记录故障现象及诊断排除过程。

3. 评价标准（见表4-24）

表4-24 项目评价标准

序号	任务	配分	考核要点	考核标准	得分
1	检查冷却、润滑系统电气连接是否正常，记录存在的问题，并排除	20	读懂冷却、润滑相关的电气原理图 使用万用表等工具检查电气连接 硬件故障的排除 操作的安全规范	正确使用万用表等工具 测量点选择正确合理 正确发现线路问题 排除线路中存在的问题 操作过程安全规范	
2	分析数控机床冷却与润滑控制的PLC程序，画出主要信号的时序图	25	从设备的PLC程序中找出冷却与润滑相关的程序段或子程序 冷却与润滑PLC程序分析 相关的信号及时序	正确找出哪些程序段或子程序和冷却、润滑相关 正确分析冷却、润滑相关的PLC程序 正确列出相关的主要信号及时序	
3	在设备原有PLC程序的基础上，增加以下功能： 1）冷却电动机过载报警功能 2）手动按键润滑功能 3）改变润滑及润滑间隔时间 4）润滑液位过低报警功能	30	PLC程序的备份、编辑 定时器功能指令 通过PLC程序产生报警信息 过载传感器、手动按键信号的连接 验证所要求的功能	能够对设备原有PLC程序进行编辑 正确编写PLC程序，完成所要求的5项功能	
4	对冷却、润滑功能进行调试，排除冷却、润滑系统存在的故障，实现控制要求。记录故障现象及诊断排除过程	25	冷却、润滑功能的调试 故障诊断和排除的方法 调试过程操作的规范和安全 故障是否排除	调试过程操作规范安全 准确诊断故障并排除 诊断、排除故障过程中操作规范安全 故障记录清晰准确	

项目 12　数控机床自动换刀功能设计与调试

1. 学习目标

1）了解四方刀架和斗笠式刀库的机械结构。

2）熟悉四方刀架和斗笠式刀库的换刀过程。

3）熟悉四方刀架和斗笠式刀库的控制电路。

4）掌握四方刀架和斗笠式刀库换刀所需要的控制信号。

5）能够读懂四方刀架和斗笠式刀库的 PLC 程序。

6）掌握四方刀架和斗笠式刀库的调试方法。

7）能够对四方刀架和斗笠式刀库的常见故障进行诊断和维修。

2. 任务要求

1）检查四方刀架和斗笠式刀库的电气连接。

2）完成四方刀架和斗笠式刀库的 PLC 程序分析。

3）完成四方刀架和斗笠式刀库的调试。

4）排除四方刀架和斗笠式刀库存在的故障，记录故障现象及诊断排除过程。

3. 评价标准 （见表 4-25）

表 4-25　项目评价标准

序号	任务	配分	考核要点	考核标准	得分
1	检查换刀装置的电气连接，记录是否存在问题，并排除	15	读懂换刀相关的电气原理图 使用万用表等工具检查电气连接 硬件故障的排除 操作的安全规范	正确使用万用表等工具 测量点选择正确合理 正确发现线路问题 排除线路中存在的问题 操作过程安全规范	
2	完成换刀装置的 PLC 程序分析，对梯形图程序按照梯级给出简要注释，列出程序中所用到的信号及作用	25	从完整 PLC 程序中找出和换刀相关的 PLC 程序段 换刀相关的 PLC 程序分析 换刀相关的信号及作用	正确找出哪些程序段和换刀相关 正确分析换刀相关的 PLC 程序 正确列出换刀相关的信号及作用	
3	打开设备中的换刀宏程序，分析换刀的动作过程，手动或 MDI，实现换刀单步动作	20	打开换刀宏程序 宏程序的阅读分析 手动或 MDI 方式下，换刀动作的单步实现 调试过程中操作的规范和安全	能够打开换刀宏程序 能够读懂换刀宏程序 手动或 MDI 调试，能够单步实现换刀动作 调试过程中操作规范安全	
4	完成自动换刀功能调试，验证是否安全可靠地实现换刀功能	20	自动换刀功能的实现 调试过程操作的规范和安全	能够实现自动换刀 调试过程操作规范安全	
5	排除换刀装置存在的故障，记录故障现象及诊断排除过程	20	准确发现故障 故障分析和诊断 故障排除 故障现象、诊断排除过程的记录	正确排除换刀装置的故障 故障现象、诊断排除过程的记录正确、清晰、简要	

项目 13 通过 PLC 对数控机床故障进行诊断

1. 学习目标

1）熟悉 PLC 诊断及监控功能。

2）掌握通过 PLC 进行故障诊断的方法。

3）能够使用 PLC 的相关功能，帮助诊断数控机床存在的故障。

2. 任务要求

1）完成 PLC 参数、诊断、梯形图等画面打开、切换和使用。

2）检查并记录所使用机床的 I 信号和 Q 信号的地址和状态。

3）在安全操作的前提下，对照机床 I/O 地址表，切换外部开关的状态，观察信号状态的变化。

4）在保证安全操作的前提下，实现信号的强制。

5）通过 PLC 的诊断和监控等功能，对机床存在的故障进行诊断。

3. 评价标准（见表 4-26）

表 4-26 项目评价标准

序号	任务	配分	考核要点	考核标准	得分
1	PLC 设定、PLC 信号状态、梯形图程序、定时器、计数器设定画面的打开、切换和使用	20	PLC 相关的菜单和画面 这些常用画面的主要功能及使用	熟练打开 PLC 相关的画面 熟悉常用画面的主要功能及使用	
2	检查并记录手轮、倍率开关、工作方式开关的输入信号地址及数据，判断信号的变化是否正常	20	输入信号的状态监控画面 手轮、倍率、工作方式控制的相关硬件和软件	熟练使用输入信号的状态监控画面 正确判断手轮、倍率、工作方式开关的信号是否正常	
3	检查并记录机床测输入信号（例如刀位信号、限位开关信号等）的地址及数据，判断信号的变化是否正常	20	输入信号的状态监控画面 机床侧输入信号的硬件连接和特点	熟练使用输入信号的状态监控画面 正确判断机床测输入信号是否正常	
4	在保证设备和人身安全的前提下，实现输出信号（例如照明灯、冷却、刀架电动机等）的强制	10	信号强制功能 通过强制，判断外围电路是否存在故障	正确使用信号强制功能 能够通过信号强制，判断外围电路是否存在故障	
5	通过 PLC 的诊断和监控功能，对机床存在的故障进行诊断，并对判断过程进行记录	30	机床常用功能相关的信号、控制原理和控制过程 综合利用知识分析问题的能力	合理使用 PLC 诊断、监控功能 对机床存在的故障判断正确 诊断过程记录简要清晰	

第5章

数控机床的伺服驱动系统

本章简介

　　数控机床伺服驱动系统包括主轴驱动系统和进给驱动系统，它接收上层数控装置的位置和速度指令，根据指令要求控制交流伺服电动机运行，实现主轴和进给轴的速度和位置控制，是机床的"四肢"。5.1节概述机床的调速要求及实现方法，分别详细介绍数控机床主轴调速系统和进给伺服系统的控制要求、结构类型以及电动机特性。5.2节、5.3节分别介绍主轴交流调速系统和进给轴位置伺服系统的工作原理。在理解数控机床伺服系统构成和原理的基础上，5.4节以某一主轴变频调速系统和某一进给伺服系统为例，介绍机床伺服系统常用的接口和连接及其基本调试。

　　通过本章的学习，掌握数控机床对伺服驱动系统的要求，掌握伺服系统的工作原理及其电气连接。

5.1　数控机床伺服驱动系统概述

5.1.1　数控机床的调速要求和实现

　　机床的运动分为主运动和进给运动，如车床工件旋转的运动为主运动，刀架移动的运动为进给运动。龙门刨床刨台的运动为主运动，各刀架的移动为进给运动。

　　机床在加工工件时，刀具按一定的进给速度与工件作相对运动，从而进行切削。刀具和工件的相对运动速度称为切削速度。为了提高机床的工作效率以及发挥刀具的最佳效用，在满足加工精度与粗糙度的前提下，对于不同的工件材料和不同的刀具，应选择各自不同的最合理的切削速度。另外，机床的快速进刀、快速退刀和对刀调整等辅助工作，也需要不同的运动速度。因此，为了保证机床能在不同的速度下工作，要求机床主轴和进给伺服系统必须具有调节速度的功能。

　　为了满足机床对调速的要求，一般采用下列调速系统。

1. 机械有级调速系统

　　在机械有级调速系统中，电动机采用不调速的笼型异步电动机，通过改变齿轮箱的变速比实现速度的调节。机械有级调速系统的速度不能连续调节，因而常常得不到最合理的速度，不能保证机床的最高效率。此外，为获得比较多的速度级别，不得不使机械系统变的复杂，影响了机床的加工精度和动态响应性能。在这种系统中，负载转矩是经机械传动机构传到电动机轴上的，电动机轴上转矩等于负载转矩的传动比倒数倍，因此在降速系统中可以选择转矩较小的电动机。在普通车床、钻床、铣床和小镗床中一般都采用这种机械有级调速系统。

2. 电气-机械有级调速系统

用多速笼型异步电动机代替不能调速的笼型异步电动机，可简化机械驱动机构，这样的系统即电气-机械有级调速系统。多速电动机一般采用双速电动机，少数机床采用三速、四速电动机。中小型普通镗床的主拖动系统多采用双速电动机。

3. 电气无级调速系统

通过直接改变电动机转速来实现机床工作机构转速的无级调节的驱动系统，被称为电气无级调速系统。这种调速系统具有调速范围宽、可以实现平滑调速、调速精度高及控制灵活等优点，还可大大简化机床的机械传动机构，因而广泛应用于现代数控机床的主运动和进给运动系统中。

电气无级调速系统可分为直流调速系统和交流调速系统，直流电动机起动转矩大，具有良好的起动、制动性能，调速控制简单，调速性能良好。在早期许多对调速性能要求较高的中、小功率的场合，常采用永磁直流电动机调速系统。但是，与交流电动机相比，直流电动机的结构复杂，使用和维护不方便。20世纪60年代开始，随着电子电力技术、大规模集成电路和计算机控制技术的发展，交流调速技术得到极快的发展，达到甚至超过了直流调速技术水平。因为交流电动机其结构简单，功率密度比高，故障率低，容易实现高速、高容量的应用，在现代数控机床上，高性能交流调速系统已经取代了直流调速系统。

5.1.2 数控机床的主轴驱动系统

主运动是切削运动的主动力源，主轴不仅要在高速旋转的情况下传递主轴电动机的动力，而且还要保持非常高的转速精度。主轴的性能对工件的表面质量起决定性作用，它是数控机床中最关键的部件之一，主轴的技术指标也决定了机床的技术水平。普通机床的主运动常采用机械有级调速系统，数控机床为满足自动运行的要求，其主轴驱动系统除了满足普通机床的驱动要求外，还必须满足如下要求。

1. 数控机床对主轴驱动系统的要求

1）自动变速。数控机床自动加工过程中，主轴的变速依照编程的零件加工指令自动进行切换。

2）无级调速。数控机床及刀具是资本密集型生产工具，对于不同的工件材料和刀具，只有选择各自不同的最合理的切削速度，才能充分实现机床的工作效率以及发挥刀具的最佳效用；另外，在阶梯平面或锥面车削中，需要保持切削速度的恒定来获得一致的工件表面粗糙度，因而需要进行无级调速。

3）更宽的调速范围。数控机床是多工序集中加工，为了满足各种刀具、材料及工序的加工工艺要求，获得最佳的生产效率、加工精度和表面质量，数控机床主轴要求有一个宽的自动无级调速的转速范围。也即主轴速度调节过程只需通过调节电动机来完成，而不必使用手动变速器进行中间换档，这样，能够减少中间传递环节，简化主轴结构。

4）转速变化快（动态性能好）。每次变速意味着时间损失，这在换刀频繁的数控机床上显得尤为明显，每次换刀主轴必须先停止再起动，因此需要尽可能缩短主轴电动机的加速和减速时间。

5）高驱动功率。数控机床的自动加工过程不需要人工操作和人工反应，并在一个完全封闭的工作空间中进行，这使得机床可以达到一个高速且合适的工作速度，并能充分利用现有刀具的性能。所以，数控机床的驱动功率高于传统机床数倍。

6）恒定功率范围大，低转速高转矩。要求在一个尽可能大的转速范围内，能够有较大的切削驱动功率。为了满足数控机床粗加工时低速强力切削的需要，在主轴较低转速时，也应当有一个尽可能高的可用转矩，即在整个调速范围内能提供切削所需的功率。在机床的技术指标中，主轴的输出功率和主轴的调速范围为关键的技术指标，比如主轴的输出功率为3.5kW，调速范围为1500~8000r/min。

7）结构空间小，重量轻。在很多数控机床中，主轴驱动电动机是较大的机械部件，并且处于持续运行中。因此，电动机应保持较小的部件尺寸和整体重量，从而不削弱整体部件的加速性能。

8）发热量低。机床的局部热量对加工精度有不利影响，因此主轴驱动系统应有较低的发热量。

9）在车削中心上或一些机床上，主轴需要在 C 轴方式下运行，主轴驱动系统可以实现主轴的旋转和进给运动的插补。

2. 数控机床主轴驱动的类型

主轴的每个参数由工艺参数（切削速度和切削力）决定，当加工的重点是具有较大切削力和较低切削速度的重载加工时，这类主轴的设计与高速主轴的设计是不同的，必需根据主轴的用途对其进行相应的设计和选型。

数控机床的主轴在结构上分为常规机械主轴和电主轴。常规机械主轴由刀具的装夹机构、轴承、主轴冷却系统以及配套的主轴电动机、测量部件及驱动装置等构成。有的主轴还配备了液压或气动的换挡机构。电主轴的特点是直接驱动，主轴电动机被集成到主轴的机械部件中，构成一个整体结构的主轴系统。图 5-1 所示为三种不同类型的主轴驱动系统。

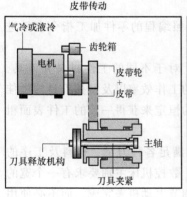
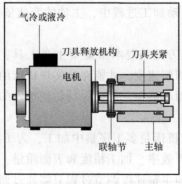
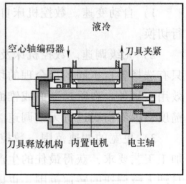

图 5-1　主轴驱动的三种类型

a）实心轴电动机　b）空心轴电动机　c）电主轴

常规带传动主轴结构由一个带外壳的电动机通过齿轮减速机构，通过带传动和机床主轴连接起来。这种结构因为电动机安装在机床主轴外部，有利于减少电动机发热对机床主轴的影响，但是，带传动也有明显的缺点，如限制转速、刚度和动态特性以及整个加工机床的效率。

带传动的缺点限制了其使用范围，导致了联轴节直连主轴结构的出现，电动机转矩由转子直接传递给主轴，保证了主轴转速的稳定，提高了增益系数，即缩减了主轴加速和制动时间。在这种结构中，为便于夹紧工件，电动机的转轴常常为空心轴，以空心轴为特点，切削冷却液可通过空心轴从电动机后部，经过旋转单元，传送至内部冷却刀具，提高了刀具的冷却效果，使电动机产生的热量不会直接影响加工精度。同时，电动机本身的冷却可以选择强制通风和水冷/油冷，电动机冷却降温对机床尤为有利，通过这种方式，电动机的使用效率得到额外提升。

电主轴是指主轴电动机与主轴集成一体的主轴系统，供货商一般只提供主轴电动机的转子和定子，由机床制造厂根据自己主轴的机械结构将转子和定子以及松刀机构集成到主轴中，构成一个完整的电主轴，电主轴常常需要进行水冷。也有一些厂商可提供完整的电主轴产品，如德国 WEIS 公司的电主轴系列可直接用于车床和铣床。由于采用电主轴，不仅缩短了机床的生产周期，降低了生产成本，而且提高了机床的性能。所以这种主轴驱动系统的形式在现代化机床的应用中越来越多，并将逐渐成为标准。

3. 数控机床的主轴电动机

能否选用合适的电动机决定着能否实现主轴的正常功能。按负载性质，机床的拖动系统可分为恒功率和恒转矩拖动系统。恒功率负载要求拖动系统在调速范围内提供恒定的功率，而恒转矩负载则要求拖动系统在调速范围内提供恒定的转矩。车床、铣床和镗床等机床的主驱动为恒功率负载，龙门刨床的主拖动（刨台拖动）和多数机床的进给拖动为恒转矩负载。在机床的加工过程中，主运动系统消耗加工功率的绝大部分，因此要求主轴电动机有足够的输出功率，同时要有一定的调速范围和机械特性硬度，主轴的输出功率和主轴的调速范围为关键的技术指标。

（1）电主轴

现在的电主轴已集成了驱动电动机。电动机转子是主轴的一个组成部分，它通过轴承支承，电动机轴和主轴之间的机械联轴器可以去除。去除多余的传动零部件，具有静音运行、减少机床内部所需的空间、达到更高的精度或者通过减小转动惯量改善控制动态特性等优点。转矩的传递是非接触式的，无须考虑机械磨损。只需对电动机固定的外壳供给电能，转子不需要单独的电能供给。

一般地，在电主轴中采用同步结构组件式或异步结构组件式的电动机，就能提供不同的转速级别。在两种不同的设计中，对伺服驱动器的要求也不同，这在选型时都必须考虑。此外，必须根据期望和用途，对其优缺点进行权衡。异步电动机控制简单，相比同步电动机，它可在低功耗情况下提供一个大的弱磁区实现更高的转速，同时也能实现快速起动。同步电动机通过永磁激励提供较高的功率密度，并允许紧凑设计，即允许较大的轴径。在低转速范围内，它的功率损耗较低。在高转速同步电动机中，某些情况下由于电动机的结构原因，需要使用一个附加电感（阻流圈），使用阻流圈还可以过滤高频信号分量，减少电压峰值并保护电动机绕组。

电主轴一般配置了集成的管道用于定子的水冷。产生电力驱动功率的定子是主轴单元的主要热源，因此，水冷通道系统与之紧密相连。主轴单元本身提供了一个初步的带冷却介质的回流管，冷却介质通过内部的一个冷热交换器来冷却主轴外部起始入口的温度，冷却介质所需的压力由外部泵提供。

温度传感器用于监控电动机温度，以防止其在运行中出现过载。在同步电动机的特殊工作条件下，如电动机在静准停时的负载，需要额外监控电动机状态以防止其出现过载。这可以通过一个正温度系数（Positive Temperature Coefficient，PTC）热敏电阻实现，也可采用负温度系数（Negative Temperature Coefficient，NTC）热敏电阻。

（2）交流异步电动机

交流异步电动机具有结构简单坚固、耐用、少维护和价格低等优点，通过变频器输出可调频率和电压的交流电源，可以大幅度地调整其转速，因此交流异步电动机成为标准的主轴驱动电动机。

交流异步电动机又分为标准（普通）异步电动机和异步伺服电动机。同类型的伺服电动机与普通电动机比较，其工作原理完全相同，但形状、性能和应用场合有所不同。对于一般的低精度和低动态响应要求的应用状况，标准的感应电动机就能够满足需求。而伺服异步电动机较普通异步电动机来说，主要具有以下优点：

1）结构紧凑，功率密度比高。

2）转动惯量小，转速上升时间短，动态性能好。

3）转矩脉动小，以减少转速波动。

4）机械强度高，并有良好的散热。

因此，通常采用通用变频器控制普通异步电动机组成开环调速系统，应用于调速控制要求不高的场合。而采用专门设计的配套控制器（专用变频器或伺服放大器）的异步伺服电动机则能够完成高端高性能的主轴调速任务。

在描述主轴电动机特性的参数中，有一个重要的数据——额定转速。图 5-2 为某型号主轴异步伺服电动机的特性曲线，S1 是连续工作制，即恒定负载的持续时间足以建立热平衡的工作周期。在特性曲线图中可以看出，当主轴的转速小于额定转速时，主轴工作在恒转矩区，当主轴的转速大于额定转速时，主轴工作在恒功率区。主轴的额定转速越低，表示主轴进入恒功率区的速度也越低。虽然主轴电动机的速度可以在零速到标定的最大速度之间连续变化，但在额定输出功率下的调速范围，为额定转速到最大转速。当主轴在低于额定转速下工作时，主轴的输出功率不能达到主轴电动机的额定功率。即使在低于额定转速的工作区主轴电动机可以在过载状态运行，输出更高的功率，甚至输出功率可高于额定功率，但在过载的状态下主轴是不能长时间工作的。

（3）交流同步主轴电动机

在数控机床上，交流同步电动机主要用于进给驱动，主轴电动机是否采用同步电动机，原则上取决于两点：

1）决定性的因素是电动机是否只在速度控制回路下运行（如用于钻孔和铣削的刀具主轴驱动系统），或者在位置控制回路下运行（如具有额外 C 轴驱动系统的车床），如果主轴需要实现与进给轴的精确插补时，原则上选用同步电动机。

2）如果主轴需要较高的功率密度和温度稳定性等特定的情况下，主轴驱动系统也需要

n_N /rpm	P_N /kW	M_N /Nm	I_N /A	n_{max1} /rpm	n_{max2} /rpm	n_{max3} /rpm	$n_{max,Br}$ /rpm	n_2 /rpm	M_{max} /Nm	I_{max} /A	M_0 /Nm	I_0 /A
1500	3.7	24	12.5	9000	12000	–	5000	5000	60	32	29	14

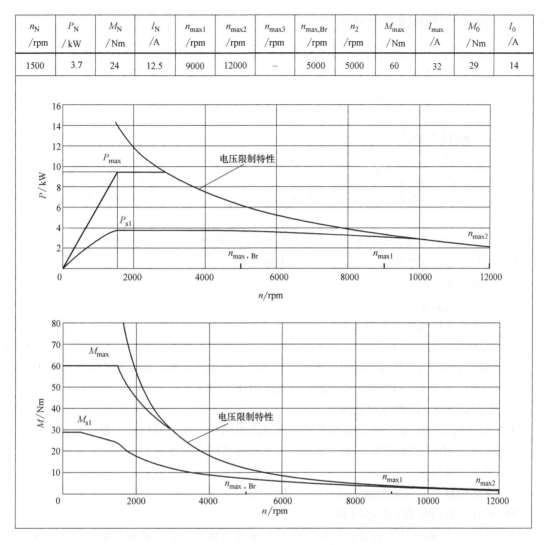

图 5-2　某型号主轴异步伺服电动机特性曲线

使用永磁交流同步电动机。相比于价格便宜的异步电动机,同步电动机用于主轴驱动时具有如下优点①高效率。②低负载惯性,即较高的动态特性。③免维护(转子没有集电环)。④转速不受负载影响。⑤没有励磁所需的电功率。⑥高达60%以上的转矩转化效率,并且机床设计紧凑。⑦基于转矩特点,具有最短的加速和制动时间(50%)。⑧在停转和变换旋转方向时也能保持高转矩。⑨最高转速可达40000r/min,转矩可达800N·m。⑩由于永磁体的转子发热量较低,因此在低转速范围下电动机功耗大大降低,进而轴承和主轴产生较少的热量。⑪因为没有横向驱动力影响,即使在最低转速下也能保持主轴均匀、平稳地运行,以达到零件的最高精度。⑫相比笼型异步电动机,在相同外径下,转子内孔更大。其优势在于便于车床主轴具有杆件通道,并且在铣削中采用更大的轴径以获得更高的主轴刚度。

相对地,同步电动机用于主轴驱动时也具有如下缺点:①磁性材料昂贵,即永磁电动机的购置成本较高。②较高的控制成本。③电动机易产生噪声。

5.1.3　数控机床的进给驱动系统

数控机床进给驱动系统为进给轴的运动提供动力，并实现机床进给移动部件（工作台、刀架）的速度（包括加速度）和位置控制，是一个电力拖动位置控制系统。位置可控的进给驱动系统是数控机床的重要组成部分，它很大程度上决定了机床的生产效率和加工工件的质量。

1．进给驱动系统的要求

根据机床类型和加工任务选择单轴或者多轴参与到运动过程的生成中。CNC 系统通过对每根轴预先给定位置指令来控制轴的运动。进给驱动系统要求执行元件运动尽可能准确并及时到达指定位置，同时应尽可能减小干扰因素的影响。因此，进给驱动系统需要满足以下主要要求：

1）较大的功率密度，结构尺寸紧凑，输出扭矩和推力大。

2）较大的转速和速度调节范围（≥1：30000）。

3）较小的转动惯量和较小的直线运动质量。

4）较大的过载能力。

5）较高的定位精度和重复精度。

现今，机床制造商和使用者的要求还包括：针对特定应用的功能、必要的调试和诊断功能、监控和安全功能、开放的标准化接口、免维护和较高的保护机制、较小的发热和较高的效率、较小的工作噪声、较小的占地面积、较低的成本等。

2．进给驱动系统的组成和原理

采用交流同步伺服电动机，或者满足更高要求的同步直线电动机作为驱动装置，已经成为进给驱动系统的标准化应用。进给驱动系统主要包括以下三部分：

1）交流同步伺服电动机。

2）驱动控制器，它由控制部件和功率部件组成。

3）带有位置测量系统的轴机构。

电动机是机电能量转换装置，旋转电动机为系统提供必要的转速和扭矩，直线电动机提供速度和推力，以使驱动对象按规定运动并到达预定位置。交流同步伺服电动机除了机电能量转换相关的本身零部件外，还包括抱闸和用于测量转子转角位置及转速的电动机编码器，如图 5-3 所示。除此之外，某些旋转电动机在轴端安装齿轮和联轴器，部分还集成有过载保护装置。

驱动控制器实现对电动机的控制，由控制部件和功率部件组成。驱动控制器通过微处理器控制电流、转速和位置，可以达到很高的精度和速度；此外，它还有多种其他应用功能，如监控、诊断以及通信。一般情况下，数控机床的进给驱动器包括电源模块、控制模块和功率模块。其中，电源模块将三相交流电整流为直流电，并通过随后连接的直流母线向单个驱动系统的驱动控制器供电。控制模块实现电流、转速和位置环的控制运算。现在应用广泛的驱动功率模块是

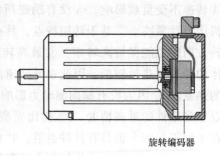

旋转编码器

图 5-3　伺服电动机的结构示意图

三相逆变器，它从直流母线获取电压，通过所谓电子式的转换方式逆变产生可调的所需交流电。

数控机床进给驱动系统采用闭环控制，其控制原理如图5-4所示，位置检测和反馈装置对机床工作台的实际位移量进行检测，将实际位置与CNC装置的指令位置进行比较，得到位置误差，用差值进行控制，驱动工作台向减少误差的方向移动，直到满足位置精度控制要求。

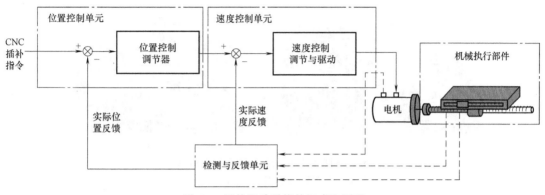

图 5-4　进给驱动系统的组成和原理

3. 进给驱动系统的类型

机床的直线进给驱动大多由旋转伺服电动机带动机械传动装置组成，通常采用滚珠丝杠传动，将电动机的旋转运动转换成刀架或工作台的直线运动，电动机和滚珠丝杠之间可以采用联轴器直连或同步带传动等不同方式。

电动机编码器实时采集转子位置，记录电动机的实际转速。根据定位精度要求的不同，进给驱动系统可以采用半闭环或全闭环反馈结构。在半闭环系统中，运动部件的位置通过电动机编码器信号间接测量确定，电动机编码器精确测得转子角度，根据丝杠螺母副等传动机构的参数，将电动机转子角度转换成工作台的直线位移。滚珠丝杠螺母副能满足一般的精度要求，传动链上有规律的误差（如间隙及螺距误差等）可以由数控装置加以补偿，可以进一步提高精度，因此在精度要求适中的中小型数控机床上，半闭环控制得到了广泛应用。

在全闭环系统中，运动部件的实际位置值是通过直线长度测量系统（直线光栅尺等）直接测量确定的，这种直接检测最终直线输出的闭环反馈控制称为全闭环控制系统，如图5-4所示。从理论上讲，全闭环系统可以消除整个驱动和传动环节的误差、间隙和失动量，具有很高的位置控制精度。但是，由于位置环内的许多机械传动环节的摩擦特性、刚性和间隙都是非线性的，故很容易造成系统的不稳定，使全闭环系统的设计、安装和调试都比较困难。因此，全闭环系统主要用于精度要求高的机床，如镗铣床、超精车床和超精磨床等。

4. 进给伺服电动机

直流伺服电动机因其良好的调速性能，在早期是一种常用的伺服电动机。随着技术的发展，交流同步伺服电动机驱动系统的制造成本已经显著降低，并且同步伺服电动机具有更高的转矩、免维护、更高的加速性能、高过载能力、更好的冷却效果，以及方便安装调试等优点，已成为机床进给驱动系统配置的标准电动机。

交流同步伺服电动机的定子内壁嵌有空间对称的三相交流绕组，转子上有永磁体，转子使用现代永磁材料可实现较高的功率密度和加速性能，如图 5-5a 所示。同步伺服电动机的主要特点是转子和定子磁场拥有相同的转动角速度，定子绕组通以三相对称的交流电形成旋转磁场，带动转子同步旋转，其原理如图 5-5b 所示，而同步性对于恒定转矩的形成是必要的。转子位置可通过电动机编码器获取，控制器根据转子实际位置对定子电流的电场角度进行计算和给定，电流大小则是根据转矩需求确定。通过改变电动机的电压和频率，就可以改变电动机的转速。

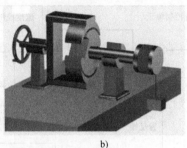

a)　　　　　　　　　　　　　　　　　b)

图 5-5　同步伺服电动机结构和原理示意图

a）定子、转子结构示意图　b）同步原理示意图

某型号交流同步伺服电动机的转速-转矩特性如图 5-6 所示。IEC（the International Electrotechnical Commission 国际电工委员会）60034 标准定义了电动机的标准工作制，根据这个标准，工作制分为 S1～S10，其中，S1 为连续工作制，指电机工作在恒定负载下，运行时间足以达到热稳定的一种工作制。电动机在额定状态下长期运行达到热稳定状态时，电机各部件温度升高的允许极限，称为温升极限，100K 表示电机的温升限度为 100K（开尔文）。S3 为断续周期工作制，电动机按一系列相同的工作周期运行，每一周期包括一段恒定负载运行时间和一段断能停转时间，其中每一周期的起动电流不致对温升产生显著影响。S3 代号后为负载持续率，例如，S3-25%指电动机的运行时间占整个周期的 25%。

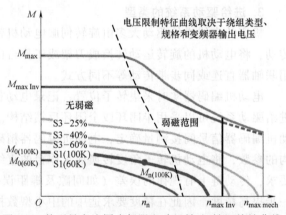

图 5-6　某型号交流同步伺服电动机转速-转矩特性曲线

n_n—额定转速　$n_{max\ Inv}$—最大允许的电气极限转速

$n_{max\ mech}$—最大允许的机械极限转速　M_0—零速转矩

M_n—额定转速下的额定转矩　$M_{max\ Inv}$—通过推荐的电动机模块可以达到的最大转矩　M_{max}—最大允许的转矩

现代同步伺服电动机的额定转矩一般可以达到 200N·m，最大可以达到 400N·m，转速极限值可以达到 10000r/min，电动机参数存储于电动机编码器中，在电动机初次运行时由驱动控制器加载，因此其起动运行方便。伺服电动机应用在不同领域不同场合时，除考虑转速和转矩参数外，还需要考虑以下配置的不同：

1）不同的电动机编码器，如旋转变压器、高分辨率光学增量编码器和绝对值编码器。

2）是否带有抱闸。

3）不同的冷却方式，如自然对流、表面通风和液体冷却。

4）防护等级（达到 IP67/68）。

5）是否防爆型电动机。

5.2 交流电动机的调速控制系统

20 世纪六七十年代，电力电子变换器，特别是大规模集成电路和计算机控制的出现，高性能交流调速系统应运而生。由于直流电动机因电刷和换相器结构复杂，检查维修大、应用环境受限、容量和速度受限等缺点日益突出，所以，交流拖动控制系统已经成为当前电力拖动控制的主要发展方向。

5.2.1 交流调速控制系统概述

直流电动机与交流电动机对比见表 5-1。目前，我国总电量的绝大部分是被异步电动机所消耗掉的，和同容量的直流电动机相比，异步电动机的重量约为直流电动机的 1/2，其价格仅为直流电动机的 1/3，在工业生产中，交流调速方案>90%，直流调速方案 5%，其他方案<5%。电力拖动控制的发展方向是交流化、超高速和超大型化。

表 5-1 直流电动机与交流电动机的比较

比较项目	直流电动机	交流电动机
结构及制造	有电刷,制造复杂	无电刷,结构简单
电动机容量	十几 MW(双电枢)	数倍
电枢电压	1kV	6~10kV
转速	1000 多 RPM	0~几万 RPM
功率密度比	小	大
维护量	大	小
安装环境	要求高	要求低
调速控制	简单	复杂

交流拖动控制系统的应用领域主要有三个方面：

1）一般性能的节能调速，主要用于对动态快速性的要求不高的风机、水泵等通用机械的节能调速。

2）高性能的交流调速系统和伺服系统。20 世纪 70 年代初，矢量控制技术或称磁场定向控制技术，通过坐标变换，把交流电动机的定子电流分解成转矩分量和励磁分量，用来分别控制电动机的转矩和磁通，就可以获得和直流电动机相仿的高动态性能，从而使交流电动机的调速技术取得了突破性的进展。后又陆续提出了直接转矩控制、解耦控制等方法，形成了一系列可以和直流调速系统媲美的高性能交流调速系统和交流伺服系统。

3）特大容量、极高转速的交流调速。直流电动机的换向能力限制了它的容量转速积不超过 106kW·r/min，超过这一数值时，其设计与制造就非常困难了。交流电动机没有换向器，不受这种限制，因此，特大容量的电力拖动设备，如厚板轧机、矿井卷扬机等，以及极高转速的拖动，如高速磨头、离心机等，都采用交流调速。

应用广泛的交流电动机主要有异步感应电动机和同步电动机两大类，每类电动机又有不同类型的调速系统。按调速方法分类，笼型异步电动机常见的交流调速方法有：①降电压调速；②转差离合器调速；③转子串电阻调速；④变极对数调速；⑤变压变频调速等。按照交流异步电动机的原理，从定子传入转子的电磁功率可分成两部分：一部分是拖动负载的有效功率，称为机械功率；另一部分是传输给转子电路的转差功率，与转差率 S 成正比。从能量转换的角度看，转差功率是否增大，是消耗掉还是得到回收，是评价调速系统效率高低的标志。第①~③三种调速方法，它们的全部转差功率都转换成热能消耗在转子回路中，是转差功率消耗型调速系统，这类系统的效率最低，而且越到低速时效率越低，它是以增加转差功率的消耗来换取转速的降低的（恒转矩负载时）。可是这类系统结构简单，设备成本最低，所以还有一定的应用价值。第④、⑤两种调速方法属于转差功率不变型调速系统，在这类系统中，转差功率只有转子铜损，而且无论转速高低，转差功率基本不变，因此效率更高。其中变极对数调速是有级的，应用场合有限。只有变压变频调速应用最广，可以构成高动态性能的交流调速系统，取代直流调速；但在定子电路中须配备与电动机容量相当的变压变频器，相比之下，设备成本高。

同步电动机没有转差，也就没有转差功率，所以同步电动机调速系统只能是转差功率不变型（恒等于0）的，而同步电动机转子极对数又是固定的，因此只能靠变压变频调速，没有像异步电动机那样的多种调速方法。

5.2.2 变频调速的基本原理

三相异步电动机因其结构简单，坚固耐用，价格低廉，维护简单等优点，是使用最广泛的一类电动机。采用通用变频器对笼型异步电动机进行调速控制，调速范围大，静态稳定性好，运行效率高，使用方便，可靠性高并且经济效益显著，已经在生产和生活中得到了广泛的应用。

异步电动机的同步转速，即旋转磁场的转速为

$$n = \frac{60f_1}{p} \tag{5-1}$$

式中，n 为异步电动机的同步转速；f_1 为定子频率；p 为磁极对数。

改变异步电动机的供电频率，可以改变其同步转速，实现调速运行，这就是变频调速的基本原理。

在对异步电动机进行调速控制时，我们希望电动机的主磁通保持额定值不变。这是因为，如果磁通太弱，铁心利用不充分，同样的转子电流下，电磁转矩小，电动机的负载能力下降；反之，如果磁通太强，又会使铁心饱和，从而导致过大的励磁电流，严重时会因绕组过热而损坏电动机。

异步主磁通是定、转子合成磁动势产生的，为了使电动机的气隙磁通保持恒定，应当在变频的同时，使定子的感应电动势与频率成正比例地变化。由电动机理论知道，三相异步电动机定子每相电动势的有效值为

$$E_1 = 4.44f_1N\Phi_{\mathrm{m}} \tag{5-2}$$

式中，E_1 为定子每相电动势的有效值；f_1 为定子频率；N 为定子绕组的有效匝数；Φ_{m} 为每极磁通量。

由上式可见，磁通量 Φ_m 的值是由 E_1 和 f_1 共同决定的，对 E_1 和 f_1 进行适当的控制就可以使气隙磁通 Φ_m 保持额定值不变。下面分两种情况说明。

（1）基频以下的恒磁通变频调速

当变频的范围在基频（电动机额定频率）以下的时候，为了保持电动机的负载能力，应保持气隙磁通不变，要求降低供电频率的同时降低感应电动势，保持 E_1/f_1 = 常数，即保持电动势与频率之比为常数进行控制，这种控制称为恒磁通变频调速，属于恒转矩调速方式。

但是 E_1 难于直接检测和直接控制。当 E_1 和 f_1 的值较高时，定子的漏阻抗压降相对比较小，可忽略不计，可以近似地认为 $U_1 = E_1$，在控制上保持定子电压 U_1 和频率的比值为常数，保持 U_1/f_1 = 常数，这就是恒压频比控制方式，是近似的恒磁通控制。当频率较低时，U_1 和 E_1 都变小，定子漏阻抗压降（主要是定子电阻压降）不能再忽略。这种情况下，人为地适当提高定子电压以补偿定子电阻压降的影响，使气隙磁通大体保持不变。定子电压和频率的关系曲线称为 V/F 曲线，如图 5-7 所示。在图 5-7 中，b 曲线表示有补偿时的函数关系曲线，a 曲线表示没有补偿时的函数关系曲线。在实际的变频器中，补偿函数的曲线有多条，可以根据负载性质和运行状况加以选择。

（2）基频以上的弱磁变频调速

当变频的范围在基频以上时，频率由额定值向上增大，但电压 U_1 受额定电压 U_{1N} 的限制不能再升高，只能保持 $U_1 = U_{1N}$ 不变。这样会使主磁通随着 f_1 的上升而减小，相当于直流电动机弱磁调速的情况，属于近似的恒功率调速方式。

如果电动机在不同转速时所带的负载都能使电流达到额定值，即都能在允许温升下长期运行，则转矩基本上随磁通变化。按照电力拖动原理，在基频以下，磁通恒定时转矩也恒定，属于"恒转矩调速"性质。而在基频以上，转速升高时转矩降低，基本上属于"恒功率调速"，如图 5-8 所示。

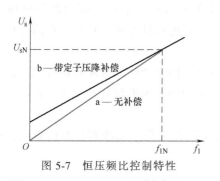

图 5-7 恒压频比控制特性

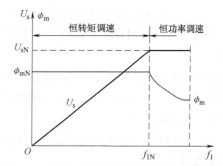

图 5-8 异步电动机变压变频调速的控制特性

异步电动机恒压频比变频调速控制时的机械特性曲线基本是平行移动，如图 5-9 所示，表示此种调速方法有良好的硬度特性。

5.2.3 变频器的基本结构和原理

由上面的讨论可知，对于异步电动机的变压变频调速，必须具备能够同时控制电压幅值和频率的交流电源，而电网提供的是恒压恒频的电源，因此应该配置变压变频器，又称 VVVF（Variable Voltage Variable Frequency）装置。

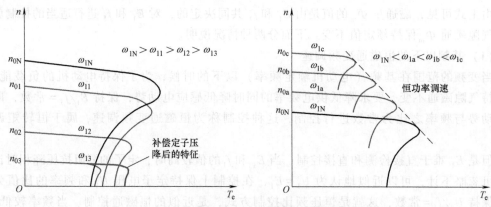

图 5-9　恒压频比变频调速机械特性

从整体结构上看，电力电子变压变频器可分为交-直-交和交-交两大类。交-交变频器可将工频交流电直接变换成频率、电压均可控制的交流电，又称直接式变频器。交-直-交变压变频器先将工频交流电源通过整流器变换成直流，再通过逆变器变换成可控频率和电压的交流电。由于有一个"中间直流环节"，所以又称间接式的变压变频器，具体的整流和逆变电路种类很多，当前应用最广的是由电力二极管组成不控整流器和由功率开关器件（P-MOSFET，IGBT 等）组成的脉宽调制（PWM）逆变器，简称 PWM 变压变频器，如图 5-10 所示。目前，除了超大功率场合外，变频器都采用交-直-交的形式。

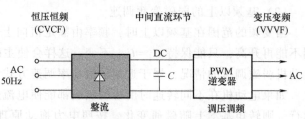

图 5-10　交-直-交 PWM 变压变频器

PWM 变压变频器的应用之所以如此广泛，是由于它具有如下优点：

1）在主电路整流和逆变两个单元中，只有逆变单元可控，通过它同时调节电压和频率，结构简单。采用全控型的功率开关器件，只通过驱动电压脉冲进行控制，电路简单，效率高。

2）输出电压波形虽是一系列的 PWM 波，但由于采用了恰当的 PWM 控制技术，正弦基波的比重较大，影响电动机运行的低次谐波受到很大的抑制，因而转矩脉动小，提高了系统的调速范围和稳态性能。

3）逆变器同时实现调压和调频，动态响应不受中间直流环节滤波器参数的影响，系统的动态性能得以提高。

4）采用不可控的二极管整流器，电源侧功率因数较高，且不受逆变输出电压大小的影响。

在交-直-交变压变频器中，按照中间直流环节直流电源性质的不同，逆变器可以分成电压源型和电流源型两类，两种类型的实际区别在于直流环节采用怎样的滤波器，图 5-11 绘出了电压源型和电流源型逆变器的示意图。

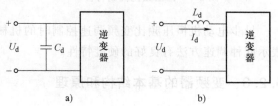

图 5-11　电压源型和电流源型逆变器示意图
a）电压源逆变器　b）电流源逆变器

电压源型逆变器（Voltage Source Inverter，VSI）直流环节采用大电容滤波，因而直流电压波形比较平直，在理想情况下是一个内阻为零的恒压源，输出交流电压是矩形波或阶梯波，有时简称电压型逆变器。电流源型逆变器（Current Source Inverter，CSI）直流环节采用大电感滤波，直流电流波形比较平直，相当于一个恒流源，输出交流电流是矩形波或阶梯波，或简称电流源型逆变逆变器。

两类逆变器在主电路上虽然只是滤波环节的不同，在性能上却带来了明显的差异。目前用于一般工业领域的通用型变频器大多属于电压源型逆变变频器。

交-直-交变压变频器中的逆变器一般接成三相桥式电路，以便输出三相交流变频电源，图 5-12 为 6 个电力电子开关器件 VT1-VT6 组成的三相逆变器主电路，图中用开关符号代表任何一种电力电子开关器件。

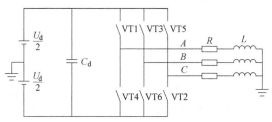

图 5-12 三相桥式逆变器主电路

控制各开关器件轮流导通和关断，可使输出端得到三相交流电压。在某一瞬间，控制一个开关器件关断，同时使另一个器件导通，就实现了两个器件之间的换流。在三相桥式逆变器中，有180°导通型和120°导通型两种换流方式。

同一桥臂上、下两管之间互相换流的逆变器称作180°导通型逆变器。例如，当 VT1 关断后，使 VT4 导通，而当 VT4 关断后，又使 VT1 导通。这时，每个开关器件在一个周期内导通的区间是180°，其他各相亦均如此。由于每隔60°有一个器件开关，在180°导通型逆变器中，除换流期间外，每一时刻总有 3 个开关器件同时导通。但须注意，必须防止同一桥臂的上、下两管同时导通，否则将造成直流电源短路，谓之"直通"。为此，在换流时，必须采取"先断后通"的方法，即先给应关断的器件发出关断信号，待其关断后留一定的时间裕量，叫做"死区时间"，再给应导通的器件发出开通信号。死区时间的长短视器件的开关速度而定，器件的开关速度越快时，所留的死区时间可以越短。为了安全起见，设置死区时间是非常必要的，但它会造成输出电压波形的畸变。

120°导通型逆变器的换流是在不同桥臂中同一排左、右两管之间进行的。例如，VT1 关断后使 VT3 导通，VT3 关断后使 VT5 导通，VT4 关断后使 VT6 导通等等。这时，每个开关器件一次连续导通120°，在同一时刻只有两个器件导通，如果负载电动机绕组是 Y 联结，则只有两相导电，另一相悬空。

变频器的控制电路常由运算电路、检测电路、控制信号的输入、输出电路和驱动电路等构成。其主要任务是完成对逆变器的开关控制、对整流器的电压控制以及完成各种保护功能等。目前，变频器一般采用微处理器控制，多采用数字信号处理器（DSP）进行全数字控制，硬件电路尽可能简单，主要靠软件来完成各种功能。

在交流调速领域中，大量的负载如风机、水泵等，对调速要求并不高，使用通用开环的 VVVF 变频器完全可以满足要求。在国内机床行业，由于考虑设备成本等因素，在中低端数控机床中，通用开环的 VVVF 变频器调速主轴也仍在使用。开环型变频器是指不带速度反馈的变频器。所谓"通用"一是指可以和通用的笼型异步电动机配套使用；二是指具有多种可供选择的功能，适用于各种不同性质的负载。图 5-13 所示为某型号通用开环电压型 PWM

变频器的外观，其基本组成和原理如图 5-14 所示。

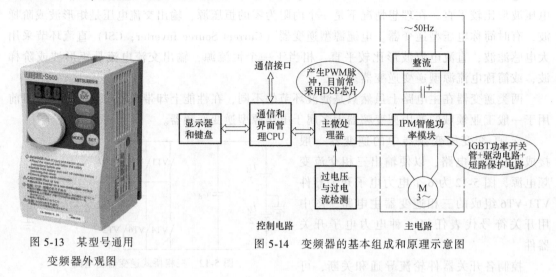

图 5-13　某型号通用
变频器外观图

图 5-14　变频器的基本组成和原理示意图

5.2.4　正弦波脉宽调制（SPWM）技术

从广义上来说，异步电动机的各种控制方法都属于变频控制的范畴。实现变频控制的基础是脉宽调制（PWM）技术，PWM 方案有很多种，其中应用最广泛和最成熟的是正弦波脉宽调制（Sinusoidal Pulse Width Modulation，SPWM）。

1. 正弦波脉宽调制原理

在采样控制理论中有一个重要结论，冲量相等而形状不同的窄脉冲，如图 5-15 所示，加在具有惯性的环节上时，其效果基本相同。该结论是 PWM 控制的重要理论基础，冲量即指窄脉冲的面积，"效果基本相同"是指惯性环节的输出响应波形基本相同，如图 5-16 所

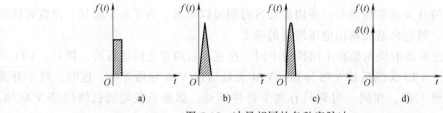

图 5-15　冲量相同的各种窄脉冲

示，如果把各输出波形用傅里叶变换分析，则其低频段非常接近，仅在高频段略有差异。例如，将图 5-15 所示的四种面积相同的窄脉冲作为输入，加在图 5-16a 所示的 R-L 电路上，设其电流 $i(t)$ 为电路的输出，图 5-16b 给出了不同窄脉冲时 $i(t)$ 的响应波形。

将图 5-17 所示的正弦波半波分成 N 等

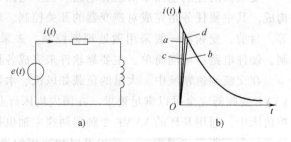

图 5-16　惯性环节对各种窄脉冲的响应波形

份,把它看成由 N 个等宽不等幅的彼此相连的脉冲所组成。把这 N 个正弦脉冲都用一个与之面积相等的等幅矩形脉冲来代替,矩形脉冲的中点与正弦脉冲的中点重合,就得到图 5-17 所示的脉冲序列。根据上述冲量相等效果相同的原理,该矩形脉冲序列与正弦半波是等效的。因此,所谓正弦波脉宽调制就是把一个正弦波分成 N 个等幅而不等宽的方波脉冲,每个方波的宽度,与其所对应时刻的正弦波的值成正比,这样就产生了与正弦波等效的等幅矩形脉冲序列波,称为 SPWM 波形。

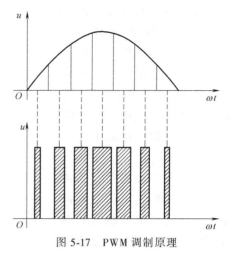

图 5-17 PWM 调制原理

由于各脉冲的幅值相等,所以逆变器可由恒定的直流电源供电,也就是说,逆变器输出脉冲的幅值就是整流器的输出电压。当逆变器各开关器件都是在理想状态下工作时,驱动相应开关器件的信号也应与逆变器的输出电压波形相似。

从理论上讲,这一系列脉冲波形的宽度可以严格地用计算方法求得,作为控制逆变器中各开关器件通断的依据。但较为实用的办法是采用"调制"这一概念,以正弦波作为逆变器输出的期望波形,以频率比期望波高得多的等腰三角波作为载波(Carrier wave),并用频率和期望波相同的正弦波作为调制波(Modulation wave),当调制波与载波相交时,由它们的交点确定逆变器开关器件的通断时刻,从而获得在正弦调制波的半个周期内呈两边窄中间宽的一系列等幅不等宽的矩形波,如图 5-18 所示,这种调制方法称为正弦波脉宽调制。

SPWM 控制方式分单极性和双极性两种,如果在正弦调制波的半个周期内,三角载波只在正或负的一种极性范围内变化,所得到的 SPWM 波也只处于一个极性的范围内,叫做单极性控制方式,如图 5-18a 所示。如果在正弦调制波半个周期内,三角载波在正负极性之间连续变化,则 SPWM 波也是在正负之间变化,叫做双极性控制方式,如图 5-18b 所示。

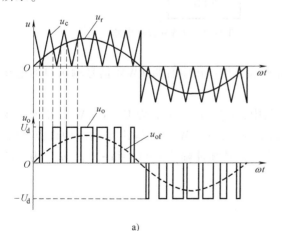 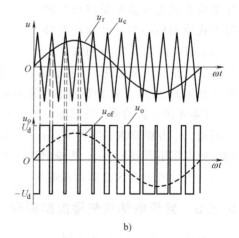

a)   b)

图 5-18 SPWM 控制方式

a) 单极性 PWM 控制方式   b) 双极性 PWM 控制方式

2. SPWM 工作原理

图 5-19 是 SPWM 变频器电路示意图，主回路中逆变器的 6 个功率开关器件（可以是 GTR、MOSFET 或 ICBT）各由一个续流二极管反并联连接，整个逆变器由三相整流桥提供的恒值直流电压 U_d 供电。图 5-20 是它的控制电路，一组三相对称的正弦参考电压信号 u_{rU}、u_{rV}、u_{rW} 由参考信号发生器提供，其频率决定逆变器输出的基波频率，应在所要求的输出频率范围内可调。参考信号的幅值也可在一定范围内变化，

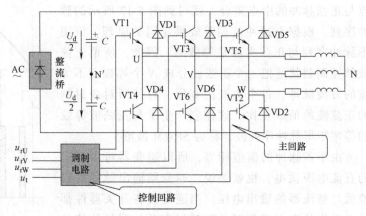

图 5-19　SPWM 变频器电路原理图

以决定输出电压的大小。三角载波信号是共用的，分别与每相参考电压比较后，给出"正"或"零"的输出，产生 SPWM 脉冲序列波 u_{dU}、u_{dV}、u_{dW} 作为逆变器功率开关器件的驱动控制信号。

前面已指出，SPWM 的控制就是根据三角载波与正弦调制波的交点来确定逆变器功率开关器件的开关时刻，完全可以用模拟电路或数字电路等硬件来实现。但是，由于所用元件多，控制比较复杂，控制精度也难以保证。在微电子技术迅速发展的今天，几乎所有的变频器都是以微处理器为其控制核心的，已制成多种专用集成电路芯片作为 SPWM 信号的发生器，后来更进一步把它做在微机芯片里面，生产出多种带 PWM 信号输出口的电动机控制用的 16 位、32 位微机芯片和 DSP 芯片。

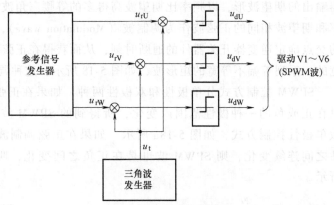

图 5-20　SPWM 控制电路

PWM 逆变器的输出波形如图 5-21 所示。其中，u_{rU}、u_{rV}、u_{rW} 为 U、V、W 三相的正弦调制波，u_t 为双极性三角载波；$u_{UN'}$、$u_{VN'}$、$u_{WN'}$ 为 U，V，W 三相输出与电源中性点 N′之间的相电压矩形波形；u_{UV} 为输出线电压矩形波形，其脉冲幅值为 $+U_d$ 和 $-U_d$；u_{UN} 为三相输出与电动机中点 N 之间的相电压。

5.2.5　异步电动机矢量控制原理

前面讨论的转速开环控制的通用 VVVF 变频调速系统，对于需要高动态性能的场合，就不能完全适应了。其原因就在于，V/F 恒定的控制规律是从异步电动机稳态等效电路出发的，完全不考虑过渡过程，因而系统在起动快速性、低速运行的平稳性、转矩动态响应等方

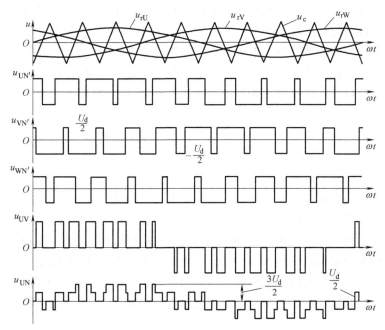

图 5-21　三相桥式 PWM 逆变器的双极性 SPWM 波形

面尚不能令人满意。

20 世纪 70 年代初期提出了两项突破性的研究成果，德国西门子公司的 F. Blachke 等提出的"感应电动机磁场定向的控制原理"和美国 P. C. Custman 与 A. A. Clark 申请的专利"感应电动机定子电压的坐标变换控制"。这两项成果奠定了异步电动机矢量控制的基础。这种原理的基本出发点是，以转子磁通这一旋转的空间矢量为参考坐标，利用从静止坐标系到旋转坐标系之间的变换，把定子电流中的励磁电流分量与转矩电流分量变成标量独立开来，分别进行控制。这样，通过坐标变换重建的电动机模型就可等效为一台直流电动机，从而可像直流电动机那样进行快速的转矩和磁通控制。

在矢量控制的理论形成以后，又经过许多学者和工程技术人员的不断完善改进，终于形成了现已得到普遍应用的矢量控制变频调速系统。随着现代控制理论、微处理技术和电力电子技术的不断发展与应用，今天矢量控制的交流传动系统进入了伺服控制的高精度领域。

调速的关键问题是转矩控制，直流电动机调速性能好的根本原因就在于其转矩控制容易。直流电动机的转矩表达式是

$$T = C_T \Phi I$$

式中，T 为电磁转矩；C_T 为转矩系数；I 为电枢电流；Φ 为磁通。

在直流电动机的转矩表达式中，电枢电流 I 和磁通 Φ 是两个互相独立的变量，分别主要由电枢绕组和励磁绕组来控制，在电路上互相不影响。如果忽略了磁饱和效应以及电枢反应，电枢绕组产生的磁场与励磁绕组产生的磁场是相互正交的，于是可以简单地说电枢电流 I 和磁通 Φ 是正交的。

对于三相异步电动机来说，情况就不像直流电动机那样简单了。三相异步电动机的转矩公式是

$$T = C_T \Phi I_2 \cos\varphi_2$$

从上式可以看出，异步电动机的转速不仅与转子电流 I_2 和气隙磁通 Φ 有关，而且与转子回路的功率因数 $\cos\varphi_2$ 有关。转子电流 I_2 和气隙磁通 Φ 两个变量既不正交，彼此也不是独立的，转矩的这种复杂性是异步电动机难于控制的根本原因。为了使三相异步电动机获得和直流电动机一样的控制特性，必须把定子电流分解成磁场方向的分量和与之正交方向的分量。磁场方向的分量相当于励磁电流，与之正交方向的分量相当于转矩（电枢）电流，两者分别控制，就使得三相异步电动机得到了和直流电动机相类似的控制特性。

对定子电压或电流实施矢量控制，就是既控制大小又控制方向。异步电动机所有的矢量（磁通势、磁链、电压和电流等）都在空间以同步速旋转，它们在定子坐标系（静止系）上的各分量，就是定子绕组上的物理量，都是交流量，控制和计算不方便。应当建立起旋转的坐标系，坐标系以同步转速旋转。在旋转坐标系上看，电动机各矢量都变成了静止矢量，经过坐标旋转变换以后，它们在坐标系上的各分量都是直流量，可以很方便地从同一转矩公式出发，找到转矩和被控矢量（电压或电流等矢量）各分量间的关系，实时地算出转矩控制所需的被控矢量各分量的值（直流控制量）。由于这些被控矢量的直流分量在物理上不存在，所以还必须再经坐标变换，从旋转坐标系回到静止坐标系，把上述直流控制量变换成物理上存在的交流控制量，在定子坐标系对交流量进行控制。

5.3　数控机床的位置控制

数控机床进给运动是以快速、精确跟踪为主要目标的位置伺服系统，位置伺服系统是一种与调速控制系统有着紧密联系但又有明显不同的系统。一般说来，人们对调速系统的要求是希望有足够的调速范围、稳速精度和快且平稳的启、制动性能。系统工作时，都是以一定的速度精度、稳定在调速范围内某一固定的转速上运行的。系统的主要控制目标，是使转速尽量不受负载变化、电源电压波动及环境温度等干扰因素的影响。而位置伺服系统，一般是以足够的位置控制精度（定位精度）、位置跟踪精度（位置跟踪误差）和足够快的跟踪速度以及位置保持的能力（伺服刚度）来作为它的主要控制目标。系统运行时要求能以一定的精度随时跟踪指令的变化，因而系统中伺服电动机的运行速度常常是不断变化的。故伺服系统在跟踪性能方面的要求一般要比普通速度系统高且严格得多。以数控机床伺服系统为例，数控系统中最常见的插补形式有两种，一是直线插补，二是圆弧插补。如果不考虑升降速的问题，那么在直线插补的情况下，位置指令是关于时间的斜坡函数，而在圆弧插补的情况下，位置指令是关于时间的正余弦函数。一个位置伺服系统，仅当它的指令呈斜坡函数形式，即每单位时间移动的距离或转过的角度相等时，其运行与控制特性才与一个普通调速系统相似。

5.3.1　位置控制回路

数控机床标志性功能单元是位置控制，包括进给和定位，位置控制系统是以机械位置或角度为控制对象，要求位置（角度）输出尽可能无偏差地跟踪其指令，因而又叫做位置随动系统。数控加工的本质是对工件与刀具之间的相对位置进行实时的计算和控制。机床在整个自动化生产过程中需要的位置信息以数字形式被存储、计算，刀具的运动往往需要双轴或多轴联动实现。

机床的数字化控制历程中，曾经使用过不同的控制系统，位置反馈控制被证明是最安全可靠的。通过对机床瞬时实际位置的不断检查和反馈，机械导轨位置等需要调节的量不断地被实时采集，与控制器给出的位置给定量进行比较，它们的位置偏差通过位置调节器放大，作为控制信号送给驱动控制器，实现轨迹的持续运动。

在进给驱动的位置控制中，位置调节器是比例 P 调节器，它有一个重要的参数——比例放大系数 K_v。位置控制器的恒定误差，即理论值和实际值之间的误差（滞后量），称为跟随误差，它与运动的实时速度成比例变化，其计算公式为

$$X_s = v/K_v$$

式中，X_s 为跟随误差 mm；K_v 为放大系数（m/min）/mm；v 为速度 m/min。

跟随误差在特定运行速度下的大小可以通过已知的 K_v 系数确定。K_v 系数也因此而成为衡量加工精度和进给驱动动态性能的参数。为提高 K_v 值以避免跟随误差，典型的位置伺服系统是三重闭环的结构，即位置环、速度环和电流环，如图 5-22 所示。从运动控制的基本规律来理解，这样的三闭环结构是最合理的。要实现位置控制，以速度控制为前提，即以多大的速度运行才能在某一时刻到达某一位置，同理，要以某一速度运行，则必须控制加速度，加速度与转矩成正比，而转矩取决于电流，所以通过电流环可以控制电动机的实际加速度，从而实现速度的控制，最终实现位置控制。位置偏移量作为后面转速闭环的输入值，转速的偏移量为电流调节器提供指令，这一转速调节器和电流调节器的比例积分（PI）过程使得控制最小的误差成为可能。所以位置、速度和电流（加速度）的三环反馈控制能够使位置伺服系统得到有效的控制。

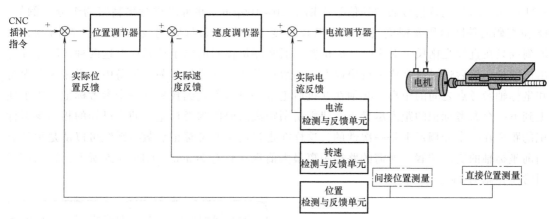

图 5-22　位置控制系统的三环反馈控制原理图

不过，这类闭环控制系统是一个可振荡系统，在过高的放大系数下会触发控制回路振荡。振荡会使已加工的零件发生不可避免的受损，因而，闭环放大系统必须受到限制。一个进给系统可达到的 K_v 系数受到系统机械部件结构的影响，首先机械传动部件的刚性应尽可能大。第二，系统的非线性因素如摩擦和间隙应尽可能小。

5.3.2　位置的测量

不管采用何种测量原理，光学还是电磁学，也不管用何种测量方法，增量式还是绝对式，密封式的直线光栅尺的基本结构都一样，如图 5-23 所示。滑台在标尺上运行，通常是

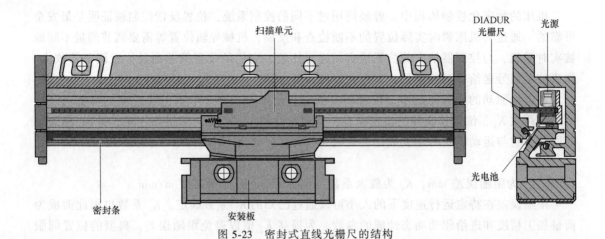

图 5-23 密封式直线光栅尺的结构

由标尺上的 4 个滚珠轴承引导。安装台和滑台间的连接会产生安装误差，压力弹簧和张力弹簧用来防止滑台的不平衡。铝质或铁质的外壳保护整个系统，另外密封圈将其封闭，以防止微粒和水分的侵入。

（1）测量方法

有绝对式测量和增量式测量两种测量方法。在绝对式测量中，机床的位置值和测量仪器开机和能够使用后的状态无关，数值能够随时被控制器读取。为确定绝对位置，需要使用一组相对较粗的伪随机码构成的光栅刻线和一组精细的增量刻轨信号的组合加以确定，如图 5-24 所示。增量刻轨信号通常的信号周期是 $20 \sim 100\mu m$，并可以进行更精密的细分。例如，16 位编码的伪随机码光栅刻线可对光栅尺长度上的每一条母版刻线的绝对位置进行测量，该刻线只在直线光栅尺上对应唯一的位置。通常测量仪器的电子单元连接这两种栅距并计算出位置量，然后通过数字化串行协议发送到数控系统。在增量式测量设备中，机床为了保持和坐标轴参考点之间的距离，必须在开机后走过一段行程直到找到下一个参考标记。为了使走到下一个参考标记的距离尽量小，建立所谓距离编码的参考标记。两个已知的相邻参考标记的距离在一个光栅尺上是一次性的，这样在走过两个参考标记后数控系统可以清楚地计算当前坐标轴的实际位置。所需的路径距离最大值现在只有 20mm，如图 5-25 所示，输出信号通常是振幅为 $1V_{ss}$ 的正弦波。

图 5-24　带增量刻轨的绝对式光栅尺示意图

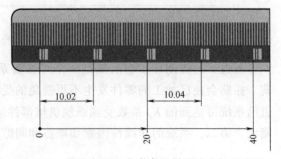

图 5-25　带距离编码参考点的增量式光栅示意图

（2）测量原理

封闭式直线光栅尺主要利用光学测量原理，如图 5-26 所示，较之磁力或感应原理，光

学原理具有更小的信号周期，所以光学测量
仪器能够准确检测出 $20\mu m$ 的偏移量。小的信
号周期意味着更小的测量步长，而这正是影
响零件表面一致性的原因。光学系统的结构
和设计对测量仪器的可靠性起着决定性的作
用。对增量码的单一扫描和伪随机码的对比
测量是最为可靠的组合方式。

（3）测量精度

封装的直线光栅尺的精度分为两个部分：
精度等级和细分误差，如图 5-27 所示。精度
等级是指在任意 1m 长的测量范围内，测量曲
线上的测量值对真实值的偏差值 $\pm F$ 不超过精

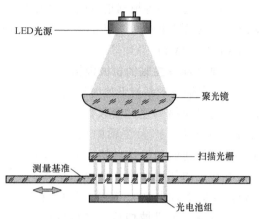

图 5-26　光学测量原理示意图

度等级 $\pm a$。细分误差是指在一个信号周期中的位置偏移。在大距离测量过程中，精度等级
取决于机床的定位精度，在一个周期内影响位置偏移、表面质量和动态性能，尤其是在直线
电动机驱动或力矩电动机驱动中。由于人的肉眼对小的周期性的位置偏移反应十分敏感，要
想获得完美的零件表面，在一个周期的位置偏移应该控制在 $\pm 0.2\mu m$ 之间。细分误差对工件
表面质量的影响很明显。

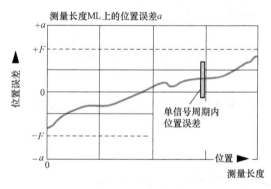

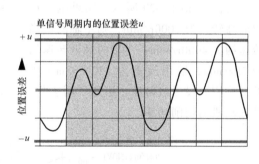

图 5-27　精度等级和细分误差的定义

5.4　机床驱动系统的应用

对于中、低档数控机床，为了降低成本，提高性价比，常采用模拟量控制变频器和普通
三相异步电动机的配置方法，即所谓的变频主轴。

5.4.1　主轴变频调速系统

变频主轴驱动系统主要包括 CNC 或伺服驱动器的主轴控制部分、变频器和三相异步电
动机。和交流伺服系统相比，变频系统只有速度环和电流环，没有位置环。因此变频系统只
能实现调速而不能进行位置控制。变频调速系统的输入指令是由控制器发出的模拟电压信
号，根据指令电压的大小调整电源频率，从而实现主轴电动机的无级调速。变频器即电压频

率变换器，就是一种根据指令电压的大小将固定频率的交流电变换成频率、电压连续可调的交流电，以供给电动机运转的电源装置，市场上的通用变频器产品很多，如西门子的 MicroMaster4（MM4）系列等。

1. 数控机床主轴的机械换档

变频主轴驱动系统低速时输出转矩低，易出现爬行现象，因此采用变频主轴的机床，常采用变速箱机械调速和变频器电气调速相结合的方法，扩大主轴的调速范围、提高主轴低速时的输出转矩，充分发挥主轴电动机的切削功率。变速箱中不同档位齿轮的啮合由 PLC 控制，实现自动换档，在每一个机械档位，又可以由变频器实现电气无级调速，这种调速方法常为分段无级调速。如图 5-28 所示是某机床主轴变速箱的传动链，首先经带传动，皮带轮直径分别为 φ125 和 φ172，Ⅰ轴和Ⅱ轴之间的传动比有 41/33 和 21/53 两种，Ⅱ轴和Ⅲ轴之间的传动比为 31/39，因此主轴的转速分为高速档和低速档。如图 5-29 所示，如果电动机的最高转速为 6000r/min，则主轴的最高转速约为 4000r/min；主轴的最低转速约为 25r/min，输出转矩为 320N·m；可

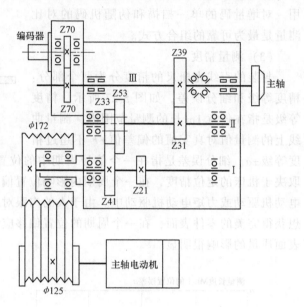

图 5-28　主轴变速箱传动链

见，采用分段无级调速，增加了调速范围、提高了低速时的输出扭矩，能够更充分地发挥主轴电动机的切削功率。

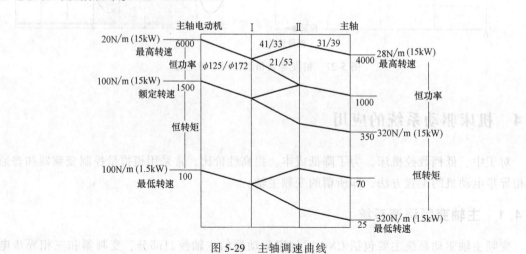

图 5-29　主轴调速曲线

某型号数控系统对主轴换档过程的控制如图 5-30 所示。当加工程序中出现换档指令 M41、M42 或 M43 时，经指令译码，传输给 PLC，经 PLC 程序处理后，主轴以换档速度运

行，通过 PLC 输出信号控制外部执行元件。可以采用液压拨叉拨动齿轮换档，也可以通过控制电磁离合器实现自动换档，换档到位后，传感器把相应的到位信号送给 PLC。PLC 根据接收到的不同档位信号，对 G28.1 和 G28.2 编码，见表 5-2，并传输给 CNC。CNC 根据指令速度、档位信息以及参数 PRM3741/3742/3743/3744 中设置的各档最高速度，计算控制电压的大小，并输出给变频器，实现主轴速度的控制。

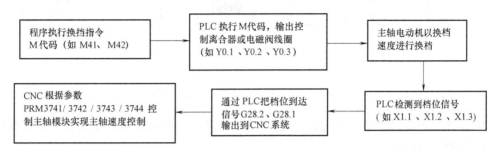

图 5-30　主轴换档控制过程

表 5-2　主轴档位信号编码

G28.2	G28.1	档位	主轴各档最高速度参数
0	0	1	#3741
0	1	2	#3742
1	0	3	#3743
1	1	4	#3744

2. 主轴变频调速系统的连接

（1）与控制系统的连接

如图 5-31 所示，某型号数控系统的 JA40 接口输出模拟电压用于模拟主轴的控制，JA7A 为编码器反馈接口，通过 PLC 控制主轴的正反转运行。

通用变频器除了用在数控机床上，和 CNC、伺服系统一起构成自动控制系统外，还可以作为独立的控制器，形成单机驱动系统。由于普通的三相异步电动机没有集成的编码器，如果机床需要加工螺纹、主轴定向，则需要外加编码器。

（2）变频器主电路的连接

数控机床主轴电动机的功率一般较大，为了减小感性负载对电网功率因数的影响，在变频器电源进线电路上安装电抗器；由于变频器对周围

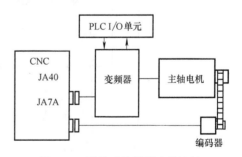

图 5-31　数控系统模拟主轴连接

的部件产生的电磁干扰较大，在电源进线上安装滤波器以减小噪声，如图 5-32 所示。主回路的输入端子用 L1/L2/L3 标识，输出端子用 U/V/W 标识，不能接错，否则会导致变频器烧毁。在电器部件的安装上，CNC 等控制板、编码器信号电缆等弱电部件应远离变频器，防止干扰。为了进一步减少干扰，提高数控机床控制系统的稳定性，可以为变频器加装防护罩。变频器到主轴电动机的电缆应与信号电缆分开走线，且在电气柜中的长度尽可能短。此

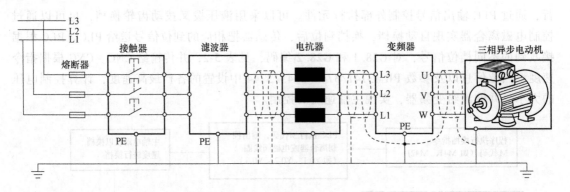

图 5-32　变频主轴驱动系统主电路的连接

电缆最好采用屏蔽电缆。电动机的连接有丫型和△型两种，电动机端的接线如图 5-33 所示。

（3）控制信号的连接

虽然通用变频器的型号规格众多，但是命令信号来源大致相同，主要有以下几种：面板控制、旋转电位器控制、固定档位的开关量控制、上位机指令控制。变频器在数控机床主轴驱动系统的应用主要是最后一种控制方式，即上位机控制，也就是接收 CNC 或伺服放大器主轴模块的指令信号（模拟电压）。另外，数控系统或 PLC 发出控制主轴正反转的信号给变频器。

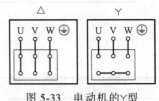

图 5-33　电动机的丫型
和△型接线

在主轴驱动系统中，变频器的接线简单，如图 5-34 所示是某型号通用变频器的连接。

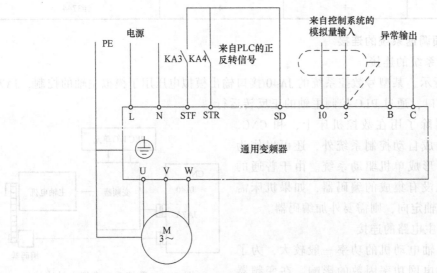

图 5-34　某型号通用变频器外部电气连接原理图

（4）主轴编码器

要进行每转进给和螺纹切削，需要连接主轴位置编码器。通过主轴位置编码器，进行实际的主轴旋转速度以及一转信号的检测（螺纹切削中用来检测主轴上的固定点）。位置编码器的脉冲数可以任意选择，在机床参数中进行设定，当位置编码器与主轴之间采用齿轮传动时，在机床参数中分别设定位置编码器侧和主轴侧的齿轮比。

3. 主轴变频调速系统的设置和调试

数控机床模拟主轴的调试包括 CNC 中有关主轴的参数与信号的调试，以及变频器本身的参数与信号的调试。调试的目的是保证数控系统能够根据指令发出正确的模拟电压信号，经过变频器调速后驱动主轴正确运行。

（1）CNC 侧的设定步骤

1）相关 PLC 信号的处理。在使用模拟主轴时，要在 PLC 程序中对主轴急停信号、主轴停止信号和主轴倍率进行处理。

2）设置主轴参数。①主轴速度参数：设定 10V 电压对应的主轴速度。例如：设定为 2000，当程序执行 S1000 时，控制器输出电压为 5V。②主轴控制电压极性参数。

系统提供的主轴模拟控制电压必须与连接的变频器的控制极性相匹配。当使用单极性变频器时可通过参数来控制主轴输出时的电压极性。

3）速度误差调整。当主轴采用模拟量输出时，由于温度、元器件特性的变化，可能会导致实际主轴转速和编程指令转速之间存在较大的误差。这类偏差包括零点漂移和增益偏差，零点漂移是指编程指令转速为 0 时，CNC 输出的模拟量电压 $\neq$ 0V，增益偏差是指编程指令转速为最大值时，CNC 输出的模拟量电压 $\neq$ 10V。可以通过参数进行调整。

4）主轴的正反转控制

在 PLC 梯形图中处理主轴的正反转输出信号，再通过 PLC 的输出点控制变频器的正反转输入端子来实现。

例如，某机床模拟主轴的配置见表 5-3，主要参数设置见表 5-4。

表 5-3　模拟主轴配置实例

部　件	参　数
主轴模块： 三菱变频器 FR-S740-3.7K-CHT	3.7kW
主轴电动机：YVP112M-2	额定功率：4kW 额定转速：2900r/min
主轴与主轴电动机的连接方式	三角带连接，变速比为 2：3
主轴位置编码器	同步带连接，变速比为 1：1 主轴位置编码器线数为 1024

表 5-4　模拟主轴参数设置实例

参数号	设定值举例	填写参数含义
3706#7#6	0 0	模拟电压极性
3716#0	0	主轴电机的种类为模拟主轴
3717	1	各主轴的主轴放大器号
3718	80	串行主轴或者模拟主轴的主轴显示的下标
3720	4096	位置编码器的脉冲数（实际编码器线数＊4）
3730	985	用于主轴速度模拟输出的增益调整的数据
3731	98	用于主轴速度模拟输出的增益调整的数据
3735	0	主轴电动机的最低钳制速度
3736	4095	主轴电动机的最高钳制速度
3741	1933	10V 电压对应主轴转速＝主轴电动机转速＊变速比＝2900＊（2/3）＝1933
3772	0	各主轴的上限转速。设定值为 0 时，不进行转速的钳制
8133#5	1	不使用主轴串行输出

（2）变频器侧的设置

为了使变频器和 CNC 以及负载电动机相匹配，需要对变频器主要参数进行设置，主要包括运行模式、上下限频率等，某型号变频器的主要参数设定见表 5-5。对于其他品牌的通用变频器，参数设置大体相同，具体参见相应产品的技术手册。

表 5-5　某型号变频器参数设置举例

参数号	参数功能	设置值	说　　明
Pr.73	模拟电压输入选择	0	0：0~10V 模拟量，1：0~5V 模拟量
Pr.9	电子过电流保护	8	根据电动机铭牌的额定电流设置，单位：A
Pr.80	电动机容量	4	根据电动机铭牌的额定功率设置，单位：kW
Pr.79	运行模式选择	2	0：外部/PU 切换，1：PU 模式，2：外部模式
Pr.1	上限频率	60	根据主轴最高最低转速参数设定
Pr.2	下限频率	0	
Pr.3	基准频率	50	根据主轴电动机的额定频率设置。单位：Hz
Pr.7	加速时间	5	据主轴的动态响应和稳定性设置，单位：s
Pr.8	减速时间	5	
Pr.178	STF 端子功能选择	60	STF 端子信号 on 时，为正转
Pr.179	STR 端子功能选择	61	STR 端子信号 on 时，为反转

完成上述设置后，首先将数控系统置于 MDI 方式，在程序界面输入"M03S1000"指令，主轴以 1000 r/min 的转速正转，输入"M04S1000"指令，主轴以 1000r/min 的转速反转，输入"M05"指令，主轴电动机停止运行。然后进入手动方式，按下操作面板区的"主轴正转""主轴反转"和"主轴停止"按钮，主轴均能正确动作。进行主轴运行调试时，必须先在 MDI 方式下运行，通过 S 指令给定 CNC 一个转速后，才能在手动方式下运行。

5.4.2　西门子 V70 伺服驱动系统

机床进给驱动伺服系统包括伺服驱动装置和伺服电动机，驱动系统在很大程度上决定了机床的生产效率和加工工件的质量。本节以西门子 SIMOTICS 系列电动机和 SINAMICS 系列驱动器组成的伺服驱动系统为例，讲解伺服驱动系统的连接及应用。

1. 西门子 SIMOTICS 电动机和 SINAMICS 驱动器

西门子伺服驱动系统与数控系统一样，包括了普及型、标准型和高端型三种类型，分别对应低、中、高不同的应用场合。图 5-35、图 5-36 分别显示了 SINAMICS 驱动器和 SIMOTICS 电动机的性能等级和应用场合。

SINAMICS V70 伺服放大器配套 808D ADVANCED 数控系统，为经济型进给轴设计。SINAMICS S120 采用动态伺服控制（DSC）功能，提高了主轴电动机和进给电动机的动态响应性能。通过提高加速度，从而可以提升机床的生产能力和生产效率。SINAMICS S120 Combi 是紧凑型一体化伺服驱动放大器，它将电源模块和 3 轴或 4 轴电动机模块集成在一起，省去了各电动机模块的布线工作。

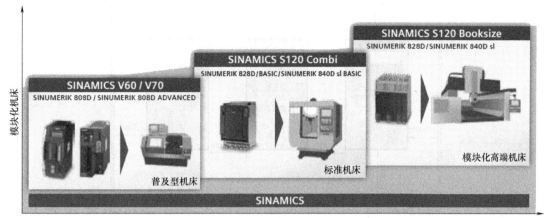

图 5-35　西门子 SINAMICS 驱动器性能及应用等级

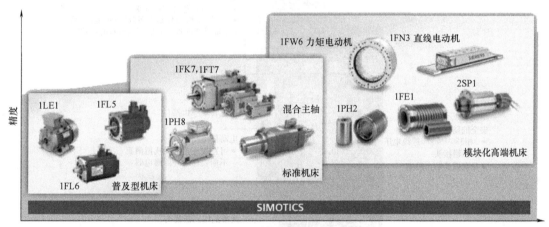

图 5-36　西门子 SIMOTICS 系列电动机性能及应用等级

SIMOTICS 除了同步伺服电动机外，还包括动态特性更好的直驱电动机：直线电动机和力矩电动机。直线电动机省去了机械传动组件，运动控制动态响应性能和定位精度得到提高。力矩电动机用于旋转分度台、旋转工作台、旋转轴、机床回转主轴头、动态刀库以及铣床中的回转主轴等。

2. SINAMICS V70 的安装及接口连接

本节以 SINUMERIK 808D ADVANCED、SINAMICS V70 驱动器及 SIMOTICS S-1FL6 伺服电动机的组合为例，介绍伺服系统的安装与连接。

图 5-37 给出了 V70 驱动的安装尺寸，要确保电气柜中有足够的空间以保证空气的循环流通。图 5-38 显示了 V70 驱动和 1FL6 伺服电动机的外形及主要接口。

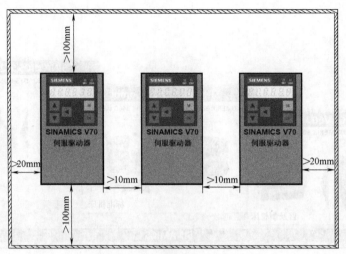

图 5-37　V70 驱动的安装尺寸

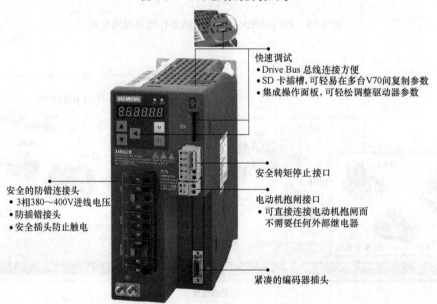

快速调试
• Drive Bus 总线连接方便
• SD 卡插槽,可轻易在多台V70间复制参数
• 集成操作面板,可轻松调整驱动器参数

安全转矩停止接口

电动机抱闸接口
• 可直接连接电动机抱闸而
  不需要任何外部继电器

安全的防错连接头
• 3相380~400V进线电压
• 防插错接头
• 安全插头防止触电

紧凑的编码器插头

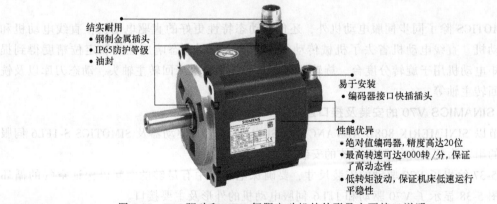

结实耐用
• 钢制金属插头
• IP65防护等级
• 油封

易于安装
• 编码器接口快插插头

性能优异
• 绝对值编码器,精度高达20位
• 最高转速可达4000转/分,保证
  了高动态性
• 低转矩波动,保证机床低速运行
  平稳性

图 5-38　V70 驱动和 1FL6 伺服电动机的外形及主要接口说明

进给驱动 V70 的连接包括电源的连接、与数控装置之间的连接以及与电动机的连接。V70 的电源有强电电源和控制电源。具体连接示意图如图 5-39 所示。

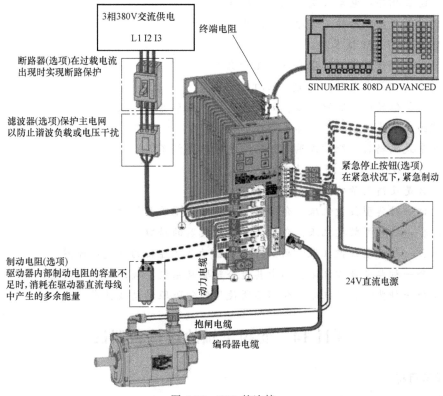

图 5-39　V70 的连接

思考题与习题

1. 简述数控机床伺服系统的组成和作用。

2. 机床调速的方法有哪些，分别有何特点？

3. 数控机床对主轴驱动系统有什么要求？

4. 数控机床主轴驱动的类型有几种，各有何特点？

5. 主轴电动机的种类有几种，各有什么特性？

6. 选用主轴电动机应主要考虑哪些方面？

7. 简述数控机床主轴驱动和进给轴驱动系统的异同。

8. 简述数控机床对进给轴驱动系统的要求。

9. 说明数控机床进给轴驱动系统的组成。

10. 说明数控机床进给轴驱动的控制原理。

11. 简述数控机床进给轴伺服电动机的种类和特点。

12. 伺服电动机常用的反馈装置的有哪些类型？

13. 简述光栅尺的种类和工作原理。

14. 同步伺服电动机与异步伺服电动机的工作原理、运行特性和使用场合有什么区别？

15. 三相异步电动机调速的方法有哪些？各有何特点？

16. 简述三相异步电动机变频调速的原理。

17. 建设通用变频器的工作原理和结构。

18. 什么是 SPWM 技术？

19. SPWM 调试的工作原理和方法是什么？

20. 简述三相异步电动机矢量控制的原理。

21. 什么是位置调节器的系数，如何提高位置调节器的系数？

22. 试画出位置控制系统三环反馈控制的原理图。

23. 增量式编码器和绝对式编码器的测量原理有何不同？

24. 什么是反馈测量装置的精度等级？

25. 什么是反馈测量装置的细分误差？

26. 结合一种典型数控机床，介绍其变频装置的型号和接口。

27. 结合一种典型数控机床，介绍其伺服放大器的接口。

28. 结合一种典型数控机床，画出其主轴驱动系统连接的电气原理图。

29. 结合一种典型数控机床，画出其进给轴驱动系统连接的电气原理图。

30. 结合一种典型数控机床，介绍其所使用的伺服驱动总线技术。

项目 14   变频主轴的连接和调试

1. 学习目标

1）熟悉变频主轴控制系统的组成和工作原理。

2）掌握变频主轴主电路及控制信号的连接。

3）掌握变频主轴的设置和调试方法。

4）掌握变频主轴常见故障的诊断和排除。

2. 任务要求

1）完成变频主轴主电路及控制信号的连接。

2）根据实习设备的硬件参数，完成变频主轴在 CNC 和变频器侧的设置。

3）调试变频主轴，实现主轴调速、正反转等功能。

4）诊断变频主轴存在的故障并排除。简要记录诊断及排除过程。

3. 评价标准 （见表 5-6）

表 5-6   项目评价标准

序号	任务	配分	考核要点	考核标准	得分
1	完成变频主轴主电路及控制信号的连接	30	主电路的连接 控制信号的连接 连接的正确性、规范性、安全性及可靠性	主电路的连接正确 控制信号的连接正确 连接规范、安全、可靠	
2	根据设备的硬件参数及控制要求，完成变频主轴在 CNC 和变频器侧的参数和 PLC 程序	30	CNC 有关参数设置 PLC 有关信号的处理 变频器的参数设置	CNC 相关参数设置正确 PLC 有关信号的处理正确 变频器的参数设置正确	

（续）

序号	任务	配分	考核要点	考核标准	得分
3	调试主轴,检查主轴功能是否实现	20	调试过程的合理性 调试过程中问题的处理 调试结果	调试过程的合理、规范 正确及时处理调试过程中遇到的问题 实现变频主轴的主要功能	
4	检查主轴存在的问题,对故障现象进行记录,做出诊断并排除。对诊断和排除过程进行记录	20	找出存在的问题,并记录故障现象 故障诊断 故障排除 过程记录	正确找出存在的问题,并记录故障现象 故障诊断方法合理,结果正确 能够安全排除故障 过程记录简明准确	

项目 15　进给伺服系统的连接

1. 学习目标

1）熟悉伺服系统的组成及工作原理。

2）了解设备中伺服系统的主要产品和特点。

3）掌握伺服系统各组成部分之间的硬件连接。

2. 任务要求

1）对实验室（车间）的数控机床,总结其伺服系统有哪几种不同配置。

2）总结确定伺服系统方案及选型的原则。

3）针对实习设备的配置,画出伺服系统各组成部分之间的连接图,并完成硬件连接。

3. 评价标准（见表5-7）

表5-7　项目评价标准

序号	任务	配分	考核要点	考核标准	得分
1	观察实验室（车间）控机床,总结伺服系统的不同配置及特点	30	不同厂家伺服驱动的类型和特点	正确、清楚总结不同伺服系统的配置及特点	
2	总结确定伺服系统方案及选型的原则	15	伺服系统配置方案的选用	根据设备要求选用合适的伺服系统配置方案	
3	画出实习用设备的伺服系统各组成部分之间的连接图	15	伺服系统各组成模块的接口及作用 电气图的正确、规范画法	电气原理图正确、规范 包括CNC、伺服放大器、电机、主电源、控制电源的电气原理图	
4	完成伺服系统硬件连接	40	伺服驱动器和CNC的连接 伺服驱动器和电机的连接 伺服驱动器各模块之间的连接 主电路及控制电路的连接	正确、规范完成伺服系统的硬件连接 工艺、布线规范,接地可靠	

第6章

数控机床电气控制系统设计

本章简介

合理规范的电气控制系统设计是实现数控机床性能指标，提高机床产品竞争力的重要环节和必要保证。本章结合实例给出了数控机床电气设计的相关技术标准、设计原则和设计内容。

本章6.1节重点介绍主要的标准化组织以及机械电气相关的现行技术标准，阐述了机械电气安全的概念，对 GB 5226.1—2008 和 GB 28526—2012 国家标准的应用范围和内容结构做简要介绍，概括了数控机床电气设计需要满足的基本要求；6.2节给出数控机床电气控制电路分析的一般方法，以配置西门子 828D 数控系统的 CK0638 数控车床为例，对其电气原理图做了具体分析；6.3节介绍数控机床电气设计的基本原则、主要内容以及常见问题。以某型号数控镗铣床为例，对电气设计的主要问题进行阐述，并介绍西门子 840Dsl 数控系统及其配置。

通过本章的学习，了解主要标准化组织的概况，熟悉机械电气系统现行标准，重视机械设备电气安全设计，树立重视标准、执行标准的理念；掌握数控机床电气控制系统的分析方法，能够根据设备说明书、电气系统图等技术资料分析设备的控制过程，为设备调试、使用、维护及改造工作打下基础；掌握数控机床电气设计的基本原则，能够根据设计要求完成主要部件选型及方案设计、电气系统图设计和技术文档撰写等工作。

6.1 数控机床电气设计标准

数控机床是一种高度自动化机床，它集机械、电气和液压于一体，是一种高技术含量的产品，因而它的电气性能受多方面因素影响。在机械结构一定的前提下，机床的性能在很大程度上受电气质量的影响和制约，可以说，电气质量的好坏，决定了整个数控机床的电气性能，电气性能又受到设计、采购、零部件和装配质量的影响。而设计是制造数控机床的第一道工序，设计质量直接影响数控机床的稳定性。只有严格保证设计质量，生产出来的数控机床才能少出故障，才能提高数控机床的稳定性。

6.1.1 技术标准与规范

为在一定的范围内获得最佳秩序，对实际的或潜在的问题制定共同的和重复使用的规则，称为标准化。它包括制定、发布及实施标准的过程。标准化的重要意义是改进产品、过程和服务的适用性，防止贸易壁垒，促进技术合作。随着社会经济水平的发展，科技的进步，产品功能和品质提升，世界各国尤其是工业发达国家非常重视标准的制定和执行，建立了较为完备的法规—标准—合格评定体系，而标准则是该体系中的最重要一环。

1. 标准化组织

标准化组织可分为：国际标准化组织、区域标准化组织、行业标准化组织和国家标准化组织。

（1）国际标准化组织（International Organization for Standardization，ISO）是国际标准化领域中一个十分重要的组织，是世界上最大的非政府性标准化专门机构。ISO 国际标准组织成立于 1946 年，总部设于瑞士日内瓦，其成员由来自世界上 100 多个国家的国家标准化团体组成，中国是 ISO 的正式成员，代表中国参加 ISO 的国家机构是中国国家技术监督局（CSBTS）。

ISO 的宗旨是：在世界范围内促进标准化工作的发展，以利于国际物资交流和互助，并扩大知识、科学、技术和经济方面的合作。其主要任务是：制定国际标准，协调世界范围内的标准化工作，与其他国际性组织合作研究有关标准化问题。

目前，ISO 已经发布了 17000 多个国际标准，如 ISO 公制螺纹、ISO 的 A4 纸张尺寸、ISO 的集装箱系列（世界上 95%的海运集装箱都符合 ISO 标准）、ISO 的开放系统互联（OS2）系列（广泛用于信息技术领域）和有名的 ISO 9000 质量管理系列标准。

（2）国际电工委员会（IEC）

国际电工委员会（International Elactrotechnical Commission，IEC）成立于 1906 年，至 2019 年已有 113 年的历史。它是世界上成立最早的国际性电工标准化机构，负责有关电气工程和电子工程领域中的国际标准化工作。IEC 标准的权威性是世界公认的。IEC 的宗旨是，促进电气、电子工程领域中标准化及有关问题的国际合作，增进国际间的相互了解。我国 1957 年参加 IEC，现在是以中国国家标准化管理委员会的名义参加 IEC 的工作。目前，IEC 常任理事国为中国、法国、德国、日本、英国和美国。秘书处由美国标准学会（ANSI）担任。

（3）区域标准化组织

区域标准化是指世界某一地理区域内有关国家、团体共同参与开展的标准化活动。如欧洲标准化委员会（CEN）、欧洲电工标准化委员会（CENELEC）、泛美技术标准委员会（COPANT）和非洲地区标准化组织（ARSO）等。

欧洲标准化委员会（Comité Européen de Normalisation，CEN）成立于 1961 年，总部设在比利时布鲁塞尔。以西欧国家为主体、由国家标准化机构组成的非营利性国际标准化科学技术机构。CEN 是欧洲三大标准化机构之一。CEN 的宗旨在于促进成员国之间的标准化协作，制定本地区需要的欧洲标准（EN，除电工行业以外）和协调文件（HD），CEN 与 CENELEC 和 ETSI 一起组成信息技术指导委员会（ITSTC），为在信息领域的互连开放系统（OSI）制定功能标准。

（4）行业标准化组织

行业标准化组织是指制定和公布适应于某个业务领域标准的专业标准团体，以及在业务领域开展标准化工作的行业机构、学术团体或国防机构。如美国电气电子工程师学会（IEEE），美国机械工程师协会（ASME）以及中国的国防科学技术工业委员会（GJR）等。

美国机械工程师协会（American Society of Mechanical Engineers，ASME）成立于 1880

年，总部设在美国纽约，制定了众多的工业和制造业行业标准。ASME 主要从事发展机械工程及其有关领域的科学技术，鼓励基础研究，促进学术交流，发展与其他工程学会、协会的合作，开展标准化活动，制定机械规范和标准。现在 ASME 拥有工业和制造行业的 600 项标准和编码，这些标准在全球 90 多个国家被采用。

此外，ASME 是世界上最大的技术出版机构之一，由于工程领域各学科间交叉性不断增长，ASME 出版物也相应提供了跨学科前沿科技的资讯。ASME 数据库包含 22 种专业期刊，其中有 19 本被 JCR 收录。ASME 开发了自己的平台（ASME Digital Collection）提供其所有出版物的电子访问服务，可以访问所有期刊的电子资源。

（5）国家标准化组织

国家标准化组织是指在国家范围内建立的标准化机构以及政府确认（或承认）的标准化团体，或者接受政府标准化管理机构指导并具有权威性的民间标准化团体，如美国国家标准学会（ANSI）、德国标准化学会（DIN）、日本工业标准调查会（JISC）、法国标准协会（AFNOR）和中国标准化协会（CAS）等。

1）美国国家标准学会（American National Standards Institute，ANSI），成立于 1918 年，是非赢利性质的民间标准化团体。ANSI 协调并指导美国全国的标准化活动，给标准制定、研究和使用单位提供帮助，提供国内外标准化情报。同时，又起着美国标准化行政管理机关的作用。其经费来源于会费和标准资料销售收入，无政府基金。美国标准学会下设电工、建筑、日用品、制图和材料试验等各种技术委员会。

2）德国标准化学会（Deutsches Institut für Normung e. V，DIN），成立于 1917 年，总部设在首都柏林。是德国最大的具有广泛代表性的公益性标准化民间机构。DIN 通过有关方面的共同协作，为了公众的利益，制定和发布德国标准及其他标准化工作成果并促进其应用，以有助于经济、技术、科学、管理和公共事务方面的合理化、质量保证、安全和相互理解。

1918 年 3 月，德国工业标准委员会制定发布了第一个德国工业标准。由德国标准化学会制订的 DIN 标准，目前已多达数万个，其中相当数量标准与国际标准、欧洲标准接轨。产品标准的平均龄期为 5 年，安全标准平均龄期为 10 年，每年的标准发布量在 1500 个左右。

3）日本工业标准调查会（Japanese Industrial Standards Committee，JISC），成立于 1991 年，是专门负责制定和审议日本标准的组织。日本工业标准（JIS）是日本国家级标准中最重要、最权威的标准。JIS 标准细分为土木建筑、一般机械、电子仪器及电器机械和汽车等共 19 项。共有现行 JIS 标准超过 10000 个。

4）法国标准协会（Association Francaise de Normalisation，AFNOR），成立于 1926 年，是根据法国民法成立，并由政府承认和资助的全国性标准化机构，总部设在首都巴黎。AFNOR 代表法国于 1947 年加入国际标准化组织，又是欧洲标准化委员会（CEN）的创始成员团体。AFNOR 在国际和区域标准化活动中做出了重要贡献。AFNOR 指导 17 个大标准化规划组，涵盖农业食品、机械制造、电工技术与电子技术、煤气、管理与服务等领域。

5）中国标准化协会（China Association for Standardization，CAS），于 1978 年经国家民政主管部门批准成立，接受国家质检总局和国家标准化管理委员会的领导和业务指导。中国标准化协会是联系政府部门、科技工作者、企业和广大消费者之间的桥梁和纽带，是多方位从事标准化学术研究、标准制/修订、标准化培训、国际交流与合作等业务的综合性社会团体，同许多国际、地区和国家的标准化团体建立了友好合作关系，开展技术交流活动，在国际上有广泛的影响。

中国标准的代号是 GB 或 GB/T。中国标准主要分为强制性国标（GB）和推荐性国标（GB/T）两类。此外，按照《中华人民共和国标准化法》将中国标准分为国家标准、行业标准、地方标准（DB）和企业标准（Q）四级。

2. 我国工业机械电气系统的现行标准（见表 6-1）

表 6-1 我国工业机械电气系统的现行标准

序号	标准名称	标准号	采标情况	标准级别
1	机械电气安全 机械电气设备 第 1 部分：通用技术条件	GB 5226.1—2008	IEC 60204-1：2005	国家标准
2	机械电气安全 机械电气设备 第 11 部分：电压高于 1000VAC 或 1500VDC，但不超过 36kV 的高压设备的技术条件	GB 5226.3—2005	IEC 60204-11：1997	国家标准
3	工业机械电气图用图形符号	GB/T 24340—2009		国家标准
4	工业机械电气设备 电气图、图解和表的绘制	GB/T 24341—2009		国家标准
5	机械电气安全 指示、标志和操作 第 1 部分：关于视觉、听觉和触觉信号的要求	GB 18209.1—2010	IEC 61310-1：2007	国家标准
6	机械电气安全 指示、标志和操作 第 2 部分：标志要求	GB 18209.2—2010	IEC 61310-2：2007	国家标准
7	机械电气安全 指示、标志和操作 第 3 部分：操动器的位置和操作的要求	GB 18209.3—2010	IEC 61310-3：2007	国家标准
8	工业机械电气设备 电磁兼容 通用抗扰度要求	GB/T 21067—2007		国家标准
9	工业机械电气设备 电磁兼容 发射限值	GB 23313—2009		国家标准
10	工业机械电气设备 保护接地电路连续性试验规范	GB/T 24342—2009		国家标准
11	工业机械电气设备 绝缘电阻试验规范	GB/T 24343—2009		国家标准
12	工业机械电气设备 耐压试验规范	GB/T 24344—2009		国家标准
13	工业机械电气设备 电压暂降和短时中断抗扰度试验规范	GB/T 22841—2008		国家标准
14	工业机械电气设备 电快速瞬变脉冲群抗扰度试验规范	GB/T 24111—2009		国家标准
15	工业机械电气设备 静电放电抗扰度试验规范	GB/T 24112—2009		国家标准
16	工业机械电气设备 浪涌抗扰度试验规范	GB/T 22840—2008		国家标准
17	机械电气安全 电气、电子、可编程电子控制系统的功能安全	GB 28526—2012	IEC 62061：2005	国家标准
18	工业机械电气设备 电磁兼容 机床抗扰度要求	GB/T 22663—2008	EN 50370-2：2003	国家标准
19	工业机械电气设备 电磁兼容 机床发射限值	GB 23712—2009	EN 50370-1：2005	国家标准
20	机床电气、电子和可编程电子控制系统 保护联结电路连续性试验规范	GB/T 26679—2011		国家标准
21	机床电气、电子和可编程电子控制系统 绝缘电阻试验规范	GB/T 26675—2011		国家标准
22	机床电气、电子和可编程电子控制系统 耐压试验规范	GB/T 26676—2011		国家标准
23	机床电气控制系统 数控平面磨床辅助功能 M 代码和宏参数	GB/T 26677—2011		国家标准
24	机床电气控制系统 数控平面磨床的加工程序要求	CB/T 26678—2011		国家标准
25	工业机械电气设备 电气图、图解和表的绘制	JB/T 2740—2008		行业标准

（续）

序号	标准名称	标准号	采标情况	标准级别
26	工业机械电气设备　内带供电单元的建设 机械电磁兼容要求	GB/T 28554—2012		国家标准
27	机械电气安全　机械电气设备　第32部分： 起重机械技术条件	GB 5226.2—2002	IEC 60204-32：2001	国家标准
28	机械电气设备　塑料机械计算机控制系统 第1部分：通用技术条件	GB/T 24113.1—2009		国家标准
29	注塑机计算机控制系统　通用技术条件	JB/T 10894—2008		行业标准
30	机械电气安全　机械电气设备　第31部分：缝纫机、 缝制单元和缝制系统的特殊安全和EMC要求	GB 5226.4—2005		国家标准
31	机械电气设备　刺绣机数字控制系统　第1部分： 通用技术条件	GB/T 24114.1—2009		国家标准
32	机械电气安全　电敏防护装置第1部分：一般要求和试验	GB/T 19436.1—2004	IEC61496-1：1997	国家标准
33	机械电气安全　电敏防护装置第2部分：使用 有源光电防护器件（AOPDs）设备的特殊要求	GB/T 19436.2—2004	IEC61496-2：1997	国家标准
34	机械电气安全　电敏防护装置第3部分：使用有源光电漫 反射防护器件（AOPDDR）设备的特殊要求	GB/T 19436.3—2008	IEC61496-3：2000	国家标准
35	机械电气设备　开放式数控系统　第1部分：总则	GB/T 18759.1—2002		国家标准
36	机械电气设备　开放式数控系统　第2部分：体系结构	GB/T 18759.2—2006		国家标准
37	机械电气设备　开放式数控系统　第3部分： 总线接口与通信协议	GB/T 18759.3—2009		国家标准
38	数控机床电气设备及系统安全		IEC60204-34	国家标准

3. 机械电气安全概述

随着技术经济的不断发展，世界各国对人体健康、人身与财产安全及环境保护等问题越来越重视，世界各国都对产品安全和劳动保护制定了较为严格的完备的标准。机械电气设备安全是机械产品安全生产的一个重要组成部分，许多机械设备安全事故主要是由于机械电气设备的安全性能不好和操作不当等原因造成的。提高机械电气设备安全水平，有助于提高机械产品设备安全水平，降低因机械设备安全引发的安全生产事故。因此，为了保障机械设备的安全，电气设计人员应熟悉并严格执行机械电气设备安全标准。

欧美工业发达国家对产品实行严格的安全准入制度，必须根据相应的机械安全相关技术标准，满足机械指令中的基本安全要求事项，取得欧盟CE（European Conformity）认证或美国UL（Underwriter Laboratories Inc）认证，才能进入欧盟和美国市场。"CE"标志是一种安全认证标志，凡是贴有"CE"标志的产品就可在欧盟各成员国内销售，无须符合每个成员国的要求，从而实现了商品在欧盟成员国范围内的自由流通。在欧盟市场"CE"标志属强制性认证标志。

机械指令要求机械设备满足3个方面的安全性，即机械的安全性、电气的安全性和作业者的安全性。产品安全既是社会和谐的重要因素，同时又是发达国家保护其国内市场的手段。因此，贯彻执行标准，不仅有助于提高机械产品的电气安全水平，保护人身和设备安全，也有助于促进机械产品的出口。

（1）机械电气设备安全的内涵

机械电气设备安全是指机械的电气和电子设备及系统的安全性，即机械的电气和电子设备及系统在按使用说明书规定的预定使用条件下（有时在使用说明书给定的期限内）执行其规定的功能和在运输、安装、调试、维修、拆卸和处理过程中不产生损伤或危害健康的能力。

机械电气设备安全包括两个方面的内容：一方面是在机械电气设备预定使用期间执行预定功能和预见的误操作时，不会给操作人员带来不安全；另一方面，是机械电气设备在整个寿命周期内，发生可预见的非正常情况下发生的任何风险事故时，机械电气设备是安全的。所以说，导致不安全的原因是两方面的，一方面是操作人员的不安全行为，即人的不安全行为；另一方面是机械电气设备的不安全状态，即物的不安全状态。

（2）机械电气设备的安全要素

从机械电气设备安全科学的角度出发，机械电气设备安全是指人员（指机械电气设备的操作使用人员和设计人员）、机械电气设备（指为人使用的和设计的机械电气设备）以及人员与机械电气设备之间的和谐并存关系。人员、机械电气设备以及人员与机械电气设备的关系构成了机械电气设备安全的三要素。在特定的理想状态下，人员、机械电气设备或人员与机械电气设备的关系的任一要素自身即能够独立地成为实现安全的充分条件。

——人员能对危害因素具有绝对的抵御能力。

——机械电气设备绝对无危害。

——人员与机械电气设备的关系能够在时空和能量、信息上与人员绝对不发生危险性联系。

三者若具其一，其结果都是安全的。人员、机械电气设备、人员与机械电气设备的关系，是安全的要素。并且三要素和谐并存及其有机联系，将构成现实中机械电气设备的整个安全系统。

在机械电气设备中，人员与机械电气设备的关系一方面表现为：人员适应机械电气设备的要求，即遵守机械电气设备的运行规律，这也就是人们常说的安全生产与人员保护，另一方面又表现为安全生产与人员保护的措施。现今我们在"人员"和"人员与机械电气设备"这两方面做了很大努力，进一步提高机械电气设备的安全性能，即提高"机械电气设备的自身安全"已经成为保证安全生产的迫切要求。也就是在西方发达国家，现在提倡的"设备的自身安全"这一理念。因为再好的机械电气设备操作人员，也不能保证一直适应设备的要求，再好的管理也不能避免人员的失误。而一个好的设计会使机械电气设备从本质上更加安全。因此，从机械电气设备这一安全要素出发，消除或减小机械电气设备的危险将会达到事半功倍的效果。

（3）机械电气设备的本质安全

机械电气设备的本质安全，是指机械的电气和电子设备及系统本身所具有的固有的、根本的安全品质特性，真正达到使人不受机器危害的实质性内容。它包括设备的结构、类型、材料、工艺、控制、防护、安全功能以及人员与机械电气设备，以及人员、设备和环境之间在安全方面的总体协调和匹配关系等。

机械电气设备的本质安全的基本内容包括：完善的安全设计、足够的可靠性和安全质量。其总体上应符合以 GB5226.1—2008《机械电气安全　机械电气设备　第 1 部分：通用技术条件》标准为核心的机械电气设备安全系列标准。

4. 机械电气安全标准

伴随着我国机床制造业的发展，行业标准化工作也得到了长足的发展，为我国金属切削机床制造业的发展、整机标准化水平、可靠性水平及安全防护技术水平的提高起到了重要的技术支撑作用。

（1）GB 5226.1—2008

GB 5226.1—2008《机械电气安全　机械电气设备　第 1 部分：通用技术条件》是国家质量监督检验检疫总局和国家标准化管理委员会联合发布的国家强制性标准，是一项重要的机械电气设备安全通用标准。GB5226.1—2008 的全部技术内容为强制性，适用于机械（包括协同工作的一组机械）的电气、电子和可编程电子设备及系统，主要规定了机械电气、电子和可编程控制系统及设备的有关安全要求，适用范围广，涉及金属加工机械、塑料和橡胶机械、木工机械和起重机械等 6 个大类。该标准等同采用国际电工委员会（IEC）发布的 IEC60204-1：2005《机械电气安全　机械电气设备　第 1 部分：通用技术条件》。GB 5226.1—2008 的内容结构见表 6-2。

表 6-2　GB 5226.1—2008 内容结构

章节	内容	章节	内容
第 1 章	范围	第 10 章	操作板和安装在机械上的控制器件
第 2 章	规范性引用文件	第 11 章	控制装置：位置、安装和电柜
第 3 章	定义	第 12 章	导线和电缆
第 4 章	基本要求	第 13 章	配线技术
第 5 章	引入电源线端接法和切断开关	第 14 章	电机及有关设备
第 6 章	电击防护	第 15 章	附件和照明
第 7 章	电气设备的保护	第 16 章	标记、警告标志和参照代号
第 8 章	等电位联结	第 17 章	技术文件
第 9 章	控制电路和控制功能	第 18 章	检验

（2）GB 28526—2012

GB 28526—2012 强制性国家标准，是一项极其重要的数控系统功能安全通用标准。

功能安全是机械及机械控制系统有关的整体安全组成部分，取决于安全相关电气控制系统的正确功能，及其他技术安全相关系统和外部风险降低设施的正确执行。当每一个特定的安全功能获得实现，并且每一个安全功能必需的性能等级被满足的时候，功能安全目标就达到了。

数控系统功能安全，是数控系统具有故障安全处理行为，即当出现故障时，系统能够进入安全状态或进行故障消除的数控系统，亦称安全数控系统。换句话说，当安全数控系统满足以下条件时就认为是功能安全的，即当任一随机故障、系统故障或共因失效都不会导致安全系统的故障，从而引起人员的伤害或死亡、环境的破坏、设备财产的损失。也就是说，数控系统的安全功能，无论在正常情况或者有故障存在的情况下，都应该保证正确实施。

数控设备向高速、大型、重型和智能化方向发展，对与之配套的数控系统及伺服驱动单元的安全性提出了新需求。要求数控系统及伺服驱动单元等具有安全功能，实现对人员和设备保护，减少事故危害，确保数控机床的高效、安全加工。数控系统的安全功能已成为国内外数控系统厂商关注的焦点，并成为数控系统的重要功能。国外知名的数控系统厂商如发那科、西门子等公司，研制的高档数控系统、伺服驱动单元和 PLC 等产品中，都集成了安全控制功能和安全总线，以提高系统安全等级，满足数控设备对数控系统功能安全的要求。

GB 28526—2012 标准是数控系统功能安全的通用安全标准，是数控系统功能安全的设计、集成、确认和评估的重要依据。本标准适用于单独的或组合的方式使用的控制系统，以执行机械安全相关控制功能。该标准只关注与减小对直接使用机器的人的健康造成的伤害或伤亡，它不包括需要或要求由其他标准或法规为保护人身免遭危险的所有要求（例如防护、非电气联锁或非电气控制）。标准仅涉及预期降低直接接近机械或直接使用机械而造成的人伤害或健康危害风险的功能安全要求；仅限于机械自身或以协调式共同工作的机械的危险直接引起的风险；并没有规定机械非电气（例如液压、气动）控制元素性能要求；也不包括电气控制设备自身引起的电气危险，例如电击等。对于电气安全的要求需遵循 B5226.1/IEC60204-1 标准要求。

GB 28526—2012 标准分为 10 个章节和 6 个附录，从第 4 章开始，是标准的正文，标准的主要内容及结构见表 6-3。

表 6-3 GB 28526—2012 内容结构

章节	内容	章节	内容
第4章	功能安全管理	附录 A	SIL 分配
第5章	安全相关控制功能规范	附录 B	安全相关 电气控制系统（SRECS）设计示例
第6章	安全相关电气控制系统设计与整合（SRECS）	附录 C	嵌入式软件设计与开发指南
第7章	SRECS 使用信息	附录 D	电气/电子部件的失效模式
第8章	安全相关 电气控制系统确认	附录 E	按照 GB/T 17799.2—2003 用于工业环境的 SRECS 电磁现象（EM）和提高的抗扰水平
第9章	修改		
第10章	文件	附录 F	共因失效（CCF）敏感度评估方法

6.1.2 电气设计要求

为了保证数控机床的性能，电气系统设计需要满足以下基本要求：

1. 高可靠性

数控机床在自动或半自动条件下工作，尤其在柔性制造、智能制造系统中，数控机床可在 24h 运转中实现无人管理，这就要求机床具有高的可靠性。

产品的可靠性首先是设计出来，其次才是制造出来的。据统计，产品设计阶段对可靠性的贡献率可达 70%～80%，可见产品的固有可靠性主要是由设计决定的，设计环节赋予了产品"先天优劣"的本质特性。因此，只有在设计阶段就充分考虑可靠性，再由制造和管理来保证，才能有效地提高数控机床的可靠性、降低成本。

（1）技术决策

在技术决策阶段，需要调研及分析市场和用户对可靠性的需求，了解市场上同类产品的可靠性状况，收集用户的现场数据并进行统计和分析，提出拟开发产品的方案和建议；结合企业的历史数据（产品故障数据、技术手段和经验），开展可行性分析，包括技术可行性分析和经济可行性分析。

（2）初步设计

在初步设计阶段，要编制技术任务书，规定外购件和外协件的可靠性要求，以确保符合规定的可靠性要求。

（3）技术设计

在技术设计阶段，应贯彻相关技术标准和管理体系文件，确定产品的使用条件、极限状态和失效判据，确定危险源，并进行标识，制定相应的防护和补救措施。如在电气系统中增加稳压电源，适应交流供电系统电压的波动，电源模块加装电抗器和滤波器，抑制电网系统内的噪声干扰，同时还应符合电磁兼容技术标准的要求等。在技术设计阶段，还应建立产品系统级可靠性框图和数学模型，根据产品的可靠性模型，将整机可靠性指标分配到系统级。

（4）电子元器件选择

按照相关的选用原则，对电子元器件进行选择和控制，保证设计中选择合格的电子元器件，确保生产制造中使用的元器件符合要求，供应稳定，以保证产品的可靠性。

（5）结构可靠性设计

结合可靠性设计准则如电磁兼容设计准则、热设计准则和"三防"设计准则等进行结构可靠性设计。

（6）可靠性试验

根据系统、产品的可靠性指标，确定可靠性试验方案，制定相应的试验程序，若产品在试验中有故障发生，应进行失效机理分析，采取补救措施，并实时记录，试验结束后形成可提交的可靠性试验报告。

2. 安全性

如前所述，数控机床的安全性越来越受到重视，国内和国际标准化组织制定了一系列安全标准，作为设计人员，只有严格贯彻执行相关标准，设计出的图样等才能规范，电路原理、图形符号等才能准确，才能保证产品的电气性能质量，除了国内标准外，设计中还要贯彻国际 ISO-9001 质量标准，使产品符合国际标准，出口到欧洲地区的数控机床还要符合 CE 标准。这就要求设计人员学习掌握标准，并准确理解，应用到具体设计中去。

例如，电气系统中电气装置的绝缘、防护和接地等应符合 GB 5226.1—2008 的要求，以保证操作人员和设备的安全。电气部件的防护外壳要具有防尘、防水和防油污的功能，电柜的封闭性要好，能防止外部的切削液溅入电柜内部，防止切屑、导电尘埃进入电柜内的所有元件，在正常供电电压下工作时不应出现被击穿的现象。经常移动的电缆要走拖链，防止电缆线磨断或短路从而造成系统故障等。

3. 良好的控制特性

对数控机床的电动机进行选型，是设计人员的一项重要任务。但很多设计人员甚至研究人员对电动机选型缺乏细致深入地研究，导致电动机运动转矩与设备的实际要求不匹配。据美国能源部估计，在美国大约有 80% 的电动机尺寸过大，造成了资源浪费。若电动机选择过大，会导致机床成本增加，如果电动机选择过小，会使机床功能难以实现，所以电动机的选择非常重要。

伺服电动机作为机床的动力源，应具有良好的控制特性，起动平稳、响应快速，特性硬、无冲击、无震荡、无振荡以及无异常温升等。合理的惯量匹配对伺服系统的动态响应特性有较大的影响，它可以保证合理的响应速度，从而抑制谐振的发生，改善机床低速爬行的现象，满足整机的最高运动速度、定位精度等技术性指标，改善零件的加工质量、生产率及工作可靠性等。电动机选型中若未处理好负载/电动机惯量匹配的问题，将会影响整个伺服系统的灵敏度、伺服精度以及响应速度。

4. 自诊断及运行状态指示

数控机床故障产生的原因往往比较复杂，一旦因故障而停机，如不能及时修复，将给企业生产造成巨大的经济损失。为了将这种损失降至最低，除了提高设备自身的可靠性之外，还要通过提高故障诊断速度来缩短维修的时间，避免长时间的停机。数控系统中常用的自诊断方法可分为开机诊断、在线自诊断和离线自诊断。

开机自诊断是指数控系统通电时，系统内部自诊断软件对系统中关键硬件和控制软件逐一进行检测，一旦检测通不过，就在显示器上显示报警信息，指出故障部位，只有开机自检项目全部正常通过，系统才能进入正常运行准备状态。开机自诊断一般可将故障定位到电路或模块上，有些甚至可定位到芯片上，但在不少情况下只能将故障原因定位在某一范围内，需要通过进一步的检查和判断才能找到故障原因并予以排除。

在线自诊断是指数控系统在运行时，实时对系统内部、伺服系统、I/O接口以及其他外部装置进行自动检测，并显示有关状态信息。若检测有问题，则立即显示报警号及报警内容，并根据故障性质自动决定是否停止动作或停机。维修人员可根据报警内容，结合实时显示的 CNC 数控装置内部关键标志寄存器及 PLC 各寄存器的状态，进一步对故障进行诊断与排除。

离线自诊断是指当 CNC 数控装置出现故障或者要判断系统是否真的有故障时，要停止加工并停机进行检查。

电气设计人员，应充分利用数控系统的自诊断功能，使机床以及电气系统的运行有明显的状态指示或信息显示，除了数控系统内部的自诊断功能外，还可以通过设计，实现外部硬件状态及报警指示。例如各种状态指示灯，它们分布在电源、伺服驱动和输入/输出等装置上，根据这些报警灯的指示可判断故障的原因。

5. 设备的宜人性

（1）外观的宜人性

随着时代的发展，人们对机床产品的要求也越来越高，不仅要具有优良的性能，还要让使用者感到身心愉快、操作方便。因此数控机床不再是过去巨大、笨重、油污的形象，其外观造型更加现代化，在设计中注重人机关系，机床的外观不仅带有了装饰和美化的意义，更可以调节人的情绪，使机器具有一种亲和力，与环境更加协调。

（2）操作的宜人性

任何设备都需要人的管理、使用、维修和保养才能充分发挥其效能，设计是否适合人体需要，会影响工作效率，甚至工作安全。电气系统设计要体现操作的人性化，数控机床的工作台、控制柜，其位置、尺寸和高度均应符合"平均人"的尺寸。手柄的位置、形状和尺寸也要考虑人机工程学。操作面板或控制柜的位置高度、倾斜角度以及其上的显示装置都应便于工作人员操作和观察。易损部件要便于更换，使机床具有良好的可维护性。

6.2 数控机床电气控制电路分析

本书第 2 章的 2.2 节已经详细介绍了机床电气控制系统图（电气控制原理图、电气安装接线图和电气布置图）的作用、制图规范以及注意事项。在实际应用中，电气原理图、电气安装接线图和电气布置图通常结合起来使用，而电气原理图是电气系统图的核心。本节主要介绍根据电气图分析数控机床控制功能及特点的一般方法，并给出典型数控机床电气控制电路的分析实例。

6.2.1 电气控制电路分析方法

电气原理图是根据电气系统的工作原理，按照简单、清晰的原则，反映各电气元件的导电部件和接线端点之间的相互关系，不按照各电气元件的实际布置位置来绘制，也不反映电气元件的大小。电气原理图简单、清晰，层次分明，能够充分表达电气设备和电器的用途、作用和工作原理，是电气线路安装、调试和维修的理论依据，在设计部门和生产现场获得广泛应用。

数控机床电气原理图的组成比较复杂，不仅包括外围主电路、控制电路，还包括数控系统、伺服系统、PLC 相关电路等。识读并分析电气原理图，首先应仔细阅读设备说明书、电气安装布置图，了解机床电气控制系统的总体结构、电动机的分布状况及控制要求等，对机床的运动和控制要求、操作方式等做到心中有数，了解液压、气动系统和电气控制的关系，然后对其电气原理图进行识读和分析。

从总体来说，电气原理图包括主电路和控制电路。分析电路图按照先看主电路，再看控制电路的顺序进行。看主电路时，通常从下往上看，即先从用电设备开始，顺次往电源端看。通过分析主电路，了解有哪些用电设备，电源经过哪些电器元件到达用电设备。根据其组合规律大致可知该用电设备的工作情况，如电动机是否有正反转控制、是否有调速要求等，分析控制电路时就可以有的放矢。

分析控制电路时，首先根据主电路中的控制元件，找到相应的控制回路，将控制电路按功能不同划分成若干个局部控制电路来进行分析，进而搞清楚整个电路的工作原理和来龙去脉。只要依据主电路要实现的功能，结合生产工艺要求，就可以理解控制电路的内容。如果控制电路较复杂，逐个理解每个局部环节，再找到各环节的相互关系，综合起来从整体上全面分析，就可以将控制电路所表达的内容读懂。生产机械要求安全、可靠，在选择合理地拖动、控制方案以外，在控制电路中通常设置一系列电气保护和必要的电气联锁。读图时，不可孤立地看待各部分，而应注意各个动作之间是否有互相制约的关系。

由于数控机床采用了数控系统和伺服系统，其电气控制线路的逻辑关系大大简化，从普通机床的硬件接线逻辑转化为 PLC 软件实现的梯形图逻辑，因此控制电路的分析变得相对简单，但由于数控机床自动化程度提高，辅助功能、安全保护功能更加完善，不同机床采用的数控系统和伺服系统的接口各不相同，I/O 单元的地址定义也有很大差别，因此要正确阅读分析数控机床电气控制系统图，不仅需要掌握低压电器元件的使用、典型控制线路，还需要掌握数控系统、伺服系统的原理和接口技术，熟悉 PLC 硬件和软件的相关知识。

6.2.2 典型机床电气控制系统分析

1. 机床主要技术参数（见表6-4）

表6-4 机床主要技术参数

型号	CK0638	脉冲当量	0.001mm
数控系统	西门子828D	快进速度	8000mm/min
主轴/进给轴驱动器	三菱FR变频器/西门子S120驱动器	刀架工位数	四工位电动刀架
床身上最大回转直径	380mm	主电动机功率	4kW、额定转速1440r/min
拖板上最大回转直径	200mm	定位精度	X:<0.012,Z:<0.020
最大顶尖距离	500mm	重复定位精度	X:<0.005,Z:<0.007
转速范围	200~3200r/min(无级变速)	电源	三相/380V/50Hz, 6kV·A

机床主要特点及性能：

1）整体铸件底座，刚性好。

2）主轴变频无级调速。

3）弹性联轴节直联。

4）4工位自动回转刀架。

5）手动/自动控制冷却系统。

6）可编程控制润滑系统，保证导轨、丝杠等润滑均匀。

2. 电力拖动方式和控制要求

1）CK0638数控车床，有X、Z两个进给轴，采用西门子S120交流伺服驱动系统，两轴联动。

2）主轴采用三相异步电动机，三菱FR系列变频器实现变频调速。

3）四工位刀架电动机采用三相异步电动机，可以实现正反转控制。

4）机床配备冷却泵电动机，带动冷却泵实现零件加工时的冷却控制。

5）为了导轨和轴承等的润滑，机床配有润滑电动机，实现自动润滑。

3. 电气控制电路分析

电气原理图的第1页为机床主电源的接入电路，QS1为电源总开关，采用三相四线制，电压为380V。如图6-1所示。

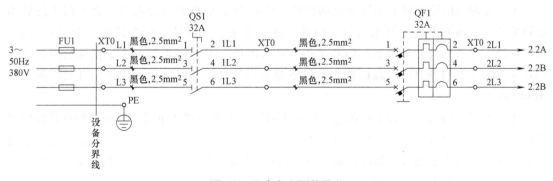

图6-1 机床主电源的接入

电气原理图的第 2 页为冷却泵电动机和刀架电动机的主电路，由图 6-2 可见，接触器 KM2 控制冷却泵电动机的起动和停止，断路器 QM1 起到短路和过载保护作用，其辅助触头连接到 PLC 的 I1.5，可实现冷却电动机的状态监控和故障报警。通过接触器 KM3 和 KM4 实现刀架电动机的正反转控制。

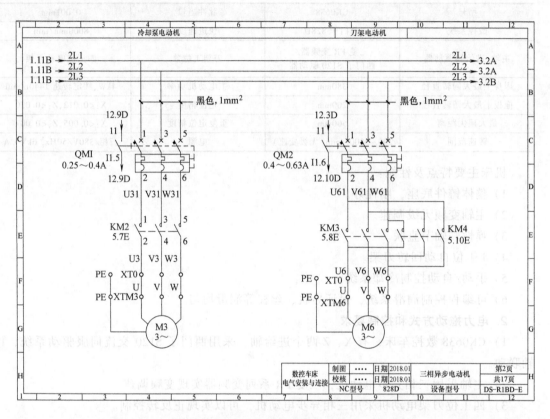

图 6-2 辅助电动机的主电路

电气原理图的第 3 页为伺服驱动器、主轴变频器的主电源进线电路，以及机床控制变压器的一次和二次电路。由于伺服驱动电路是数控机床电气控制系统中消耗功率较大的部分，所有非调节型电源模块必须在其电源进线电路上配备电抗器。机床控制变压器为单相变压器，为机床控制电路提供 220V 交流电。如图 6-3 所示。

电气原理图的第 4 页为润滑泵电动机的主电路和 24V 直流电源电路。合上图中的低压断路器 QF6，润滑电动机开始运行，因此，该润滑泵电动机控制较为简单，为手动控制。24V 直流电源电路为数控装置、PLC 提供工作所需的 24V 直流电源。为了保证数控装置和 PLC 正常工作，对该直流电源的输出电压质量要求较高，建议选用西门子的开关电源。如图 6-4 所示。

电气原理图的第 5 页为上述各电动机主电路以及主电源进线电路中所用到的接触器的线圈控制电路。这些接触器线圈额定电压为交流 220V，由控制变压器的二次绕组供电。通过继电器的常开触头实现接触器线圈通/断电的自动控制。其中，为了保证电气安全，刀架电动机正反转接触器 KM3 和 KM4 需要互锁。如图 6-5 所示。

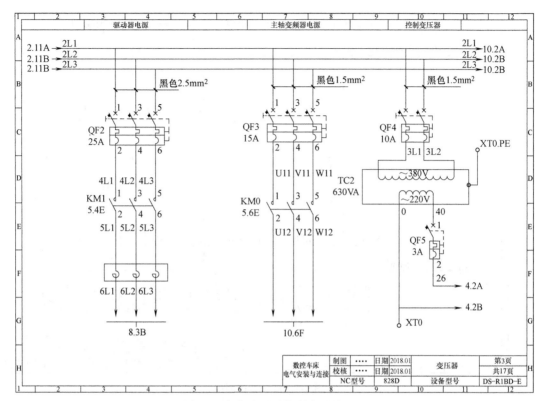

图6-3　伺服电源及控制变压器

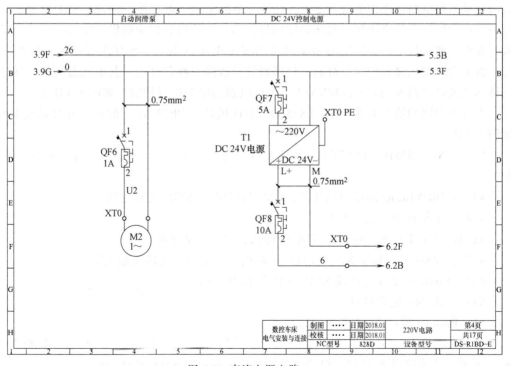

图6-4　直流电源电路

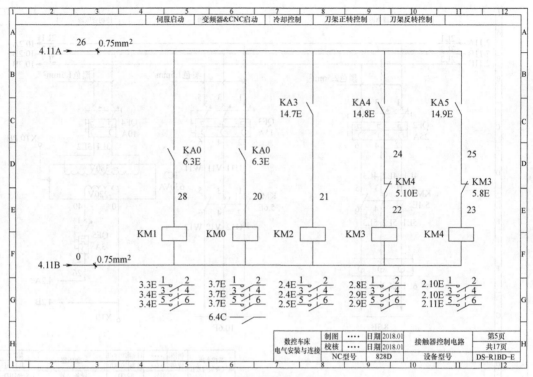

图 6-5　接触器控制电路

电气原理图的第 6 页为数控机床的启动控制电路、照明灯电路和三色灯控制电路。数控机床启动控制电路的电源为直流 24V，这是一个典型的"起保停"电路，SB1 和 SB2 分别是设备的启动按钮和停止按钮。机床的照明灯，为机床使用过程中提供必要的照明，为了保证人员安全，照明灯电路必须使用 36V 以下的安全电压供电。三色灯用以指示机床的工作状态，机床自动加工过程中绿色灯亮，机床报警或故障时红色灯亮，其他状态则黄色灯亮。这三种颜色的灯经过 KA11/KA12/KA13 三个继电器的触头进行控制。如图 6-6 所示。

电气原理图的第 7 页为 CNC（828D）、I/O 模块（PP72/48）的接口与外部连接电路。如图 6-7 所示。

X1：CNC（828D）的工作电源引入接口，为 3 芯端子式插座，插头上已标明 24V，0V 和 PE。

X100：DRIVECliQ 高速驱动接口，CNC 与伺服驱动器的连接总线。

X143：手轮接口，见表 6-5。

X122：数字 I/O Sinamics 高速输入/输出接口，见表 6-6。

X252：828D 可以利用 X252 接口产生的模拟给定信号连接模拟主轴。

PN1：Profinet 接口（连接 MCP、PP72/48 D PN）。

X1：直流 24V 电源接口。

X2：Profinet 接口 Port1 和 Port2。

X111/X222/X333：50 芯扁平电缆插头用于数字量输入和输出，可与端子转换器连接。输入/输出信号的逻辑地址和接口端子号的对应关系参见 828D 调试手册。

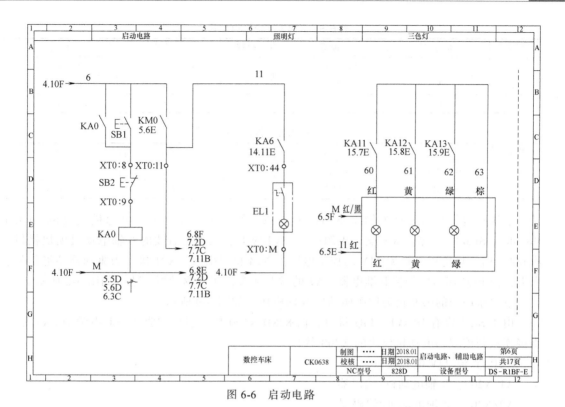

图 6-6 启动电路

图 6-7 数控系统的连接

表 6-5   X143 手轮接口信号表

引脚	信号名	说明	引脚	信号名	说明
1	P5	5V 手轮电源	4	/1A	A1 相脉冲负
2	M	信号地	5	1B	B1 相脉冲
3	1A	A1 相脉冲	6	/1B	B1 相脉冲负

表 6-6   X122 接口信号表

引脚	信号名	说明	引脚	信号名	说明
1	ON/OFF1	驱动器使能	……		
2	ON/OFF3	控制使能	7	M	信号地

电气原理图的第 8 页为伺服驱动器的电源模块,非调节型进线电源模块 (Smart Line Module, SLM)。三相 380V 交流电源由 U1/V1/W1 引入,为后续的双轴电动机模块提供直流 600V 的工作电压。直流 24V 的控制电压由 X24 接口引入。X21 接口为驱动器使能信号引入端,由 PLC 输出信号控制继电器 KA7 的常开触头,实现驱动器使能。如图 6-8 所示。

电气原理图的第 9 页为伺服驱动器双轴模块,如图 6-9 所示。

由于 SLM 没有 DRIVE CLiQ 接口,由 828D X100 接口引出的驱动控制电缆 DRIVE CLIQ 直接连接到该双轴电动机模块的 X200 接口。

X21:直流 24V 电源接口。

A1/X202:X 轴电动机/编码器。

A2/X203:Z 轴电动机/编码器。

X520:主轴编码器反馈接口。

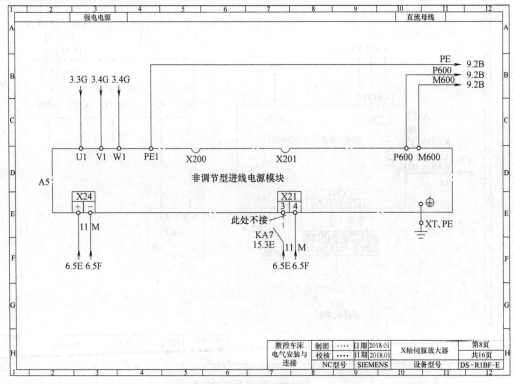

图 6-8   伺服电源模块

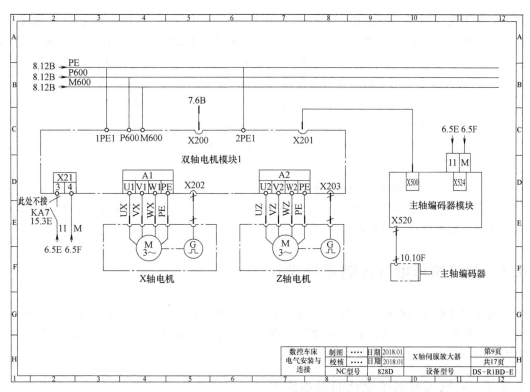

图 6-9 伺服电动机模块

电气原理图的第 10 页为主轴变频器和主轴电动机的相关连接，如图 6-10 所示。

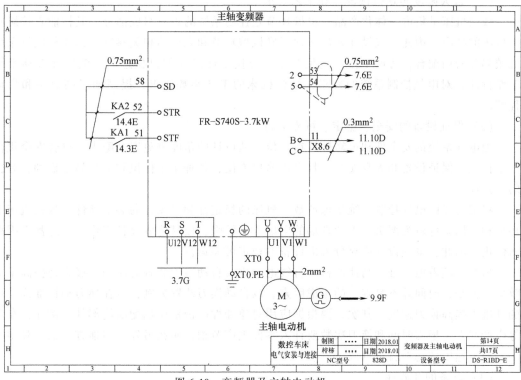

图 6-10 变频器及主轴电动机

R/S/T 为变频器三相 380V 工作电源的引入端子，U/V/W 连接主轴电动机的动力线，引脚 2 和 5 为来自 CNC 的模拟电压信号，控制主轴电动机的转速。继电器 KA1/KA2 的常开触头用于实现主轴电动机的正反转控制。端子 B/C 是变频器工作状态的输出端子，可以送给 PLC 的输入端子，用于监控变频器报警。

电气原理图的第 11~17 页为 PP72/48 模块 X111 接口输入、输出信号的连接，给出了机床电气控制系统中开关量的连接关系，例如刀架上各个刀位信号与 PLC 输入端子的连接，主轴正反转控制继电器、刀架正反转控制继电器与 PLC 输出信号的连接。限于篇幅，在此不再具体给出。

经过上述"化整为零"，逐步分析，理解了各个局部电路的控制关系之后，还必须用"集零为整"的方法，从整体角度进一步检查和理解各控制环节之间的相互联系及逻辑关系，才能对数控机床电气控制系统有完整的理解和掌握。

6.3 数控机床电气控制系统设计

数控机床的电气控制系统设计是机床设计的重要组成部分，合理规范的电气设计是实现机床性能指标，提高机床产品市场竞争力的必要保证。本节对数控机床电气设计的原则、主要内容以及常见问题进行介绍。

6.3.1 电气控制系统设计的基本原则

数控机床电气控制系统设计应遵循以下原则：

（1）最大限度实现机械设计和工艺要求

数控机床是机电一体化产品，机械环节是控制系统的重要组成部分，其性能直接影响数控机床的品质。因此电气设计人员必须明确机械环节和元件的相关参数，以便使电气系统与机械部分密切配合，协调工作，满足机床主要技术性能（即机械运动、液压和气动系统的工作特性）对电气控制系统的要求，结合机床的工艺参数要求，提高加工高效率和自动化程度。

（2）保证设备的安全、稳定、可靠运行

把电气系统的安全性和可靠性放在首位，从设计的角度避免安全隐患，符合安全规范和技术标准，保证设备和人身安全。且操作简单方便，各种指示标识和信号易于识别，有良好的宜人性。

稳定可靠的电气控制系统是保证数控机床的稳定性和可靠性的必要条件。数控机床工作环境和使用条件较为恶劣，工业现场的电磁干扰较强，极易造成设备工作不稳定甚至因故障而停机。因此，电气设计应充分考虑设备的稳定可靠运行。

另外，随着电主轴、高速丝杠、直线电动机及自动换刀装置的应用，极大地提高了加工效率。但是，时间并不是唯一的考虑因素。以自动换刀装置为例，应在换刀动作准确、可靠的基础上提高换刀速度。其次，要根据应用对象和性能价格比选配功能部件。例如，在汽车等生产线上，换刀时间和换刀次数要计入零件生产节拍。而在另外一些地方，如模具型腔加工，换刀速度的选择就可以放宽一些。

（3）设备的开放性

随着制造业的转型升级，数控机床已不再是单一孤立的加工设备，而是智能加工单元、智能车间乃至智能工厂网络的一部分，它需要和上/下料机器人、物流系统和生产管理系统等实时交换信息，协调工作。因此，数控机床电气控制系统设计需要充分考虑设备的开放性，便于实现硬件的互联和信息的互通。

（4）便于组织生产

商品生产要求以最低的成本，生产出满足用户要求的产品。因此，在满足控制要求的前提下，设计方案力求简单、经济和实用，不盲目追求自动化和高指标。妥善处理机械与电气的关系，从工艺要求、制造成本、机械电气结构的复杂性和使用维护等方面综合考虑。充分考虑元器件的品质、供应，便于安装、调试和维修，便于组织生产。

（5）绿色设计的要求

在机床设计与制造过程中合理应用绿色设计与绿色制造的理念和方法，降低环境污染、节约能源，是可持续发展战略在制造业中的具体体现。绿色设计具体是指以产品周期理论为基础，以绿色产品为设计目标，在产品全寿命周期内，重点考虑产品的环境属性，如可拆卸性、可回收性、可维护性以及再利用性等。在符合环境目标要求的前提条件下，确保产品的功能、质量和使用寿命的一种设计方法。

绿色设计在机床设计与制造中的具体应用体现在：

1）减量化设计。具体是指在确保机床各种功能及其结构要求的基础上，尽可能使机床的整体结构更加紧凑，使用的原材料尽量减少。

2）环境友好型设计。具体是指通过各种结构优化技术措施的合理使用，达到改善机床产品绿色性能的目的。例如，采用全密封护罩，能够有效防止飞溅，而油冷机的使用则可以延长机油的重复利用率，同时还能降低热能对环境造成的污染。

3）模块化设计。模块化不但能够进一步缩短产品交货期，还能满足不同用户的需求，机床产品的质量也能大幅度提高，性能也更加稳定，机床的拆卸与维护也变得更为简单。

4）绿色材料的选用。在零部件的选用上应以性价比高的为主，优先选用可再生的材料，有利于提升机床产品的回收再利用率，选用原料丰富、污染小和成本低的材料。

5）应用绿色制造工艺。机床生产过程中，在满足客户要求的前提下，应尽可能对生产工艺进行简化，同时需要注意各个零部件废弃之后的再处理问题。

6.3.2 电气控制系统设计的基本内容

数控机床电气控制系统设计主要包括：电气设计任务书的拟定，电气传动控制方案设计，数控系统及配套驱动和电动机的选型，电气控制原理图以及电气设备布置总图、电气安装图和电气接线图设计，PLC控制程序设计。

1. 电气设计任务书的拟定

依据设备总体设计方案拟定的设计任务书是设计以及设备验收的依据。任务书中除要说明设备的型号、用途、工作条件、传动参数、工艺过程和技术性能要求外，还应说明以下主要技术指标及要求：

1）控制精度、生产效率和自动化程度的要求。

2）电气传动基本特性：如运动部件数量、用途、动作顺序、负载特性、速度及位置控制指标。

3）稳定性及抗干扰要求。

4）电源种类、电压等级、频率及容量等要求。

5）设备安全保护相关的要求。

6）目标成本与限制。

7）验收指标及验收方式。

8）其他要求，如设备布局、安装要求、操作台布置、照明、信号指示和报警方式等。

2. 控制系统选型及电气传动方案设计

机床数控系统的选型，首先要能够满足机床控制功能要求和加工性能的需要，其次应考虑性能和价格的关系，用户的使用习惯以及数控系统的可选功能等。电气传动方案要根据机床的结构、传动方式、速度及位置指标要求等来确定。即根据零件加工精度、加工效率要求、生产机械的结构、运动部件的数量、运动要求、负载性质、调速要求以及投资额等条件，确定数控系统和电动机的选型，并作为电气控制原理图设计与电器元件选择的依据。

3. 电气控制系统图的设计

首先根据机床的电气控制要求设计电气控制原理图，并充分考虑设备的安全保护，设计过程中应遵循电气制图规范及电气安全标准。在此基础上，合理选用元器件、编制元器件目录清单，设计电气设备制造、安装及调试所必需的电气设备布置总图、电气安装图和电气接线图。

电气安装图和接线图的设计主要考虑电气控制系统的工艺设计，目的在于满足电气设备的制造和使用要求。表示出成套装置的安装和连接关系，是电气安装与查线的依据。设计的技术依据是电气原理图、电气元件明细表。工艺设计时，一般先进行电气设备总体配置设计，而后进行电气元件布置图、接线图、电气箱及非标准零件的设计，再进行各类元器件及材料清单的汇总。

4. 编写电气说明书和使用说明书

最后编写电气设计和使用说明书，形成一套完整的设计技术文件，在设备交付验收时一起提供给用户。说明书是用户使用设备的指南，也是设备调试、维护及维修必不可少的技术资料。设计及使用说明书应包括以下主要内容：

1）拖动方案选择依据及本设计的主要特点。

2）主要参数的计算过程。

3）设计任务书中要求各项技术指标的核算与评价。

4）设备调试要求与调试方法。

5）使用维护要求及注意事项。

6.3.3 电气控制系统设计的一般问题

1. 严格贯彻技术标准

只有严格贯彻执行相关标准，规范设计，才能保证电气性能质量。除了国内标准外，设计中还要贯彻国际 ISO 9001 质量标准，使产品符合国际标准，出口到欧洲地区的数控机床还要符合 CE 标准。这就要求设计人员学习掌握各种标准，准确理解并应用到具体设计中去。

2. 硬件选型

（1）数控系统和伺服系统

机床数控系统的选用，首先要能够满足机床控制功能和加工性能的要求，其次应考虑性能和价格的关系。日本及欧美等国的知名品牌数控系统，应用时间久，市场占有率高，性能比较稳定，但价格以及后期的维护和备件更换费用也较高。目前，国内自主研发的一些数控系统，技术已日趋成熟，而价格与进口系统相比更具优势，成为数控系统的一个新选择。此外，在对数控系统进行选型时，还应注意基本功能和选件功能的区别，选件功能是需要另付费用的，同一品牌的数控系统，不同的配置，价格差别也较大。合理的配置是选择数控系统的重要原则。

伺服放大器和伺服电动机的选择也是方案设计的重要内容，电动机机械特性应满足生产要求且与负载特性相适应，保证加工中运行稳定，满足调速范围与输出转矩的要求，有良好的起、制动性能。在保证机床性能指标的前提下，通过科学计算，选择合适的伺服电动机，合理利用资源，使电动机容量能得到充分利用，即温升尽可能达到或接近额定温升值，严防"大马拉小车"。电动机结构形式应满足机械设计中的安装要求，并适应周围工作环境。

（2）其他电气元件

电气控制系统中，低压电气元件的性能质量是影响机床可靠性的重要因素。如接触器、继电器、按钮和行程开关等。这些看似无关轻重的电气元件，在数控机床的电气控制中同样起着重要的作用，有些供应商生产的电气元件质量不达标，特别是在频繁操作中更易出现故障。如果选择不当，就会影响整机质量。所以，不能一味为降低成本而牺牲整机的稳定性与安全性。同时，为了便于装配与维修，要合理设计电气元件的布局，尽量减少电气元件的品种、规格和数量，同一用途尽可能选用相同型号的器件。

3. 对电磁干扰及外界环境的考虑

工业环境存在较多电磁干扰，为了保证设备稳定工作，电磁干扰问题是数控机床电气设计必须考虑的重要问题。干扰是指在工作中受环境因素影响，出现的一些与有用信号无关的、并且对系统性能或信号传输有害的现象。其中，电磁干扰最为普遍，并对机床控制系统影响最大，会造成机床不能正常运行，加工精度降低，系统动作不稳定，甚至引起死机或误动作。提高机床抗干扰能力的措施有很多，主要考虑以下几个方面：

（1）机床电气设计尽量简单

在满足生产工艺控制要求的前提下，机床的控制电路尽量简单、操作方便，使用的元器件数量和种类尽量减少，并选用抗干扰能力强的电气元件。

（2）电气元件布局、线路合理

大电感负载，如交流接触器线圈、三相异步电动机和交流电磁阀线圈等，采用 RC 灭弧器吸收高压反电动势，防止产生尖峰脉冲和浪涌电压，影响控制系统正常工作。为避免耦合干扰，控制柜内各个部件按照强、弱电分开安装、布线，动力电缆和信号电缆相互分开走线，信号线采用屏蔽电缆，屏蔽层要接地。为了减少线路中的耦合电容和电感，电缆不宜过长，应适当减少电缆的无作用长度。

（3）可靠防护与接地

电气柜应具有 IP54 防护等级，控制系统、电气柜及重要的部件须可靠接地，接地电阻<4Ω，并在控制柜内最近的位置接入 PE 接地排，接地排采用厚度≥3mm 的铜板制作，保证良好接触。各部件外壳、屏蔽层应可靠接地。重要部件及控制柜之间的接地线面积应≥2mm^2。

电气控制柜应该采用冷轧钢板制作，为了保证控制柜的电磁一致性，应采用一体结构或焊接。控制柜的安装板应采用镀锌钢板，以提高系统的接地性能。

接地标准及办法需遵守国标 GB/T 5226.1—2008，良好的接地是系统稳定可靠运行的保证。

4. 对机床电源的要求

设计时应考虑用户供电电网情况，包括电网容量、电流种类、电压和频率等。对于电网波动大的用户，要采取措施使电源电压在允许范围内，并且保持相对稳定，否则会直接影响数控系统的正常工作。

在设计时除了局部重要电路要增加稳压措施外，还可以在数控机床电气柜进线之前增加稳压装置。交流稳压电源可以消除电网电压不断变化对机床控制系统造成的影响。直流电路采用直流稳压电源，可以抑制来自电网的干扰，也可抑制由于负载变化造成的直流电路工作电压的波动。伺服系统、数控系统的电源应采用隔离变压器供电，重要部件的交流电源线路应安装低通滤波器，减少工频电源上的高频干扰信号。直流电磁阀线圈、抱闸线圈的直流电源不应与数控系统、I/O 单元共用，应使用独立的电源。

5. 电气安装工艺设计

严格的电气安装工艺设计可大大提高机床的可靠性和抗干扰能力。

（1）合理选择接地

机床接地的目的有两个：

一是安全接地，把机床与大地相接，存在漏电时，保证操作者生命安全。

二是工作接地，指的是为机床提供一个基准电位，可抑制干扰。

（2）电气设备总体配置及布线

各种电气元件在构成一个完整的电气控制系统时，需要划分组件。同时解决组件之间以及电气柜与被控制设备之间的接线问题。通常可分成以下几种组件：①机床电器组件。②电器板和电源板组件。③控制面板组件。

6. 电气元件布置图的设计

布置图是根据电气元件的外形绘制，并标出各元件间距尺寸，每个电气元件的安装尺寸及其公差范围，应严格按产品手册标注，作为底板加工依据，以保证各电器的顺利安装。

在电气布置设计中，要根据本部件进出线的数量（由部件原理图统计出来）和采用导线规格，选择进出线方式，并选用适当的接线端子板或接插件，按一定顺序标上进出线的接线号。

电气元件布置是某些电气元件按一定原则的组合，电气元件布置图的设计依据是电气原理图。同一组件中电气元件的布置应注意：

1）体积大的或较重的电器应安装在电器板的下面，而发热元件应安装在电器板的上面。

2）强电、弱电分开并注意屏蔽，防止外界干扰。

3）需要经常维护、检修及调整的元件安装位置不宜过高或过低。

4）电气元件的布置应考虑整齐、美观和对称。外形尺寸与结构类似的电器应放在一起，以利于加工安装和配线。

5）电气元件布置不宜过密，要留有一定的间隙，若采用板前走线槽配线方式，应适当加大各排电器间距，以利布线和维护。

7. 控制软件设计

（1）严密准确的软件

除了电气控制系统的硬件设计，数控机床还要由程序实现对各种动作的正确控制。这就要求控制软件工作可靠，逻辑正确，运行高效，否则不仅无法实现应有的功能，甚至会带来人身和设备安全隐患。如在有刀库的数控机床中，主轴必须到达换刀点，才能启动机械手换刀，刀具拉紧后主轴才能旋转等。所以编写 PLC 程序时，设计人员要充分理解机床各动作环节的逻辑及时序关系，从设计上保证数控机床电气控制的稳定可靠。

（2）故障检测报警程序

控制程序的设计，要考虑人机交互的宜人性，给用户尽可能详细具体的信息，指示设备的工作状态，提供报警和故障信息。例如机床导轨和轴承等的润滑，一旦润滑油缺少时应报警，并使机床停止工作，只有操作者加满润滑油后才能消除报警，机床才能正常工作。有些用户忽视加油，要求取消这个报警，使机床在无润滑的情况下工作，时间一长，机床往往产生很多机械故障，使机床的寿命大大缩短；还可以规定动作需要在设计时间内完成，超过规定时间触发报警，把故障控制在最小范围内，并在故障发生后第一时间提示用户以便及时维修。

6.3.4　典型机床电气控制系统设计

本小节以三轴联动数控定梁式龙门镗铣加工中心为例，对其电气控制系统设计做简要介绍。该机床采用龙门框架固定，工作台移动结构。主要由床身、工作台、立柱、横梁、滑鞍、滑枕和液压系统等部件组成，主要机械部件均采用树脂砂造型、高强度铸铁件，经充分时效处理，具有良好刚性和稳定性。机床外形如图 6-11 所示。该机床主要用于箱体、壳体和棒类、轴类零件的镗、铣、钻（钻、扩、铰）、攻螺纹和锪削等多种加工。

图 6-11　某型号数控定梁式龙门镗铣加工中心

1. 机床电气设计任务书

在产品设计和制造过程中，严格按照有关国家标准或国际标准要求设计和制造，以确保产品设计生产质量和安全。

（1）机床工作环境及配置要求

环境温度：0°~45°，相对湿度：≤90%，无腐蚀介质、无粉尘、无强烈震源。

工作时间：24h/天（三班制）。

典型工件硬度：130~360HB。

典型零件材料：HT250、QT400、QT500、45、42CrMo。

机床配置：主机、附件铣头、工件自动检测装置、电气系统、工件冷却系统、液压润滑系统、配置压缩空气管路及气枪、自动排屑装置及铁屑收集小车、机床安装用调整垫铁及地脚螺栓、操作及维护用工具。

（2）机床技术要求

主轴传动采用齿轮传动，自动二档变速，档内无级调速。主轴内装有卡爪式自动拉刀机构，碟簧拉紧，液压松开。放松夹紧刀柄有压缩空气清洁。主轴轴承及各轴丝杠轴承采用优质润滑脂润滑。导轨、丝杠采用集中自动定程定量方式润滑。独立液压站，配恒温冷却装置。

进给轴运动通过同步带降速，带动滚珠丝杠旋转，实现进给轴直线运动。轴导轨采用瑞士直线滚动导轨副。

动作准确性：机床在完成滑动和高速移动动作时，不能出现粘合、滑动和间隙等现象。

易操作性：操作简便，具有必要的报警指示。操作面板、安全提示采用中文。

精度保持性：机床设计使用寿命在 10 年以上，适合用于长期连续加工。机床应长期保持较高的精度指标。

可靠性：机床设计应具有较高的可靠性，平均无故障间隔时间 MTBF>1500h。

安全性：机床应符合国家安全标准要求，机械、液压和电气系统应配有可靠的安全保护装置。

环保性：机床使用的各种液压油、冷却液应能可靠回收、循环使用，不得泄漏污染环境。设备噪声在带负荷运行时，距机床 1m 处测量≤80db。

精度：达到国家相关标准及出厂合格证要求，满足甲方加工试件工艺要求。（以甲方三坐标测量仪检测结果为准）

机床几何精度：按 GB/T 25658.1—2010 数控仿形定梁龙门镗铣床 第 1 部分：精度检验相关要求及出厂合格证执行。机床其余未注明精度按国标 GB/T 25658.1—2010 系列标准执行。

机床配电柜内单根导线截面≥0.75mm²。配电柜至床身的控制线全部采用电缆连接，不得使用普通导线。线头必须采用塑套冷压线鼻处理，各种电缆插座连接可靠。所有露出控制箱部分的导线穿尼龙软管。

电气控制柜应密封并配备壁挂式空调，应放置在地面上，便于维修；柜内配有内部照明、调试用插座及其他相关附属设施。

线号（机打）标示清晰，且图纸和实物一致。元件选型、布局等符合国标要求。小型继电器带指示灯。其他未注要求按国家相关标准和规程执行。

（3）数控系统的功能要求

基本功能：补偿功能：反向间隙补偿、螺距误差补偿、过象限误差补偿、刀具长度补偿和刀具半径补偿。

进给功能：快速进给、进给倍率修调、每分钟进给率、每转进给率、可编程加速度限制等。

主轴功能：主轴速度功能、主轴倍率修调、自动主轴档位选择、主轴定向准停、速度限制。

FRAME 功能：坐标系的平移、旋转、镜像和比例缩放。可设定零偏、可编程零偏，对刀功能。

编程及模拟：图形显示及刀具轨迹模拟功能，自动换刀功能，铣削、钻孔、镗孔和铰孔功能。镗、铣标准循环，刚性攻丝功能，蓝图、人机对话、宏程序编程功能及后台编辑、示教编程、程序保护。

插补功能：定位、单向定位、准确停止、三坐标直线插补、任意两圆弧插补、螺旋插补、进给暂停、螺纹切削、同步切削和法线方向控制等插补功能。

通信功能：以太网远程通信、DNC 功能。

安全保护功能：安全功能始终监控测量电路，如电池、电压、内存、极限开关、风扇监控和报警，工作区限制、软极限开关。

自诊断功能：接口、PLC 和 NC 带文本显示的诊断功能。

（4）机床主要技术参数（见表 6-7）

表 6-7　机床主要技术参数

电源电压	三相 AC 380V(1±10%)	电源频率	(50±1)Hz
工作台尺寸	1600mm * 3000mm	两立柱间距离	2080mm
工作台最大承重	12000kg	工作台最大行程(X 轴)	3500mm
滑座最大行程(Y 轴)	2700mm	滑枕最大行程(Z 轴)	1000mm
主轴转速范围(无级调速)	10~3000r/min	最大输出扭矩	1210N·m/1500N·m
主轴锥孔	ISO50	刀柄	BT50
刀柄拉钉	P50T-2-MAS403	X、Y、Z 快移速度	10/10/10m/min
X、Y、Z 工作进给速度	1~5000mm/min	主电动机功率	30/37kW
机床电气总容量	100kV·A	机床需气压	0.4~0.6MPa
机床重量	约 4200kg	机床外型	约 9000mm * 5220mm * 5400mm

2. 数控系统选型及传动方案

（1）数控系统的选择

根据设计任务要求和机床的技术参数，选用 SINUMERIK 840D s1 数控系统。

系统配置：西门子 840D s1（PCU50+OP015，NCU710.2），数控系统版本 NCU710.2，直流 24V 电源、机床控制面板（MCP）、手持单元（带数显）采用西门子产品，其余按 840D s1 数控系统标准配置。见表 6-8。

表 6-8　NCU710.2 主要配置

主要配置	数量/型号
DRIVE-CLiQ 接口	4
控制轴数	最大 6 轴
NX10/15 扩展板	最大 2 块
集成 PLC CPU 型号	PLC 317-2DP

该系统集成了结构紧凑、高功率密度的 SINAMICS S120 驱动系统和 SIMATIC S7-300 PLC 系统，功能强大而完善。具有模块化、开放式的结构及网络集成功能。可广泛适用于车削、钻削、铣削、磨削、冲压和激光加工等工艺，能胜任刀具和模具制造、高速切削、木材和玻璃加工、传送线和回转分度机等应用场合，是一款功能强大的高端数控系统。

SINUMERIK 840D s1 设计紧凑，CNC、HMI、PLC、驱动闭环控制和通信模块集成于一个 SINUMERIK NC 单元（NCU）中，采用 DRIVE-CLiQ 通信方式和基于以太网的通信解决方案，显著降低设备的布线和通信成本。开放的人机界面（HMI）和控制核心（NCK）能满足客户的个性化需求。

SINAMICS S120 驱动系统支持几乎所有类型的电机，基于 DSC（动态伺服控制）闭环位置控制技术，确保机床获得最佳的动态性能，实现最优的表面加工质量。调节型电源模块（ALM）的受控直流链路有效防止母线电压波动，具有极佳的动态性能和加工精度。

操作与编程简便，支持 DIN、ISO 语言编程和 ShopMill/ShopTurn 工步编程，一台 NCU/PCU 上可连接多达 4 个，距离远达 100m 的分布式操作面板，方便大型机床使用。

该系统具有高度的安全性，系统的安全集成功能确保操作者和机床的高度安全，制造商循环加密、NCU 和 PCU 中集成防火墙功能、数控系统与工厂网络隔离等，确保数据安全。重视环境保护，具有能耗管理和能量再生功能的能源解决方案，自动无功功率补偿等。

（2）伺服系统

主轴和 X、Y、Z 三轴均采用西门子交流伺服电动机，主轴编码器采用 SIEMENS 编码器，进给轴反馈均采用海德汉光栅尺实现全闭环位置反馈，保证机床定位和重复定位精度。

伺服系统配置：SINAMICS S120 数字伺服单元及配套交流伺服电动机，全闭环控制，光栅尺采用 HEIDENHAIN 产品。

SINAMICS S120 是西门子公司新一代驱动系统，采用了最先进的硬件技术、软件技术以及通信技术。SINAMICS S120 的所有组件，包括电动机和编码器，都通过共用的串行接口 DRIVE-CLiQ 相互连接。所有带 DRIVE-CLiQ 接口的 SINAMICS-S120 组件都具有一个电子铭牌，该铭牌包含组件的所有重要技术参数。例如：在电动机中就有电气等效电路图的参数和电动机集成编码器的特性参数。控制单元通过 DRIVE-CLiQ 可自动记录这些参数，不必在调试过程中或者更换设备时手动输入。控制精度、动态控制特性和可靠性更好。系统主要配置见表 6-9。

表 6-9 系统主要配置

序号	型号	名称
1	SITOP PSU300M 20A INPUT:400-500V 3AC OUTOUT:24V DC/20A	直流稳压电源
2	SITOP PSU300S 40A INPUT:400-500V 3AC OUTOUT:24V DC/40A	直流稳压电源
3	SIMATIC DP INTERFACE 153-1	PROFIBUS 模块 IM153
4	SIMATIC S7-300,DIGITAL INPUT SM321	输入模块
5	SIMATIC S7-300,DIGITAL OUTPUT SM322	输出模块
6	SINUMERIK OPERATOR PANEL OP15	操作面板 OP015
7	SINUMERIK CNC FULL KEYBOARD KB483C	键盘
8	SINUMERIK PCU50.5-P ELECTRONIC CONTROL DEVICE 15-520E	PCU50
9	SINUMERIK MACHINE CONTROL PANEL MCP 483C	控制面板
10	SINUMERIK 840D SL NCU720.3	数控系统 NCU720.3
11	SINAMICS S120 SINGLE MOTOR MODULE INPUT:DC600V, OUTPUT:3AC 400V,30A	功率模块
12	SINAMICS S120 SINGLE MOTOR MODULE INPUT:DC600V, OUTPUT:3AC 400V,85A	主轴功率模块

（续）

序号	型 号	名称
13	SINAMICS S120 ACTIVE LINE MODULE INPUT:3AC 380-480V, 30A OUTPUT: DC600V 92A,55kW	电源模块
14	SINUMERIK HANDHELD TERMINAL HT 2	HT2 手轮
15	CNC-SW31-3 OPERATESTD	CF 卡

3. 电路设计

（1）数控系统与伺服系统的连接

西门子 840Dsl 采用 DRIVE-CLiQ 驱动总线与 SINAMICS S120 驱动器连接。SINUMERIK NCU 710.2 可以放置在 SINAMICS S120 驱动组之中或旁边，它通过 DRIVE-CLiQ 接入。SINAMICS S120 包括：装机装柜型、书本型和用于单轴的模块式驱动器三种类型。装机装柜型驱动用于输出功率较大的场合，电源模块与电动机模块分开，应用情形较特殊。单轴模块式驱动器，其结构形式为电源模块和电机模块集成在一起。本次设计选用的是书本型驱动器，调节型电源模块。

书本型驱动器由进线电源模块和电动机模块（Motor Module，MM）组成。进线电源模块的作用是将三相交流电源变为直流电源，为电动机模块供电。电源模块将三相交流电源整流成 600V 直流电，将电动机模块连接到该直流母线上。电源模块全部采用馈能制动方式，即采用馈电制动方式将制动的能量回馈电网。其配置分为调节型电源模块（Active Line Module，ALM）和非调节型电源模块（Smart Line Module，SLM）。无论选用 ALM 或 SLM，均需要配置电抗器。

调节型进线电源模块具有 DRIVE-CLiQ 接口，由 802D sl 的 X100 接口引出的驱动控制电缆连接到 ALM 的 X200 接口。因 ALM 与 MM 工作频率不一样，需要使用单独的接口控制。电动机模块的 X200 连接到 840D sl 的 X101 接口，然后由此电动机模块的 X201 连接至下一相邻电动机的模块的 X200，按此规律连接所有电动机模块。功率大的电动机模块应与电源模块相邻放置。

SMC30/20 为编码器接口模块，用于将常规的电动机编码器信号转换成 DRIVE-CLiQ 接口信号，如电动机的 1Vpp 信号、EnDat 信号等。DMC20 为驱动系统扩展功能模块，用于扩展 S120 的 DRIVE-CLiQ 驱动系统接口。

840D sl 系统的 NCU、SINAMICS S120 的电源模块（ALM）、电动机模块、伺服电动机和编码器的连接如图 6-12 所示。

（2）接地电路

接地标准及办法需遵守国标 GB/T 5226.1—2002（等效 IEC 204-1：2000）"工业机械电气设备 第 1 部分，通用技术条件"，中性线不能作为保护地使用！PE 接地只能集中在一点接地，接地线截面积必须 $\geqslant 10 \text{mm}^2$，接地线严格禁止出现环绕。各部件的接地如图 6-13 所示。

（3）NCU 和 I/O 接口模块的连接

840D sl 通过 PROFIBUS 总线与外设进行通信。PROFIBUS 接口部件连接到 NCU 的 X126 或 X136 接口，在本设计中，SINUMERIK 840D sl 的 NCU 通过 PROFIBUS 接口模块 1M153 连接 I/O 输入模块 SM321 和输出模块 SM322。NCU 为 PROFIBUS 的主站，每个 PROFIBUS 从站

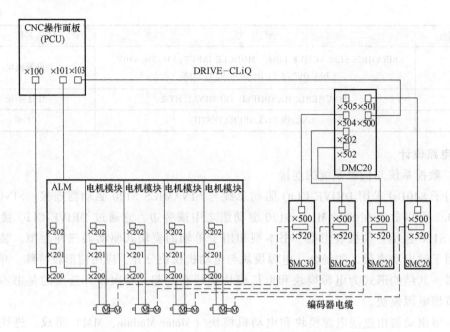

图 6-12　840D s1 与伺服驱动器及伺服电动机的连接

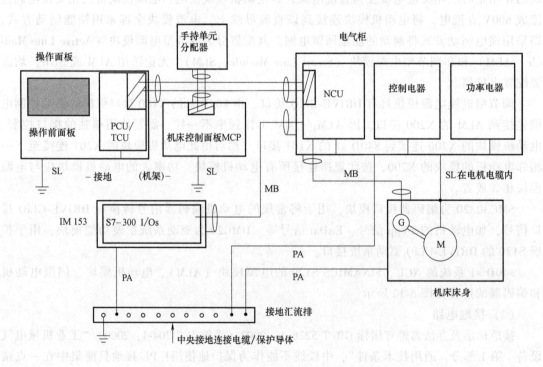

图 6-13　各部件的接地

MB—带参考地的屏蔽信号电缆　M—电动机　G—编码器　PA—等电位联接导体　SL—保护导体

（如 IM153）都有自己的总线地址，因而从站在 PROFIBUS 总线上的排列次序是任意的。PROFIBUS 的连接如图 6-14 和图 6-15 所示。PROFIBUS 两个终端站点的终端电阻开关应拨至 ON 位置。I/O 输入模块 SM321 和输出模块 SM322 的连接如图 6-16 和图 6-17 所示。

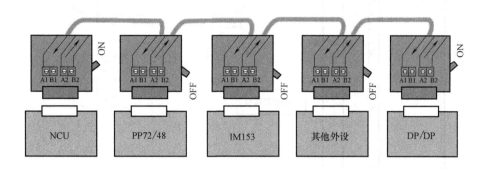

图 6-14　PROFIBUS 的连接

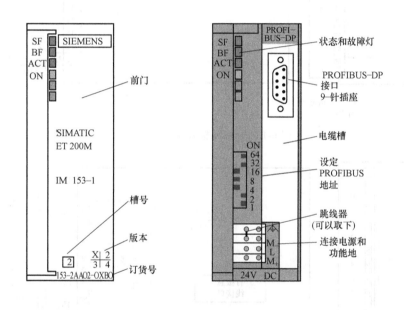

图 6-15　PROFIBUS 接口模块 IM153

（4）供电电路

1）24V 直流电源的容量确定。840D sl 的 NCU、PCU50、输入/输出模块以及各驱动部件均需要 24V 直流供电。SM322 的输出信号也需要 24VDC 供电，所需的电流根据输出点的个数以及输出信号的同时系数来确定：输出信号所需的电流=输出点数×单个输出最大电流×同时系数（A）。根据系统的配置，以及输入/输出的负载情况，确定 24V 直流电源的输出能力。

为提高系统的可靠性，使用两个独立的 24V 直流电源，一个用于 840D sl 的 PCU50、NCU 以及 PLC 和输入信号的公共端，而另一电源为驱动部件和 PLC 的输出信号供电。两个24V 直流电源的"0"V 相互连通。

2）24V 直流电源的选择。根据上述计算的结果，选用西门子公司的 24V 直流电源，具体型号见表 6-9。

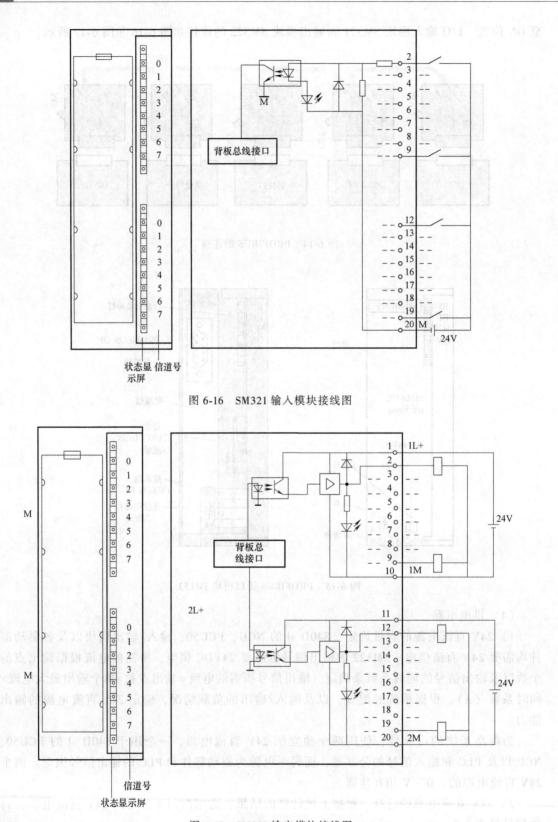

状态显 信道号
示屏

图 6-16   SM321 输入模块接线图

信道号

状态显示屏

图 6-17   SM322 输出模块接线图

3）伺服驱动器供电。SINAMICS S120 电源模块，可以在电压为三相交流 380~480V 的电源电路上运行。如图 6-18 所示，三相交流电源通过主电源开关、AIM（包含电抗器和滤波器）连接到进线电源模块上，AIM 为必配部件。

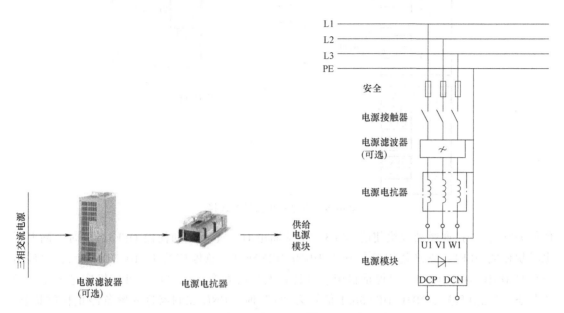

图 6-18　伺服驱动器电源模块的进线电路

（5）安全保护设计

为了防止设备在故障时产生危险运动，主轴和各进给轴的控制系统中都具有过电流、失速、超速、缺相、电动机过热和编码器故障等保护功能，当出现以上故障时，主轴和伺服轴将自动停止，并将故障信号送给 PLC。进给轴都有参数设置的软限位，并安装硬限位开关，可有效防止轴运动超出有效行程造成的损坏。机床各动作具有互锁功能，如换刀过程中，主轴的旋转和各进给轴的运动是禁止的。

（6）其他电路的设计

除上述数控和伺服相关的电路外，还有液压电路、润滑电路、冷却电路、排屑器电路和电源模块上电电路等。要分别根据各功能模块的控制要求及相互关系进行设计，并充分考虑系统的安全保护。

4．PLC 控制程序设计

完成电气系统的硬件设计与连接后，要对 PLC 硬件进行组态，分配接口单元的地址。完成 PLC 程序的设计与调试。

840D sl 系统随机附带的 Toolbox 光盘中有 PLC 基本程序库，将该程序库整体复制到自建的 PLC 程序项目，并下载到 PLC 中，此时，机床控制面板指示灯点亮，PLC 循环运行开始。然后按照设备的功能要求和系统实际配置建立各功能函数 FC。

首先要使机床的急停功能生效，PLC 中的紧急停止以及 ALM 模块的工作原理如图 6-19 所示。

按照电路原理图，在 PLC 程序中建立紧急停止控制程序，必须保证，先接通供电模块

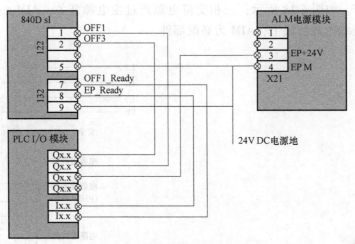

图 6-19　紧急停止信号的连接

使能 OFF1，再接通驱动模块使能 OFF3。系统断电时，先断驱动使能 OFF3，延时后断开供电模块使能 OFF1。正确使用急停输入 DB10. DBX56. 1，急停应答 DB10. DBX56. 2，急停有效信号 DB10. DBX106. 1，可保证机床、刀具和人员的安全，急停信号可使机床进入紧急停止状态。当急停输入 DB10. DBX56. 1 信号为 "1" 时，CNC 控制器进入紧急停止释放状态，进给伺服和主轴伺服放大器处于可运行状态。当信号为 "0" 时，CNC 控制器复位并进入紧急停止状态，主轴和进给伺服放大器、电动机立刻减速直至停止。在紧急停止控制程序中，I1. 6、I1. 7 和 I3. 0 是机床的急停按键开关输入信号，表示 3 个急停按键开关，1 个安装在机床电器柜上，1 个在手持操作单元上，1 个在操作面板上。3 个信号接通后，Q1. 2 激活，供电模块使能 EP 有效激活。延时 1s 后，OFF1 信号使能有效，再接着导通驱动模块使能信号 OFF3，程序如下：

Network 1：

```
A I 1.6
A I 1.7
A I 3.0              //急停按键开关输入信号
= L 0.0
A L 0.0
A DB10. DBX 104.7    //NCK 就绪
A DB10. DBX 108.7    //NC 就绪
R DB10. DBX56.1      //紧急停止释放状态
A M 60.1
S DB10. DBX56.1
NOP 0
A L 0.0
BLD 102
= Q1.2               //供电模块使能信号 EP
```

Network 2：

AN DB10. DBX 106. 1　　　　//紧急停止释放状态

A DB10. DBX 108. 5　　　　//驱动在循环操作中

L S5T#1S　　　　　　　　　//定时器延时 1s 接通

SD T 10

NOP 0

NOP 0

NOP 0

A T 10　　　　　　　　　　//定时器

= Q 1.0　　　　　　　　　　//供电模块使能信号 OFF1

Network 3：

A Q 1.0

= Q 1.1　　　　　　　　　　//驱动模块使能信号 OFF3

继续创建机床的功能函数 FC，实现操作面板控制、坐标回零、轴限位、机床照明灯、冷却液开关、工作、报警状态指示灯、装卸刀及主轴换挡等功能，并检查机床各个功能执行是否准确可靠。若有问题，则应修改相应的控制程序。注意，在编制 PLC 程序时，一定要充分考虑各个相互关联动作的可靠性与安全性，如：机床主轴旋转时就不能进行手动换刀；主轴冷却装置故障，主轴停止；润滑压力低或液位过低系统报警，坐标轴无法启动等；以免造成设备损坏与操作人员人身受到伤害。

6.3.5　电气控制系统设计的数字化

当前国内主要机床制造商在设计和绘制电路图时，普遍采用非专业的制图软件。电气设计与安装接线的各个环节相互割裂，导致设计制图工作量大，容易出错，且缺乏统一规范。为了提高设计效率、缩短产品开发周期、提高产品的市场竞争力，应尽可能缩短机床的设计和生产时间，降低设计成本，这就要求数控机床设计人员采用现代设计方法。计算机技术、网络技术以及工业软件技术平台的发展，使机床的数字化设计成为可能。

对于数控机床电气设计而言，可以利用电气设计软件和 PLC 仿真软件，绘制电路图、布局电气柜、编制和调试 PLC 程序，实现电气设计和仿真的数字化。使得绘图规范化、国际化，电气柜内布局 3D 化、简单化，电气布线乃至电气施工自动化，PLC 程序仿真方便化、效率化。在数字化设计平台上，完成电气原理图的绘制后，可一键式自动生成所有表格，将原来在 CAD 里做的工作，变为由数字化设计软件自动生成，更加准确、快捷。从而大幅度提升电气设计的工作效率，且最大限度防止错误发生，降低设计开发成本。

以 EPLAN 软件为例，Eplan Electric 的 Eplan Cabinet 模块是专门布局电气柜的三维设计软件，使 3D 布局电气柜更加直接、高效。可以直接从原理图生成三维布局图，指导电气工艺人员安装电气元件。另外 Pro panel 软件也集成到 EPLAN 中，能够对三维布局的电气柜进行自动布线，且能够自动导出线号等功能，直接输入打号机等设备，实现自动打号与电盘钻孔，达到设计与生产无缝链接的效果，使得电气设计更加智能化，最终实现电气的数字化设计与生产。

思考题与习题

1. 简要介绍三种国际标准化组织和行业标准化组织。

2. 简述机械电气安全的内涵、要素和本质。

3. 如何从机械电气设备的自身安全角度来保证安全生产？

4. GB 5226.1—2008《机械电气安全 机械电气设备 第1部分：通用技术条件》主要从哪几个方面规定了机械电气设备的安全要求？

5. 什么是数控系统功能安全？根据哪些标准对数控系统功能安全进行设计、集成、确认和评估？

6. 为什么"产品的可靠性首先是设计出来的"？如何在设计阶段保证产品的可靠性？

7. 数控机床电气控制系统设计应满足哪些基本要求？

8. 数控系统主要有哪些自诊断功能？设计人员如何充分利用数控系统的自诊断功能？

9. 数控机床电气控制系统分析和普通机床相比有什么不同？

10. 分析本章6.2.2节给出的CK0638机床电气控制系统中采用了哪些安全保护环节？

11. 数控机床电气控制系统设计应遵循哪些原则？

12. 数控机床电气控制系统设计主要包括哪些内容？

13. 提高机床抗干扰能力的措施有哪些？

14. 机床数控系统的选型主要考虑哪些因素？

15. 840D sl 的 PCU、NCU、SINAMICS S120 电源模块（ALM）、电机模块（MM）、伺服电动机和编码器之间是如何连接的？

项目16 数控机床电气控制系统分析

本项目旨在通过阅读数控机床产品的技术资料，并结合数控机床的实际操作和实地测量、分析等方式，从控制原理到电气施工、从单个器件到整体系统、从硬件电路到软件程序，全面理解数控机床的电气控制，掌握对数控机床电气控制系统进行分析的方法和能力。

1. 学习目标

1）掌握数控机床电气系统图的识图方法。

2）能够通过数控机床使用说明书、电气系统图等技术文档和资料，掌握数控机床电气控制系统的组成、相互关系、控制方法及特点。

3）能够对分析结果进行总结，撰写分析报告。

2. 任务要求

1）阅读数控机床使用说明书、电气系统图等技术文档和资料。

2）对照实际设备的电气控制系统，具体分析其电气布置图、原理图和接线图。

3）通过分析，明确数控机床各控制功能的具体实现方式，包括各进给轴、主轴功能，冷却、润滑和换刀等辅助功能，急停功能及安全保护功能，操作面板控制功能等。

4）撰写分析报告，对数控机床电气控制系统的主要功能的实现方式和控制特点进行总结。

3. 评价标准（见表6-10）

表 6-10　项目评价标准

序号	任务	配分	考核要点	考核标准	得分
1	阅读分析实验设备的说明书、电气系统图等技术资料	20	综合运用技术资料的能力	通过阅读技术资料，能明确机床的主要功能要求，电动机及传动方案，主要电气部件构成、操作方式等	
2	各进给轴、主轴功能，冷却、润滑和换刀等辅助功能，急停功能及安全保护功能，操作面板控制功能相关电路的分析	40	电气原理图的识图方法；各功能控制电路的分析 各功能控制电路之间的相互联系	电路分析全面、正确 能够对各功能的控制原理、主要电气元件组成、实现方式和特点进行分析	
3	对照实际设备的电气控制系统，分析其电气布置图和接线图	20	电气布置图、接线图的识图能力 实际元器件、线路和图样的对应	能够正确识读电气布置图、接线图 能够把实际电气元件及其连接和图样相对应	
4	电气控制系统分析总结报告	20	总结和撰写报告的能力	报告内容全面、正确，条理清晰、简明	

项目 17　数控机床电气控制系统设计

本项目旨在通过具体数控机床电气控制系统的设计，体验设计的全过程，并贯彻执行技术标准，从而对电气设计有更全面深入地理解。包括分析机床性能要求，与用户交流拟定设计任务书，控制系统方案设计，电气系统图设计，撰写说明书等技术文档等。该项目以团队形式进行，不仅锻炼设计和技术应用能力、成本意识，同时注重团队协作能力，与客户及供应商的沟通能力。

1. 学习目标

1）通过项目的实施，掌握数控机床电气设计的原则、主要内容和注意事项。

2）培养对电气设计相关技术标准的理解和执行能力。

3）培养根据任务要求查阅技术资料的能力，与客户、供应商有效沟通的能力。

4）本项目为团队任务，通过分工合作，提高团队协作能力和交流沟通能力。

5）培养撰写技术文档的能力。

2. 任务要求

1）分析数控机床的性能要求，拟定电气设计任务书。

2）数控系统、伺服系统选型。

3）完成电路原理图设计和电气元件选型。

4）完成电气布置图和接线图设计。

5）撰写操作说明书和电气设计说明书。

3. 评价标准（见表 6-11）

表 6-11　项目评价标准

序号	任务	配分	考核要点	考核标准	得分
1	分析数控机床的性能要求，拟定电气设计任务书	15	与用户沟通的能力 根据机床操作要求及性能要求，拟定设计任务书的能力	任务书内容全面，参数合理，能反映机床的电气控制和性能要求	
2	数控系统、伺服系统选型	15	查阅资料的能力 与用户、供应商沟通的能力 能根据任务要求正确选型	选型合理，有依据 满足机床电气控制和性能要求，性价比高	
3	电路原理图设计和电气元件选型	30	电气控制功能的实现 电气制图的规范性 电气元件主要参数的计算 电气元件的选型	电气原理图制图规范 满足电气控制要求 有必要的安全保护电路 电气元件选型合理，计算正确	
4	电气布置图和接线图设计	20	电气布置和接线图设计的合理性 对电磁兼容的考虑	布置图和接线图制图规范，内容全面，设计合理 设计中考虑了操作方便、散热、电磁兼容等	
5	撰写操作说明书和电气设计说明书	20	协作、交流沟通能力 总结、撰写报告的能力	报告内容全面、正确，条理清晰，简明	

第7章

数控机床电气控制系统调试

本章简介

在前面章节里介绍了数控机床电气控制系统的电气原理、各部件的接口及其连接以及机床 PLC 程序的设计及调试，为数控机床电气调试奠定了基础。机床制造厂根据机床的功能和控制需求对 PLC 应用程序进行开发，数控参数和驱动器数据的调试是为了实现数控系统和机床的匹配，这种开发和调试实现数控系统对具体数控机床的控制和优化。不同厂家、不同型号的数控系统的调试过程和步骤不尽相同，但是基本的流程和方法是一致的。本章以西门子数控系统为例，阐述数控机床电气控制系统的调试。

7.1 调试前的准备

当电气控制系统的各个硬件、部件按照设计要求在电气柜中安装完毕，且正确地连接好后，就可以进行数控系统的调试了。必须注意，电气线路的正确连接是数控系统顺利调试的基础，正确的电气调试方法和步骤是数控系统顺利调试的有效手段。

7.1.1 调试前的准备

根据具体数控系统部件结构、接口等不同，部分检查项目有所不同。

1. 硬件检查

硬件检查的内容包括数控系统的型号、机床控制面板 MCP 的类型和型号、手持单元的类型和型号、驱动器类型、驱动器电源模块的类型和功率、电动机模块的类型和数量、电抗器是否和电源模块功率相适应、进给伺服电动机的类型和型号、主轴电动机的类型和型号、编码器接口模块、总线电缆、电动机电缆（是否带抱闸）和信号电缆等的类型、型号和数量是否正确等。

2. 检查硬件连接

这一步主要指检查系统部件之间专用电缆的连接是否正确，电动机动力线、编码器线航空接头是否吻合，接地是否良好，三相电源（3~380V AC）是否有短路、缺相，单相交流电源（220V AC）、直流 24V 电源是否有短路，数字输入/输出信号公共端的连接是否正确等。

3. 上电前检查

数控系统初次通电之前一定要详细阅读数控系统供货商提供的技术资料，必须严格检查各部件供电的正确性，以及信号接口连接的正确性，否则可能导致硬件的损坏。上电前检查项目见表7-1。

表 7-1　上电前检查项目

1	查线	确认动力线、信号线连接牢固,确认动力线相序无误
		确认驱动直流母线电压正常,防护盖已经关闭
		确认 24V 电源线电压正常
		确认所有设备独立接地,并接地良好
2	总线地址	确认总线设备(如 MCP 面板、I/O 模块等)的地址设置正确
3	系统版本	检查系统硬件版本、系统卡版本

4. 调试用计算机及调试软件的准备

通常需要一台安装了调试工具软件的计算机，一条用于调试 PLC 程序时，与数控系统连接的网线或串口通信电缆。另外要熟悉数控系统所提供的各种调试工具软件，它是系统资源的一部分，充分利用这些资源可以简化调试工作，缩短调试周期。例如，在西门子系统中，利用系统提供的初始化文件，可以快速对数控系统的应用工艺（如车削或铣削、相应的加工工艺循环）以及轴进行配置。利用 PLC 子程序库，可以简化 PLC 应用程序的设计和调试。在调试准备阶段，将数控系统提供的工具软件安装在个人计算机中，并掌握其使用。用于调试的工具软件一般有：

1）通信软件。用于传输数控系统的初始化文件、数据备份、传输零件程序或用于零件程序的在线加工。

2）PLC 应用程序的设计软件，用于编辑、装载及调试 PLC 应用程序。

3）驱动器的调试工具软件，用于配置和优化驱动器参数。

7.1.2　调试的基本步骤和流程

正确的系统连接是系统调试顺利进行的基础，其次是 PLC 基本应用程序（安全功能及 MCP 生效）的调试，在确认与安全相关的功能调试完成后，才能进行驱动器参数和数控系统基本参数的调试，西门子 SINUMEIRIK 828D 的调试可以按以下步骤进行：

1）MCP 面板、PP72/48 输入/输出模块等器件拨码开关的设置。

2）系统总清，设定口令、语言、日期时间和选项等。

3）基本参数设定，如 MCP 面板、PP72/48 输入/输出模块生效等。

4）PLC 基本调试，首先使安全功能生效（如急停、硬限位等）及 MCP 功能生效。

5）设定驱动器基本参数。根据驱动器性能的不同而异，驱动器基本参数（如电动机型号、总线地址等）可以手动设置或自动识别。

6）设置数控系统的基本参数，如控制参数、机械传动参数、速度参数等。

7）PLC 调试，如刀库、冷却和 PLC 报警等功能的调试。

8）编辑 PLC 报警文本和报警帮助文本。

9）驱动器优化，如速度环、位置环自动优化，圆度测试。

10）精度检测与误差补偿，如反向间隙、螺距误差等补偿。

11）机床功能测试，试切工件。

12）用户保护的设定。

13）数据备份及存档。

7.1.3 数控系统的首次通电

只有在保证各路电源、各种信号线路和电缆的连接正确无误后，才能对数控系统加电。而且在首次通电时，各电源回路应该一路路地分别接通，以确保安全。首次通电后，应检查数控系统各个模块以及部件的初始状态。不同品牌的数控系统的初始状态可能也是不同的。应该以数控系统供货商提供的技术资料为准。

一般情况下，数控系统首次上电后，会将默认的总线配置激活。同时将默认的机床参数加载到数控系统中。由于 PLC 应用程序尚未加载到数控系统中，这时数控系统的机床控制面板还不起作用，不能转换工作方式，不能进行手动操作。但此时数控系统的软菜单键和数控键盘应该是生效的。通过键盘进入数控系统的系统画面，通过输入/输出状态表检查输入/输出的实际状态，并且核对机床信号连接的正确性，如机床控制面板的操作键、倍率开关、急停按钮、各个坐标轴的硬限位、参考点，以及其他部件信号连接的正确性。如果通电后检测不到输入/输出状态的变化，说明存在硬件连接问题。这时应及时关掉电源，检查硬件连接的正确性。造成这种情况的原因有两种，一是输入/输出模块与数控系统的连接错误，如现场总线的连接错误；二是输入信号的公共端连接错误。在连接故障没有排除的情况下，继续调试是徒劳的。驱动器在首次上电后，应通过驱动器模块上面的指示灯检查驱动器的状态，对照手册的具体说明判断首次上电是否正常。

7.2 数控机床的电气调试

7.2.1 PLC 应用程序的调试

在数控系统通电检查无误后，就可以进行 PLC 应用程序的调试，PLC 应用程序的设计已在前面的章节中进行了详细的论述。PLC 应用程序的调试就是要检查所设计的功能是否可以正确无误地运行。除了刀库相关的 PLC 应用程序，几乎所有功能均可以在数控系统基本参数调试之前进行调试。通过调试应使下列 PLC 相关的功能正确运行。

1）基本操作功能，包括数控系统工作方式的选择，坐标轴的点动控制、手轮选择、主轴手动控制、加工程序的循环启动、循环停止和复位。

2）驱动器的使能控制，包括驱动器电源模块的使能控制端子和数控系统信号接口中相关的使能控制信号。

3）机床控制功能，如急停、坐标轴的正负方向硬限位、返回参考点等。

4）机床辅助功能，如冷却控制、润滑控制等。

调试手动操作功能时，检查手动方向是否正确的标志是人机界面坐标位置显示"＋"号和"－"号，如果在手动方式下按某坐标正方向键，在人机界面该坐标的位置显示出现"＋"号，则表示 PLC 应用程序正确。如果点动方向控制有错误，应修改相关的 PLC 应用程序，否则在调试数控系统基本参数时可能造成不必要的麻烦。在数控系统基本参数调试之前，数控系统的默认设定是仿真方式。所谓仿真方式是数控系统不生成任何位置指令到伺服驱动器，也不从电动机编码器读取实际位置，这样可以在驱动器通电之前调试 PLC 应用程序的功能。在 PLC 应用程序的基本功能调试完毕后，数控系统就可以在模拟方式下进行模拟操作，包括在手动方式下的点动操作、手轮操作和返回参考点等，或者在自动方式和 MDI 方式下运行零件程序。

PLC 应用程序的正确无误是调试驱动器和数控系统参数的基本保证。在 PLC 应用程序中，与驱动器相关的功能有急停、坐标轴的限位和驱动器使能。这些功能均与驱动器的调试安全有关。这就是在调试数控系统基本参数之前，必须首先调试 PLC 应用程序的原因。

7.2.2   驱动器的参数配置

对于一个新驱动器模块来说，内部参数均为默认设定，因此需要对伺服驱动器进行参数配置。配置驱动器参数的目的是通过驱动器参数告诉驱动器它所配置的功率模块的型号、配置的伺服电机型号和测量系统的类型，这样驱动器就可以正确地对伺服电动机进行控制。通过参数的配置，可以使驱动器加载与配置相关的默认数据。不同的数控系统，驱动器的配置方法也不同。有的可在数控系统的人机界面上直接设置，有的需要通过配套软件工具。更为先进的是驱动器自动识别伺服电动机的型号。利用默认参数可以满足伺服电动机正常工作的基本条件，为随后的调试做好准备。利用默认的驱动器参数驱动机床的传动系统时，可能会出现定位误差监控、静止监控或者轮廓监控等报警。如果出现上述报警，说明驱动器的默认数据不适合所驱动的传动机构，需要对驱动器参数进行优化。有关驱动器特性优化的内容请参考后面小节的内容。

7.2.3   驱动器定位参数和坐标控制使能参数

当今数字式的数控系统采用现场总线连接驱动器，数控系统只有总线接口，位置给定信号和位置检测信号都是以数字方式通过总线进行传递的。在总线上可以连接各种设备，如输入/输出模块、驱动器等。为了保证总线通信的正确性，要对总线上的设备进行配置，通过配置使数控系统确定当前通过总线所连接的设备。

有些数控系统的总线配置是开放的，可以根据需要灵活配置总线上的各种设备。有些数控系统的总线配置不开放，不能任意配置总线设备。这种数控系统的特点是将一些标准的总线配置集成到数控系统中。调试时只需通过相关的机床参数来选择所需的系统数据块。总线配置完成后，需要通过相应的机床参数来定位每个配置轴的给定值输出接口的地址和位置反馈接口的地址。这样数控系统就可以进行位置调节，将每个轴的速度给定通过总线送到该轴的驱动器，并且通过总线读取该轴的实际位置。

对于数控系统的默认设定，各轴均为仿真模式，就是说数控系统中的位置控制器没有生效。数控系统在此方式下，不向驱动器发送速度给定、也不从驱动器读取位置信息。在仿真模式下操作数控系统，只有人机界面的位置显示按照不同的操作命令发生变化。即使伺服驱动器正常通电，也不会驱动伺服电动机运动。在 PLC 应用程序调试完毕后，急停和各轴的硬限位工作正常，而且驱动器也完成了配置。在满足上述条件后，就可以激活数控系统的位置控制器，使各轴进入实际调节状态。

如果机械传动系统没有问题，数控系统以及驱动器的连接正确无误，激活后系统位置控制回路进入工作状态，这时伺服电动机可以根据数控系统发出的位置指令运动。假如在位置控制器激活后，伺服电动机并不运动，或者不能正确运动，说明存在着机械部件的装配问题，或者是电气部件之间的连接问题，这时要检查机械系统以及数控系统与伺服系统连接的正确性。

在数控系统的整个调试过程中，位置控制器使能的调试非常重要。因为位置控制器的正常工作与数控系统各个部件之间连接的正确性息息相关。此时数控系统的连接错误，PLC应用程序的设计错误，甚至机械故障都可能暴露出来。从另一个方面讲，数控机床的调试步骤也是非常重要的。特别是在调试一台新型号的数控机床时，一定要按照数控系统的调试规程一步一步地进行，切忌打乱调试次序，或者一次输入很多机床参数。否则在出现故障或报警时，很难快速判断出问题的原因。如果在激活位置控制器后，伺服电动机可以正常运转，伺服电动机带动机床工作台空载运行时，伺服电动机的实际电流在额定电流的30%以下，且电动机的温升正常，证明数控系统的连接正确，且没有传动系统的机械故障。

机床各轴运动的正方向，是根据切削时刀具相对于工件的运动方向，按照右手螺旋法确定的。由于机械结构设计的原因，伺服电动机可能安装在丝杠的两个不同方向上。同样是伺服电动机正转，伺服电动机安装在丝杠左端和右端时，工作台的运动方向是不同的。如果机床某轴溜板的运动方向与该轴定义的运动方向不一致，应该通过机床参数来改变溜板运动方向。

7.2.4　机械传动系统配比参数

机械传动系统配比参数是数控系统计算运动位置的依据。由于数控机床的运动是利用滚珠丝杠的螺旋原理将伺服电动机的旋转运动转变为直线运动的，因此对于采用电动机测量系统的位置控制，数控系统检测的是伺服电动机的角位置，将角位置换算成直线位置需要依据机械传动系统配比参数，就是丝杠每转对应的位移即丝杠螺距和电动机与丝杠之间的传动比。对于数控机床的每个轴而言，一旦确定其实际传动机构减速比和丝杠螺距，该轴的实际位移量也就随之确定。

对于进给轴，丝杠的螺距以及减速比是确定坐标位置的唯一条件。当伺服电动机与丝杠直接连接时，伺服电动机和丝杠的减速比为1∶1。数控系统减速比的默认值正好为1∶1。当丝杠与伺服电动机之间通过减速机构连接时，需要准确地设定减速比的分子和分母。当减速机构由多级齿轮构成时，最终的减速比等于各级减速比分子的积比各级减速比分母的积。当机械配比参数设定完毕后，数控系统发出的手动或零件程序等移动控制指令应与实际位置相吻合。任何位置精度问题均来自机械系统的误差，如丝杠螺距误差。

7.2.5　速度参数的设定

（1）进给轴速度的设定

数控系统根据数控机床的应用情况，对每个轴设计了相关的速度参数。首先是轴的最高速度，该速度实际上是数控机床坐标轴特性的体现。轴的最高速度与传动系统的机械结构和伺服电动机的特性有关。理论上，当丝杠螺距为10mm，伺服电动机与丝杠直连，伺服电动机的最高转速为3000r/min时，该轴的最高速度为30000mm/min，当伺服电动机的最高转速为 2000r/min 时，轴的最高速度为 20000mm/min。实际上，由于负载的质量、运动部件的阻尼、伺服电动机的转矩等原因，轴的实际速度可能达不到理论速度。另外，有的轴行程可能很短，要达到很高的速度，需要很高的加速度，在这种情况下需要传动系统机械部件具有很高的刚性，同时在伺服电动机选型时，应选配具有高动态特性、足够输出转矩的伺服电动机。数控机床的轴最高速度不是由一个机床参数决定的，而是取决于诸多条件。根据坐标轴的最高速度，数控系统设置了与之相关的一系列速度，这些速度的用途各有不同。从图 7-1 可以看出各速度之间的相互关系。

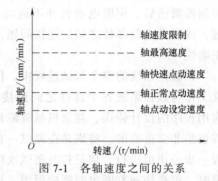

图 7-1　各轴速度之间的关系

与轴最高速度配套的另一个参数是最高速度限制。设定轴的最高速度限制是十分必要的，因为机床轴由静止到给定速度的过程中会有速度超调。特别在高加速度的情况下，速度超调是不可避免的。因此不能用轴的最高速度作为速度极限。设置最高速度限制的另一个原因是可以保证在电缆连接错误导致速度正反馈超速时，驱动系统可以自动断掉伺服使能，确保机床的轴不会因为超速而损坏。

数控系统在手动方式下，可以进行点动操作。点动包括增量方式和连续方式，而连续方式又分为正常点动和快速点动。机床的点动方式常用于对刀或测量工件原点。当操作人员按下机床面板上的方向键时，坐标轴按照机床参数中设定的正常点动速度，根据此刻的进给倍率运动。操作人员按下方向键，且同时按下快速键时，坐标轴则按照机床参数中设定的快速点动速度运动。另外，数控系统还可以通过用户操作界面随时设定正常点动速度。

（2）主轴速度的设定

主轴速度的设定与进给轴速度的设定原理基本相同。只是主轴可能有五挡速度，每个挡位都具有该挡的最高速度、最低速度和该挡的速度限制。各挡速度范围允许叠加。

7.2.6　参考点相关参数

参考点是确定机床坐标原点的基准，而且还是轴的软限位和各种误差补偿生效的条件。如果采用带绝对值编码器的伺服电动机，机床的坐标原点是在机床调试时设定的，每次开机后直接可以读出轴的当前实际位置值。传统数控机床许多都采用带增量型编码器的伺服电动机，编码器采用了光学原理将角位置进行编码，在编码器输出的位置编码信息中，还有个零脉冲信号，编码器每转产生一个零脉冲。

当伺服电动机安装到机床的床身时，伺服电动机的位置确定，编码器零脉冲的角位置也就确定。由于编码器每转产生一个零脉冲，在坐标轴的整个行程内有很多零脉冲，这些零脉冲之间的距离是相等的，而且每个零脉冲在机床坐标系统的位置是绝对确定的。为了确定坐标轴的原点，可以利用某一个零脉冲的位置作为基准。这个基准就是坐标轴的参考点。为了确定参考点的位置，通常在数控机床的坐标轴上配置一个参考点行程开关。数控机床在开机后首先要寻找参考点行程开关，在找到参考点行程开关之后，再寻找与参考点行程开关距离最近的一个零脉冲作为该坐标的参考点，根据参考点就可以确定机床的原点了。所以利用编码器的零脉冲可以准确地定位机床坐标原点。

采用增量型编码器时，必须进行返回参考点的操作，数控系统才能找到参考点，从而确定机床各轴的原点。所以在数控机床上电之后的第一个必要执行的操作任务就是返回机床各轴的参考点。一旦机床的坐标轴找到参考点，该坐标轴的软限位以及各种位置误差补偿也随即生效，软限位的设定是非常重要的。软限位可以有效地避免在机床使用过程中可能出现的位置超限。

7.2.7　误差补偿参数

数控机床是一种典型的机电一体化产品，数控机床的品质如加工精度和动态特性，不是取决于采用什么档次的数控系统，而取决于高质量的机械部件和优化的装配工艺，取决于机电的密切配合。由前面章节可知，伺服电动机驱动滚珠丝杠将旋转运动转化为直线运动，采用直线光栅尺直接测量轴最终直线位置的测控系统称为全闭环系统。有些机床采用间接测量系统，称为半闭环，光电编码器安装在伺服电动机内，检测伺服电动机角位移，由数控系统通过机械配比参数计算出坐标的位置。由于编码器只能检测到伺服电动机的角位移，不能检测坐标轴的实际位移，坐标轴的位置精度由机械系统的精度和刚性主导。就是说，机械部件的制造和装配精度影响机床的实际定位精度。传动系统机械部件的制造和装配误差可以通过数控系统的补偿功能作一定程度上的补偿。

（1）丝杠的反向间隙补偿

由于各坐标轴进给传动链上驱动部件（如伺服电动机、伺服液压马达等）存在反向死区，各机械运动传动副存在反向间隙，当各坐标轴改变运动方向时，会造成反向偏差。反向偏差的存在会影响半闭环伺服系统机床的定位精度和重复定位精度，特别容易出现过象限切削过渡偏差，造成圆度不够或出现刀痕等现象。因此，需要定期对机床各坐标轴的反向间隙进行测量和补偿。

尽管在机床装配时采取了各种措施消除机床传动系统中可能存在的反向间隙误差，如滚珠丝杠螺母增加了消除反向间隙的机构，或者采用消隙的减速箱，但是很难完全消除传动系统中的反向间隙。因此可以利用数控系统提供的反向间隙补偿功能对误差进行补偿。要对反向间隙进行补偿，首先要准确地测量出反向间隙的大小。由于滚珠丝杠的制造误差，坐标轴的任何一个位置既有反向间隙也存在丝杠的螺距误差，因此要在一个位置测量反向间隙往往不能测出实际的反向间隙误差。通常采用多点测量法，在坐标轴的若干个位置测量出反向间隙，然后计算平均值。最准确的方式是采用激光干涉仪测量坐标轴全程的丝杠螺距误差，同时可以测出准确的反向间隙。

坐标轴返回参考点后，数控系统对于反向间隙的补偿也随即生效，所谓补偿反向间隙，就是在坐标轴反向时将测得的反向间隙值加入位置指令中，测得的反向间隙的值要输入相应的参数中。假如反向间隙值过大，可能使数控系统在补偿反向间隙时，出现速度极限报警。

（2）丝杠螺距误差补偿

数控机床使用丝杠将电动机的旋转运动转化为直线运动，因此，丝杠是机床传动链中的重要环节。理想的丝杠，其旋转角度和直线位移之间是线性关系，如图7-2中的理想螺杆落线。但是当机床传动链中的丝杠存在制造误差，或经过长时间使用带来磨损误差，实际的螺杆螺线就不再是严格的直线，实际运行位置和理想位置之间出现偏差，从而带来机床的定位误差。丝杠螺距误差的大小决定了丝杠的精度等级，数控机床的定位精度在很大程度上取决于滚珠丝杠的螺距制造精度。丝杠的螺距误差可以利用数控系统的补偿功能部分消除或减小。

在数控机床生产制造及加工应用中，调整好机床反向间隙、重复定位精度后，要减小定位误差，用数控系统的螺距误差补偿功能是最节约成本且直接有效的方法。螺距补偿原理是将机械参考点返回后的位置作为螺距补偿原点，CNC 系统以设定在螺距误差补偿参数中的螺距补偿量和 CNC 移动指令，综合控制伺服轴的移动量，以此补偿丝杠的螺距误差，提高机床定位精度。数控系统对丝杠误差补偿的过程实际上是通过调整丝杠的角度使得直线位移达到或接近指令位置，如图 7-2 所示。实际上丝杠的误差表现形式为非线性，而数控系统对丝杠螺距误差的补偿采用了线性补偿法。线性补偿与非线性误差之间的矛盾影响了误差补偿的效果。

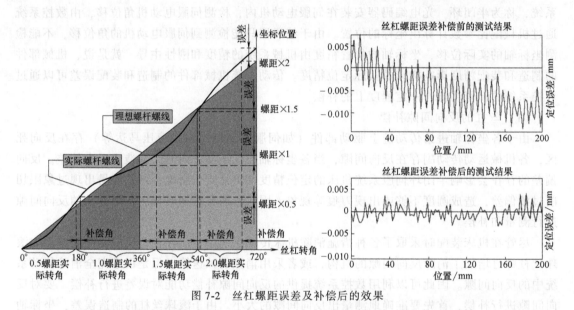

图 7-2　丝杠螺距误差及补偿后的效果

7.3　数控机床的数据备份

数控机床的数据备份是其安装调试的最后一个步骤，也是十分重要的一步。数控系统的数据备份可分为内部数据备份和外部数据备份。不同厂家、不同型号的数控系统其内部数据备份的方法可能是不同的，但是数据的外部备份方法基本相同。

每台数控机床在出厂之前必须对数控系统的数据进行内部备份。利用内部数据备份，用户、机床制造厂的服务工程师或者数控系统服务工程师可以快速恢复数控机床的出厂数据。数控系统的外部数据备份具有同样的重要性。调试数据中包括了机床制造厂在调试该数控机床时设计和输入的 PLC 程序、用户报警文本、各种机床参数、刀具数据、设定数据、零点偏移、固定循环和零件程序等内容。因此将调试数据作为外部备份数据可以用于数控机床的数据归档备案，也可以提供给最终用户，用于快速恢复数控机床的出厂数据。就是说，调试数据的备份既可用于数控机床的维护，还可以作为数控机床生产厂的数据档案。因此，数据文件的命名也是十分重要的。在生产工艺中要定义备份数据文件的命名规则，如包含数控机床的产品系列号、日期等信息。

7.3.1 数据的内部备份

现代数控系统采用闪存和静态存储器并用的存储结构，如图 7-3 所示。闪存是一种电可擦写的只读存储器，不仅可以存储系统软件，也可以存储用户数据，具体包括数控系统的系统软件代码、默认数据、备份数据、PLC 应用程序以及 PLC 报警文本等。由于闪存的写入时间比静态存储器要长，数控系统为了保证控制软件的实时性不能做到将任何用户数据即时写入闪存。所有用户数据比如机床参数、刀具参数、零点偏移、螺距误差补偿、固定循环和加工程序等首先存入静态存储器的工作数据区。当今的静态存储器功耗极低，采用高能量电容供电，保持其中的工作数据区中的信息不丢失。电容的充电时间短，一般情况下，数控系统一次开机后，高能电容存储的电能足以保持静态存储器中的信息一个月的时间不丢失。

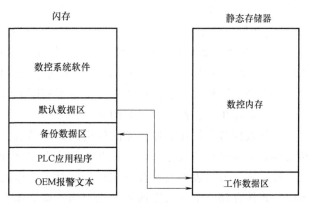

图 7-3 数控系统的存储器结构和用途

尽管高能电容可以长时间保持数据信息，但是保持时间仍然是有限的，一旦超出这个时间，静态存储器中的信息将不可避免地丢失。为此数控系统在闪存中保留了备份数据区，当数控系统调试完毕后，调试人员可以通过人机界面的相关操作将工作数据区中的信息全部存入闪存中的备份数据区，这就是数据的内部备份。数控系统在存储器上电自检时，先判断静态存储器中的信息是否都在，如果丢失，数控系统自动将闪存中备份数据区的内容加载到静态存储器中的工作数据区。采用这种存储器结构及方法，既解决了闪存写入时间长的问题，同时也解决了静态存储器信息保持的问题。

7.3.2 数据的外部备份

一台数控系统在出厂时的状态，与一台数控机床出厂时，其配套的数控系统的状态是不同的，机床制造厂为使数控机床得以正确运行，已经将许多信息集成到数控系统中。这些信息包括 PLC 应用程序、用户报警文本、机床参数、刀具参数、零点偏移、固定循环、用户循环、零件程序以及驱动器数据等。利用数控系统提供的通信工具，可将各种数据传输到外部媒体中作为外部数据备份。可以作为数控系统外部数据备份的媒体有计算机的磁盘，如硬盘、软盘、USB 存储器等，还有 PCMCIA 存储卡。数据的外部备份就是将数控系统中由机床制造厂设定的数据信息备份到外部媒体中。其中需要随机床提供给用户的数据有二进制格式的试车数据，"试车数据" 文件中包含了 PLC 应用程序、PLC 报警文本、机床参数、刀具参数、零点偏移、固定循环、加工程序以及驱动器的数据。用于在出现故障时快速恢复的数据，二进制格式的 PLC 应用程序，文本格式的机床数据，文本格式的丝杠补偿文件，这些数据用于在更换不同版本的数控系统时，恢复系统的数据。

数据外部备份的目的之一是为数控机床的用户提供备份数据，用于数控机床的维护。最终用户在出现数据问题时，利用机床制造厂提供的备份数据可迅速恢复数控机床出厂时的数据。外部备份的试车数据应随设备提供给最终用户。数据外部备份的另一个目的是机床制造厂的技术归档。对于批量生产的某型号数控机床，其机械图样、电气图样、生产工艺、元器件采购大纲等可能是相同的，但是每台的数据是有区别的，如每个轴反向间隙和丝杠螺距误差等。因此每台机床的数据也应收入机床制造厂的技术档案。一旦最终用户将数控机床出厂时的备份数据丢失，机床制造厂可从数据档案中找出某台机床的出厂数据。为此可采用以下两种方法进行数据备份。

1）在每台机床调试完成后，备份一个"试车数据"文件。

2）在某型号数控机床调试基本完毕，但是尚未进行各种误差补偿时，备份一个"试车数据"，这个数据可以作为同型号数控机床通用的备份数据，而且可以用于该型号数控机床的批量生产。这样每台数控机床只需备份不相同的数据，如反向间隙，丝杠螺距误差、软限位，主轴准停角度、换刀位置等即可。

设计数据备份是在数控机床的样机调试完毕后，为今后对该型号数控机床进行设计升级和功能完善而进行的数据备份。这些数据中包括了 PLC 源程序、PLC 报警文本的文件、换刀循环程序、刀具表以及每台机床在调试时手工输入的机床数据。所有备份的数据可以采用不同的媒体存储。不管采用何种方式存储，都应作为数控机床的技术资料归档备案。

由于在制造商口令级别下，操作者可以调出数控系统的默认数据，或者更改机床数据。所以在数据备份完成后，必须关闭制造商级别的口令，否则这台数控机床存在着数据被篡改，甚至调出数控系统默认数据的可能性。只有在完成数据备份，并且关闭了数控系统制造商级别的口令后，一个数控机床的调试才算最终完成。

数控机床的研发和生产过程中，机床制造厂对数控系统进行了二次开发和调试。为了区别机床制造厂和最终用户的存取权限，数控系统设置了不同级别的口令，只有在制造商级别下才能对数控系统进行开发和调试。因此，在数控机床调试完毕后，关闭数控系统中制造商级别的口令是至关重要的。机床制造厂在设计和生产过程中需要设定数控机床的存储级别为机床制造商。在制造商级别下，可以更改机床数据，也可以加载数控系统的默认数据，就是对数控系统进行初始化，假如加载了数控系统的默认数据，数控系统也就恢复了其出厂时的原始状态。假如数控机床在出厂时没有关闭数控系统的制造商口令，最终用户就有可能更改数控系统的机床参数，或对数控系统进行初始化。特别是用户在开始使用数控机床时，由于对机床和数控系统的操作不熟悉，可能在操作过程中无意识更改了某个机床参数而导致数控机床的功能失常，甚至停机。因此，在数控机床出厂之前的一个重要必检的检验项目是检查制造商的口令是否关闭。

思考题与习题

1. 简要说明数控机床调试的内容和基本流程。

2. 结合实际数控设备，列出该设备电气控制系统的硬件配置情况。

3. 如何检查三相电源是否有短路？

4. 结合一种典型数控系统，简述该系统的调试软件的种类和作用。

5. 结合一种典型数控系统，简述该系统的调试流程。

6. 结合一种典型数控系统，简述该系统首次上电需要做哪些检查？

7. 结合一种典型数控系统，简述该系统常用机床参数及作用。

8. 结合一种典型数控系统，简述伺服系统的基本调试步骤。

9. 结合一种典型数控系统，简述该系统数据备份的方法。

项目18 电气控制系统的上电

本项目以西门子828D basic T为例，不同厂家、不同型号的数控系统的调试过程和步骤可能不尽相同，但是基本的流程和方法是相同的，可以互相借鉴。

1. 学习目标

1）掌握上电前硬部件及其连接的检查内容。

2）掌握常用仪器仪表的使用，掌握上电前线路检测的方法。

3）掌握电源短路、缺相等检查的方法和步骤。

4）掌握电气控制系统的上电方法和步骤。

2. 任务要求

1）结合实际数控设备，完成上电前硬部件的检查。

2）结合实际数控设备，完成电源短路、缺相等检查。

3）结合实际数控设备，完成各回路逐次上电。

4）对学习内容进行总结，分组讨论，撰写项目报告。

3. 方法步骤

1）上电前的硬件（部件）检查，见表7-2。

表7-2 上电前硬件检查表

序号	条目	详细内容	备注
1	NC数控系统	PPU型号	• PPU240/241(基本型) • PPU260/261(标准型) • PPU280/281(高性能型)
		机床控制面板MCP型号	• MCP483(与PPU水平版配合) • MCP310(与PPU垂直版配合) • 客户可选择第三方MCP
		输入/输出模块PP72/48： • PP72/48D PN数量 • PP72/48D 2/2A PN数量	• PP72/48D PN(纯数字量输入/输出) • PP72/48D 2/2A PN(数字/模拟量混合输入/输出)
		手持单元类型	• Mini手持单元 • 第三方手轮(非西门子产品)
		PN-PN耦合器是否使用:□是 □否	选配件,用于连接不同的Profi-Net网络
2	驱动器部件	驱动器类型:□书本型 □Combi 电源模块类型:□SLM □ALM 伺服轴数量及名称	SINAMICS S120驱动器: • 书本型:电源模块和电动机模块相互分开,可自由组合,灵活 • Combi:电源模块与电动机模块集成在一起(3/4轴),减少接线与安装,可通过紧凑书本电动机模块扩展轴

（续）

序号	条目	详细内容	备注
2	驱动器部件	伺服电动机型号: • X 轴 • Z 轴	1FK7 系列带 Drive-CliQ 接口的同步伺服电动机
		主轴电动机型号 变频器	1PH8 系列带 Drive-CliQ 接口的主轴伺服电动机;也可选用模拟量主轴,配变频器
		编码器接口模块:□ SMC30 （选配件） □ SMC20 使用数量	• SMC30(转化 TTL/HTL 信号) • SMC20(转化 1Vpp),当电动机不带 Drive-CliQ 接口,或电动机带第二编码器,以及使用模拟量主轴时使用
		Drive-CliQ 集线器模块 DMC20 使用数量	选配件,用于扩展 Drive-CliQ 接口
		轴控制扩展模块 NX10 使用数量	选配件,用于控制多于 6 个轴时
3	电缆	PROFI-Net 连接电缆 核对数量	
		Drive-CliQ 连接电缆 核对数量	
		电动机电缆 核对数量	根据电动机是否带抱闸选择对应的电动机电缆
		信号电缆 核对数量	电动机信号电缆不可与 Drive-CliQ 电缆混用,信号电缆带有 24V 供电,Drive-CliQ 电缆没有

2）上电前硬件连接检查。主要包括系统专用电缆的连接情况检查、接地检查和电源安全检查等，见表 7-3。

828D 与书本型驱动器硬件连接如图 7-4 所示。Profinet 接口可以串联多个设备，且不分顺序，所以也可以从系统 PN1 连接 MCP 的 Port1，然后再从 MCP 的 Port2 连接 PP72/48D PN 模块。

表 7-3 硬件连接检查表

序号	检查项目		完成情况
1	接线完成度		
2	接线注意事项:电动机动力线、编码器线航空接头吻合度		
3	接地检查		
4	安全检查	三相检查	
		两相检查	
		24V 检查	

3）上电前检查，见表 7-4。

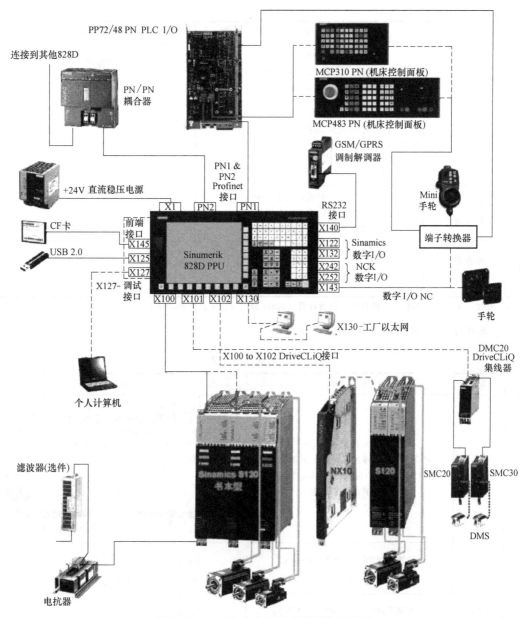

图 7-4　828D 与书本型驱动器硬件连接图

表 7-4　上电前检查

序号	条目	详细内容	完成情况
1	查线	动力线、信号线接牢,顺序无误	□ 确认相序　　　□ 确认连接牢固
		驱动模块间的直流母线、24V 母线接牢	□ 完成(直流母线通电后为 600V,严禁触及)
		24V 电源线	□ 使用万用表确认 24V 实际电压值 > 23.5V;否则调整电源
		所有设备独立接地	□ 确认所有接地良好

（续）

序号	条目	详细内容	完成情况
2	拨码开关	设置 PROFI-Net 地址： MCP 开关的 7,9,10 拨到 on； IP：192.168.214.64	请在断电下完成拨码 □ 完成
		第一块 PP72/48 开关的 1,4,9,10 拨到 on；IP：192.168.214.9	□ 完成
		第二块 PP72/48 开关的 4,9,10 拨到 on；IP：192.168.214.8	□ 完成
3	检查系统 硬件版本	参看 PPU 背面西门子标示： PPU2xx.1：为 1 版本硬件 PPU2xx.2：为 2 版本硬件	PPU 型号
4	检查系统 卡版本	参看系统 CF 卡所示标示（系统 CF 卡在 PPU 背面右上角盖板下）	□ 车（Turning）□ 铣（Milling） （插入 CF 卡时注意正反）

注：MCP 、PP72/48 拨码开关的具体设置请查看《828D 简明调试手册》相关章节。

4）初次上电设置，见表 7-5。

表 7-5　初次上电设置

序号	条目	详细内容	备注
1	初始 设定	开机提示信息：□ 完成 开机会提示驱动系统未配置。配置驱动器 可在驱动调试中再执行，可点击"取消" 继续其他初始设定	
		设置系统语言为中文 Chinese： □ 完成	MENU SELECT → 调试 → Change language
		输入制造商口令：SUNRISE（大写）： □ 完成	MENU SELECT → 调试 → 口令
		设置系统时间： □ 完成	MENU SELECT → 调试 → HMI → 日期时间
		检查激活的授权选项：□ 完成 附加选项	MENU SELECT → 调试 → > → 许可证
		可选项,设置 RCS 远程诊断访问权限： □ 完成	MENU SELECT → 诊断 → 远程诊断 确保调试软件与系统连接

（续）

序号	条目	详细内容	备注
1	初始设定	查看 NC/PLC 变量:□ 完成 用于检验 PLC 输入输出点状态是否正确;用于后面 PLC 功能调试时,检测外围设备线路信号。所监控的 PLC 信号有数据类型的区别,请使用合适的类型查看	主菜单→诊断→NC/PLC 变量,在列表中输入监控的 NC 或 PLC 地址,即可监控 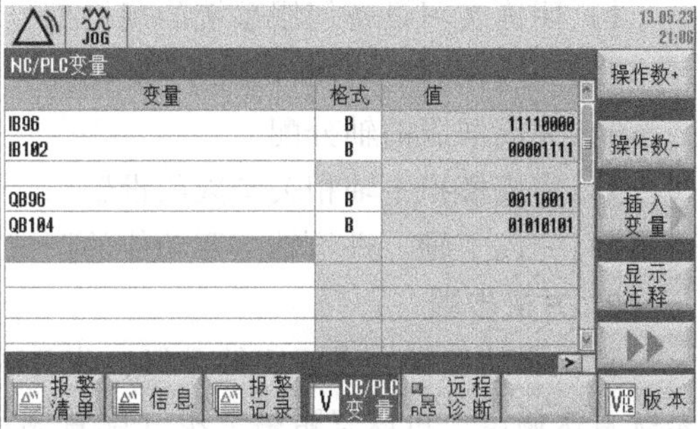
2	检查系统软件版本	□软件版本：V ＿.＿＿+SP＿＿+HF 系统的软件与硬件版本需配套	
		□ 确认软件与硬件的兼容性	硬件为 1 版本:软件需为 V2.6/V2.7 硬件为 2 版本:软件需为 V4.3/V4.4/V4.5 或以上

4. 项目评价标准（见表7-6）

表7-6　项目评价标准

序号	任务	配分	考核要点	考核标准	得分
1	上电前的硬件检查	10	核对设备系统部件的类型、型号等信息	记录设备实际硬部件的类型、型号等信息	
2	上电前硬件连接检查	10	部件之间专用电缆的连接	逐个检查部件之间专用电缆的连接	
3	电源安全检查	50	三相电源短路、缺相等检查 单相控制电源短路检查 直流控制电源短路检查	电源短路的检查方法 仪器仪表的正确使用	
4	逐个回路上电	20	各回路依次上电	逐个回路依次上次 检测方法正确	
5	首次上电后系统状态检查	10	系统初次上电的状态检查	数控系统初次上电状态检查 驱动器初次上电的状态 总线通信是否正常	

项目 19　伺服参数的设定和调整

1. 学习目标

1）了解数控机床伺服系统的主要配置和技术参数。

2）了解初始化的作用，能够完成驱动配置。

3）熟悉伺服进给轴的轴分配，掌握手动的方法。

4）掌握伺服相关参数的意义和设置。

2. 任务要求

1）明确实习设备伺服系统的规格型号和电动机主要参数。

2）完成伺服驱动固件升级、驱动配置（初始化）。

3）完成伺服的轴分配。

4）完成模拟主轴相关参数的设置。

5）完成主轴、进给轴主要功能的调试和验证。

3. 方法步骤

首次驱动调试，需要固件升级，非首次驱动调试，直接跳至第 2 步（配置驱动）。如果系统首次调试，可以忽略第 2 步（配置驱动）。驱动配置完毕后，需要进行一次电网识别，或者当电网环境发生变化时需再次电网识别。如果无法进行电网识别，请查看电源模块是否配置成功，或者检查电源模块的 EP 是否正常。具体步骤见表 7-7。

表 7-7 驱动调试步骤

序号	条目	详细内容	备 注
1	固件升级	□ PPU 第一次连接到驱动时，会自动对驱动进行固件升级 □ 固件升级后，须关断 PPU 和所有带 DRIVE-CLiQ 接口设备，重启后，固件生效	1. 首次驱动调试需要 2. 在固件升级期间，驱动模块上的"RDY"指示灯会红色-绿色闪烁。固件升级期间严禁断电！
2	配置驱动	□ 驱动出厂设置	主菜单→调试→驱动系统→出厂设置
		□ 拓扑识别，自动完成 □ 拓扑识别后，必须关闭 PPU 和所有带 DRIVE-CLiQ 接口的设备，重启后，拓扑生效	1. 如果之前未进行驱动配置，重启 NCK，会出现"驱动未配置"的提示，点击"确认"即可进行驱动自动配置。 2. 也可以进入主菜单→调试→驱动系统→驱动设备，点击"确认"开始配置
3	配置电源	□ 电网识别，16kW 以上电源模块需要调试→驱动→供电→更改→下一步→勾选首次上电，进行电网识别	1. 拓扑识别后，驱动首次上电时，自动进行电网识别，不需任何操作 2. 未进行电网识别，驱动器无法正常工作
4	分配轴	□ Startup-tool 自动分配轴	请参看文档《Startup-Tool 分配轴》
		□ 手动分配轴 • 给定值驱动号 MD30110 = 实际驱动号 • 输出控制类型 MD30130 = 1：有实际输出 • 反馈值驱动号 MD30220 = 实际驱动号 • 反馈信号类型 MD30240 = 1/4：增量/绝对 • 编码器脉冲线数 MD31020 = 实际线数	驱动号从电源模块连接的第一个电机模块开始，依次从 1 开始排序
5	第二编码器	□ 记录第二编码器相关参数 • 直线编码器/圆光栅编码器 • 编码器线数 • 信号类型：TTL/1VPP 等 • 回零信号类型	可选，当配置有第二编码器时进行调试

（续）

序号	条目	详细内容	备 注
5	第二编码器	☐ 拓扑识别 识别连接第二编码器的编码器模块 SMC20/SMC30	1. 如果初始设计中带有第二编码器,可在第2步的拓扑识别中一起完成 2. 如果是后来设计添加的第二编码器,则需要重新进行驱动"出厂配置"
		☐ 填写驱动器参数 • P0400[1]:编码器类型编号,9999用户自定义 • P0404[1]:用户自定义时选择编码器信号类型 • P0407[1]:直线编码器栅距(圆光栅编码器不填) • P0408[1]:编码器线数 • P0410[1]:编码器实际值取反(0不反向/3反向) • P0424[1]:零脉冲距离(圆光栅编码器不填) • P0425[1]:编码器零脉冲间距 ☐ 填写机床参数 • MD30200:编码器数量(=2) • MD30220[1]:编码器模块号 • MD30230[1]:编码器信号端口号(=2) • MD30240[1]:编码器类型(1增量/4绝对) • MD31000[1]:0圆编码器/1直线光栅 • MD31010[1]:光栅尺节点距离(圆光栅编码器不填) • MD31020[1]:编码器线数 • MD31040[1]:直接测量系统(=1)	
6	模拟主轴	☐ 双极性模拟主轴 • MD30100=0:模拟轴 • MD30110:主轴给定值模块号 • MD30130=1:实际输出 • MD30134=0:双极性 • MD31040=1:直接测量系统 • MD32250=100:额定输出值(%) • MD32260:额定电动机转速(10V输出转速)	PPU X252 1 2 12 13 使能 ±10V 0 模拟主轴双极性连接 变频器 CMD GND EN COM SMC20 X520 编码器 1024线 E M 3
		☐ 单极性模拟主轴(使能 + 方向) • MD30100=0:模拟轴 • MD30110:主轴给定值模块号 • MD30130=1:实际输出 • MD30134=1:单极性(使能+方向) • MD31040=1:直接测量系统 • MD32250=100:额定输出值(%) • MD32260:额定电机转速(10V输出转速)	PPU X252 1 2 +10V 模拟主轴单极性连接 变频器 CMD GND 使能 12 方向 13 KA1 KA2 SMC20 X520 编码器 1024线 E M 3
		☐ 单极性模拟主轴(正方向+ 反方向) • MD30100=0:模拟轴 • MD30110:主轴给定值模块号 • MD30130=1:实际输出 • MD30134=2:单极性(正方向+ 反方向) • MD31040=1:直接测量系统 • MD32250=100:额定输出值(%) • MD32260:额定电机转速(10V输出转速)	PPU X252 1 2 +10V 0 模拟主轴单极性连接 变频器 CMD GND 正转 12 反转 13 KA1 KA2 SMC20 X520 编码器 1024线 E M 3

4. 项目评价标准（见表 7-8）

表 7-8　项目评价标准

序号	任务	配分	考核要点	考核标准	得分
1	列出伺服系统硬件相关信息	20	伺服放大器、电动机、编码器的规格型号、传动参数等	正确列出伺服放大器、电动机、编码器的规格型号、传动参数等	
2	完成伺服固件升级、驱动配置等初始化内容	20	伺服驱动配置的作用、内容、步骤	完成伺服驱动配置，步骤规范	
3	完成伺服轴分配	20	自动轴分配内容、步骤手动轴分配内容、步骤	完成伺服自动轴分配；完成伺服手动轴分配；步骤规范，各项目设定值正确	
4	完成伺服其他相关参数的设置	20	位置增益、速度参数、形成极限、最大跟随误差、停止最大误差、加/减速时间常数等参数的设置	完成伺服其他相关参数的设置；步骤规范，各项目设定值正确	
5	进给轴、主轴主要功能的调试和验证	20	机床不同工作方式下，进给轴、主轴的操作；进给轴、主轴的功能调试和验证	完成不同工作方式下，进给轴、主轴的调试；位置、速度、精度、动态性能、安全等满足要求	

项目 20　数控系统的参数设置

1. 学习目标

1）了解数控系统参数的作用。

2）掌握参数设置的步骤和方法。

3）熟悉常用参数的功能和设置。

4）掌握全清后参数的设置和调试。

2. 任务要求

1）将数控系统的参数全清。

2）根据表 7-9 所列的设备性能及功能要求，设置相关数控系统参数；

3）完成数控机床主要功能和性能的调试，实现表 7-10 给出的各项操作，验证参数设置的正确性。

表 7-9　设置相应参数

序号	项目名称	数值	单位
1	设置进给轴及各轴传动系统参数	根据实际设定	
2	主轴编码器线数	1024	p/r
3	主轴速度范围	200~1500	r/min

（续）

序号	项目名称	数值	单位
4	X轴丝杠螺距	实测	mm
5	Z轴丝杠螺距	实测	mm
6	X、Z轴的编码器类型		
7	机床分辨率	0.001	mm
8	各轴正向回参考点		
9	X轴正向软行程	距硬件超程20mm	mm
10	X轴负向软行程	距硬件超程20mm	mm
11	Z轴正向软行程	距硬件超程20mm	mm
12	Z轴负向软行程	距硬件超程20mm	mm
13	各轴参考点坐标值	10	mm
14	X轴反向间隙	实测	mm
15	Z轴反向间隙	实测	mm
16	各进给轴最大轴速度	1500	mm/min
17	各进给轴点动速度	1000	mm/min
18	各进给轴点动快速速度	2000	mm/min

表 7-10　验证参数设置的正确性

序号	功能分类	具体要求
1	急停	按下急停按钮,机床处于急停状态
		释放急停按钮,退出急停
2	手动进给	按下X正向点动键,X轴正向手动进给
		按下X负向点动键,X轴负向手动进给
		按下Z正向点动键,Z轴正向手动进给
		按下Z负向点动键,Z轴负向手动进给
3	回参考点	X轴回参考点,参考点坐标显示10
		Z轴回参考点,参考点坐标显示10
5	限位报警	X轴正向到距硬限位20mm处,系统急停并出现X+限位报警
		X轴负向到距硬限位20mm处,系统急停并出现X-限位报警
		Z轴正向到距硬限位20mm处,系统急停并出现Z+限位报警
		Z轴负向到距硬限位20mm处,系统急停并出现Z-限位报警
6	手动主轴	手动方式下,主轴正转
		手动方式下,主轴反转
		手动方式下,主轴停止
7	手轮方式	手轮方式下,X轴正向进给,倍率正确
		手轮方式下,X轴负向进给,倍率正确
		手轮方式下,Z轴正向进给,倍率正确
		手轮方式下,Z轴负向进给,倍率正确

（续）

序号	功能分类	具体要求
8	MDI 方式编制并执行程序	X、Z 轴分别从起始位置开始，以增量方式快速运动 20mm、50mm
		主轴正转，600r/min
		换 2 号刀
		开冷却液
		直线插补，增量方式，X、Z 轴分别沿负方向运行 20mm、50mm
		关冷却液
		主轴停止
	MDI 方式编制并执行程序	主轴反转，800r/min
		换 3 号刀，并使用刀补数据
		直线插补，X、Z 轴运行到坐标为 0 的位置
		主轴停止
		程序结束

3. 方法步骤

NC 参数调试中，轴机床数据的设置参数和步骤见表 7-11。

表 7-11　NC 轴机床参数调试步骤

序号	条目	详细内容	备注
1	传动参数	丝杠螺距(X 轴/Z 轴)：MD31030	丝杠传动的进给轴设置此参数
		减速比：_____ 电动机端 MD31050[n] 丝杠端 MD31060[n] 共有____档；传动比分别为：_____	n 为齿轮档位，[0]为空档，[1]-[5]为 1-5 档 一般非直联主轴和齿轮传动的进给轴设置此参数 修改此参数会引起参考点变化
		电动机运动方向：MD32100 注意确认各轴，尤其是主轴转向 是否与机床定义的方向一致	1：电动机正转(出厂值) -1：电动机反转 修改此参数会引起参考点变化
2	速度/加速度	最高轴转速：MD32000	主轴/进给轴；X 轴/Z 轴/主轴
		手动快速：MD32010	主轴/进给轴；X 轴/Z 轴/主轴
		手动速度：MD32020	主轴/进给轴；X 轴/ Z 轴/主轴
		主轴每档自动换挡最大速度：MD35110	主轴，共有__档，速度分别为：_____
		主轴每档最大速度限定：MD35130	主轴
		主轴最高转速：SD43220	设定数据，速度为：_____
		主轴定位速度：MD35300	SPOS、M19 等指令时的速度定位速度：_____
		最高速度限制：MD36200	主轴/进给轴（比 MD32000 大 10%）；X 轴/Z 轴/主轴
		主轴速度环加速度：MD35200	主轴：影响主轴切屑时加减速时间速度控制时加速度：_____
		主轴位置坏加速度：MD35210	主轴：影响主轴攻丝时加减速时间位置控制时加速度：_____
		轴最大加速度：MD32300	进给轴：X 轴、Z 轴

（续）

序号	条目	详细内容	备 注
3	参考点	增量编码器（X 轴/Z 轴） 返回参考点方向 MD34010 检测参考点开关速度 MD34020 检测零脉冲速度 MD34040 寻找零脉冲方向 MD34050 检测参考点开关最大距离 MD34060 返回参考点定位速度 MD34070 参考点移动距离 MD34080 参考点移动距离修正 MD34090 参考点电子撞块 MD34092 参考点位置 MD34100 通道回参考点轴的顺序 MD34110	通常增量编码器回参考点的参数按照默认值即可 MD34010：0 正向（默认）/1 负向 MD34020：寻找撞块时的速度 MD34040：撞到撞块后的移动速度 MD34050：0 正向/1 负向
		绝对值编码器（X 轴/Z 轴） 绝对值编码器标定状态 MD34210： =1,允许标定,即可在回参考点 模式下按轴正向方向键完成回零 =2,轴回参考点后自动变为 2	完成回参考点操作后,请在回参考点模式下查看该轴名前是否已有回参考点标志出现 定义零位前确认电动机转向正确,并确认电动机传动比已设置完成
4	软限位	各进给轴行程（X 轴/Z 轴）	轴回参考点生效后,软限位才生效 第二软限位可通过 PLC 接口信号DB380x. DBX1000. 1 和 DB380x. DBX1000. 2 来激活 每个轴必须至少设置第一软限位有效,第二软限位生效时,第一软限位则会失效
		第一负向软限位：MD36100	
		第一正向软限位：MD36110	
		第二负向软限位：MD36120	
		第二正向软限位：MD36130	
5	反向间隙	反向间隙（X 轴/Z 轴）：MD32450 在轴优化之前,不需要填写	增量式编码器需重回参考点生效;绝对值编码器reset 生效
6	螺距误差	通过螺距补偿测试程序,将补偿点输入补偿文件,在 MD32700=0 的前提下,将补偿文件按 MPF 程序执行一次,然后将MD32700 改成 1,系统重启;如果为4.5.2 以后版本可在调试→NC→丝杠螺距误差中直接填写表格	X 轴定位精度：_____ Z 轴定位精度：_____ X 轴重复定位精度：_____ Z 轴重复定位精度：_____
		如果使用双向螺距补偿功能,先激活选项,步骤同上	

4. 评价标准（见表 7-12）

表 7-12 项目评价标准

序号	任务	配分	考核要点	考核标准	得分
1	实验设备数控系统参数的全清	10	参数全清前的准备 参数全清操作	参数全清前做好数据的备份 参数全清操作正确	
2	根据表 7-9 的设备功能及性能要求,设置相关参数	50	主要参数的含义和功能 参数设置的步骤和方法	参数列表完整无遗漏 参数设置的数据正确 参数设置操作步骤正确	
3	完成设备功能验证	40	参数调试的步骤 主要功能和性能的验证 主要功能和性能对应的参数	系统无报警 实现表 7-10 要求的功能	

项目 21　反向间隙的测量与补偿

滚珠丝杠是滚动摩擦，摩擦因数小，动态响应快，易于控制，精度高。滚珠丝杠生产过程中，在滚道和珠子之间施加预紧力，可以消除间隙，所以滚珠丝杠可以达到无间隙配合。但是使用一段时间后容易产生间隙，对于较大的间隙可以通过丝杠预紧，来消除丝杠间隙。但预紧力不能大于轴向载荷的 1/3。现在大多数数控制造商也提供了电气上辅助补救措施——背隙补偿功能（也有称为"反向间隙补偿"），英文为 Backlash compensating。

1. 学习目标

1）掌握百分表/千分表的使用方法。

2）掌握反向间隙的手动检测方法。

3）掌握反向间隙的自动（程序）检测方法。

4）掌握反向间隙的补偿方法。

2. 任务要求

1）完成机床 X 轴和 Z 轴的反向间隙手动检测。

2）完成机床 X 轴和 Z 轴的反向间隙自动检测。

3）完成机床 X 轴和 Z 轴的反向间隙的补偿。

3. 方法步骤

（1）检测路线

在丝杠反向间隙检测过程中，对各测量点的检测路线可以采用如图 7-5 所示的线性循环路线和如图 7-6 所示的阶梯循环路线。回转运动的检测，应在 0°、90°、180°、270° 等 4 个主要位置检测。若机床允许任意分度，除 4 个主要位置外，可任意选择 3 个位置进行。正、负方向循环检测 5 次，循环方式与线性运动的方式相同。

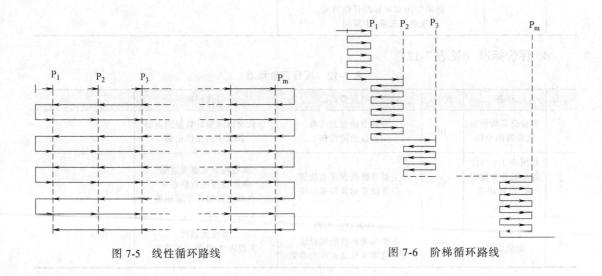

图 7-5　线性循环路线　　　　　　　　　图 7-6　阶梯循环路线

（2）反向间隙的测量

反向间隙可用百分表或千分表进行简单测量，也可以用激光干涉仪或球杆仪进行自动测量。反向间隙测量时，一般要在所测量的坐标轴运动方向选择左中右3段分别进行，并且要求3段各测量7次，然后将这3段测量数据分别求平均值，将3个平均值中最大的一个作为补偿数值输入到补偿参数中。

1）测量条件按 GB/T 17421.2—2000 的规定。

2）位置目标点：行程中点及两端点。

3）移动行程（距目标点距离）：0.2~1mm。

4）手脉操作或调用循环程序（手脉操作时，手脉倍率选"×10"挡）。

5）循环方式：阶梯方式5~7次。

6）计算方法及给定方式：按国家标准。

测量时，注意表座和表杆不要伸出过高过长。悬臂较长时，表座容易移动，造成计数不准。

百分表测量反向间隙如图7-7所示。反向间隙测量位置点的第1次循环过程如图7-8所示。

具体手动进给操作步骤如下：

第1步：将磁性表座吸在机床固定位置上，百分表/千分表伸缩杆顶在工作台上的某个凸起物上（顶紧程度必须在满足正负方向移动所需的测量距离后不会超出表的量程）。

图 7-7　百分表测量反向间隙

第2步：用手脉（"×10"挡）正向移动 X 轴约 0.1mm 后，记下百分表或千分表的表盘读数（或旋转表盘，使指针与"0"刻度重合），并清除 NC 显示器的 X 轴相对坐标显示值（显示为0）。

第3步：用手脉继续正向移动 X 轴 0.5~1mm（以 NC 显示器 X 轴的相对坐标显示值为基准），必须保证 X 轴的移动方向不变（没换向）。

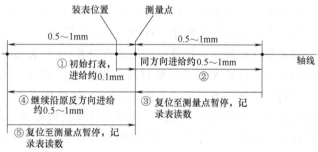

图 7-8　反向间隙测量位置点的第1次循环过程

第4步：用手脉反向移动 X 轴，待 NC 显示器上 X 轴的相对坐标显示值为 0 时停止，记下百分表或千分表的表盘读数。

第5步：将百分表或千分表的表盘读数相对变化值计算出来。

第6步：继续用手脉负向移动 X 轴 0.5~1mm（以 NC 显示器 X 轴相对坐标显示值为准），记录下百分表或千分表表盘读数（注意，移动期间不能换向）。

第7步：用手脉正向移动 X 轴，直至 NC 显示器 X 轴相对坐标显示值为 0 止，记录下百分表或千分表的读数。

第 8 步：计算出负向移动向正向移动换向时的反向偏差值（表盘读数的相对变化值），这是第 1 次测量的 X 轴中点位置正向反向偏差，在行程中段测 7 次偏差，计算平均值。

第 9 步：按照相同的方法测量 X 轴左端和右端的反向间隙平均值，最后取左中右三个平均值的最大值做为 X 轴的反向间隙。

自动运行测量步骤如下：

1）编制运行程序（以 X 轴的测量为例编制循环测量程序）。

```
O100;
#1 = 0;                              定义循环变量
WHILE ［#1 LE 6］DO 1;               执行循环
G91 G01 X1.0 F6;                     工作台右移 1mm
X-1.0;                               工作台左移,复位至测量目标点
G04 X10;                             暂停,记录百分表/千分表表盘读数,以便计算 $X_m$↓
X-1.0;                               工作台左移 1mm
G04 X10;                             暂停,记录百/千分表盘读数,以便计算 $X_m$↑
#1 = #1+1;                           循环计数值
END1;                                循环结束
M30;
%
```

2）操作步骤。

第 1 步、第 2 步与手脉进给操作的第 1 步、第 2 步一致。

第 3 步：运行上述程序"O100"（进给倍率置于"100%"挡）。

第 4 步：在程序运行暂停点记录百分表/千分表表盘读数

第 5 步：计算 X 轴各测量目标点的值 X_m↑和 X_m↓，最后得到 X 轴的反向偏差值。

反向间隙补偿理论上最大值是 2mm，如果用百分表测量时，反向间隙太大则表明软件补偿无意义。在软件补偿之前，应该先检查机械传动是否存在松动，滚珠丝杠是否损坏、滚珠丝杠预紧调整是否合适，只有机械调整好了以后再测量反向间隙，修改参数进行间隙补偿才能提高机床运行精度。

（3）反向间隙补偿举例

以手动方式测量为例，将百分表在机床上安装好，用手轮工作方式移动工作台，使工作台及测量基准挡块压下百分表，并使表针转一圈。此时停下工作台，为了便于测量，将百分表读数归零。通过手轮使挡块离开百分表测头一定距离，然后再反方向移动相同距离压下百分表，读取当前百分表读数。百分表当前读数与之前读数（0）的差值即为当次测量的反向间隙。取测量间距为 5mm，测量 7 次。先使机床工作台正方向运行 5mm，再反方向运行5mm，使 X 坐标值变位 0，对百分表读数进行记录；第二次，让机床工作台运动到 10mm处，再反向运动 10mm，使 X 坐标值变为 0，记录百分表读数；以此类推，直到 7 次测量全部完成。重复上述过程，完成左中右三段的测量。数据记录见表 7-13。最后将间隙最大值 10μm 填入参数，完成反向间隙的补偿。

表 7-13 反向间隙测量举例

测量位置	步骤	位置变化/mm		误差/mm	平均值/mm
		↑	↓		
X 轴左侧	1	0~5	5~0	0.01	0.008
	2	0~10	10~0	0.01	
	3	0~15	15~0	0.01	
	4	0~20	20~0	0.01	
	5	0~25	25~0	0.01	
	6	0~30	30~0	0.01	
	7	0~35	35~0	0.00	
X 轴中间	1	0~5	5~0	0.01	0.01
	2	0~10	10~0	0.01	
	3	0~15	15~0	0.01	
	4	0~20	20~0	0.01	
	5	0~25	25~0	0.01	
	6	0~30	30~0	0.01	
	7	0~35	35~0	0.01	
X 轴右侧	1	0~5	5~0	0.006	0.05
	2	0~10	10~0	0.005	
	3	0~15	15~0	0.007	
	4	0~20	20~0	0.004	
	5	0~25	25~0	0.004	
	6	0~30	30~0	0.006	
	7	0~35	35~0	0.006	
总间隙/μm		10			

4. 项目评价标准（见表7-14）

表 7-14 项目评价标准

序号	任务	配分	考核要点	考核标准	得分
1	手动检测机床 X 轴和 Z 轴的反向间隙,并记录测量值	40	• 百分表/千分表的安装和使用 • 测量点和测量路线的选取 • 测量值的读数和记录	• 规范正确地安装使用百分表/千分表 • 按照标准选取测量点和测量路线 • 准确读取、记录测量数据	
2	自动检测机床 X 轴和 Z 轴的反向间隙,并记录测量值	40	• 百分表/千分表的安装和使用 • 测量点和测量路线的选取 • 自动测量程序的编写和运行 • 测量值的读数和记录	• 规范正确地安装使用百分表/千分表 • 按照标准选取测量点和测量路线 • 正确编写自动测量程序并执行 • 准确读取、记录测量数据	
3	完成机床 X 轴和 Z 轴的反向间隙的补偿,并对补偿后的反向间隙进行检测	20	• 反向间隙测量数据的处理 • 反向间隙补偿参数的设置 • 补偿后的间隙测量	• 正确处理测量数据 • 反向间隙补偿参数设置正确 • 正确完成补偿后的反向间隙测量	

项目 22　丝杠螺距误差测量与补偿

1. 任务目标

1）掌握丝杠螺距误差的补偿原理。

2）掌握激光干涉仪的使用方法。

3）掌握丝杠螺距误差的测量方法和操作步骤。

4）掌握丝杠螺距误差补偿的方法和操作步骤。

2. 任务要求

1）根据给定的补偿数据表，手动完成机床 X 轴和 Z 轴的丝杠螺距误差补偿。

2）完成激光干涉仪的安装和调整，并对机床 X 轴、Z 轴的丝杠螺距误差进行测量。

3）完成机床 X 轴、Z 轴的丝杠螺距误差补偿，对补偿前后的定位精度进行测量和比较。

3. 评价标准（见表 7-15）

表 7-15　项目评价标准

序号	任务	配分	考核要点	考核标准	得分
1	根据给定的补偿数据表，完成机床 X 轴和 Z 轴的丝杠螺距误差补偿	40	丝杠螺距误差补偿的原理 丝杠螺距误差补偿的参数设置 丝杠螺距误差补偿方法	根据给定的数据表正确设置相关参数 正确完成 X 轴和 Z 轴的丝杠螺距误差补偿	
2	完成激光干涉仪的安装和调整及机床 X 轴、Z 轴的丝杠螺距误差测量	40	激光干涉仪的使用 丝杠螺距误差的自动测量	正确、规范安装、使用激光干涉仪 编写的测量程序正确 完成 X 轴和 Z 轴的丝杠螺距误差的自动测量，步骤正确、操作规范	
3	完成机床 X 轴、Z 轴的丝杠螺距误差补偿，对补偿前后的定位精度进行测量和比较	20	丝杠螺距误差的自动补偿 机床定位精度的测量	将测量数据下载到 CNC，完成自动补偿 正确、规范测量并记录机床定位精度	

项目 23　数控系统数据的备份与恢复

1. 学习目标

1）了解数控系统数据备份和数据恢复的作用。

2）掌握使用 USB 接口实现数据备份和恢复的方法。

3）掌握通过以太网接口实现数据备份和恢复的方法。

4）了解数控机床不同数据的单独备份和整体备份。

2. 任务要求

1）结合实际数控设备，实现通过数据接口对机床数据进行备份和恢复。

2）结合实际数控设备，实现通过以太网口对机床数据进行备份和恢复。

3）对学习内容进行总结，分组讨论，撰写项目报告。

3. 方法步骤

1）备份批量调试文件。建立批量调试文件，用于后续的批量生产。

MENU说明 ➡ 调试 ➡ > ➡ 批量调试

2）读入批量调试文件。恢复批量调试文件，用于恢复到调试前的状态。

3）机床备份，具体步骤见表 7-16 所示。

表 7-16　数据备份与恢复

序号	条　目	详细内容
1	全盘备份	备份全盘 ARD 文件
2	分项备份： 1. 可使用批量调试分别备份； 2. 可拷贝相应文件夹至 U 盘； 3. 可使用"系统数据"界面下右侧扩展键→存档→创建存档保存为 arc 格式文件	NC 生效的机床数据 测量系统误差补偿 机床数据 设定数据 刀具/刀库数据
		制造商循环备份 换刀子程序 TCHANGE.SPF 刀具激活 TCA.SPF 刀库配置程序 MAG_CONF.SPF 异步子程序 ASUP1.SPF/ASUP2.SPF 用户循环程序 CYCLExxx.SPF
		PLC 备份 PLC 程序(PTP 格式) PLC 报警文本(TS 格式) PLC 报警帮助
		HMI 相关备份 用户界面 EasyScreen 辅助功能调试界面 EasyExtend 系统配置 E-Log
3	备份数据的回读	备份数据 ARD 的 回读

4. 评价标准（见表 7-17）

表 7-17　项目评价标准

序号	任务	配分	考核要点	考核标准	得分
1	使用 U 盘等电子存储设备，实现参数备份与恢复	40	备份数据的相关画面 全盘数据备份与恢复 分项数据备份与恢复	操作规范 正确实现全盘备份与恢复 正确实现分项备份与恢复	
2	使用 RS232 接口，实现参数备份与恢复	20	RS232 接口的连接与设置 实现数据的备份 实现数据的恢复	连接操作规范 接口设置正确 正确备份数据 正确恢复数据	
3	使用以太网接口，实现参数备份与恢复	40	以太网的连接和设置 实现数据的备份 实现数据的恢复	连接操作规范 接口设置正确 正确备份数据 正确恢复数据	

第 8 章

车间制造物联网及数据采集

本章简介

以物联网为代表的新一代信息技术，是智能制造的基础与核心技术。针对目前离散制造车间的信息孤岛问题，本章介绍了制造物联网的相关概念，阐述了车间设备联网、数据采集及交换的方法。

数字化工厂旨在实现产品全生命周期过程的数字化，是智能工厂和智能制造的基础。目前对于大多数工厂来说，从自动化到数字化、智能化转型的第一步是车间设备的联网。

8.1 节简要介绍数字化工厂、制造物联网和制造执行系统（MES）的概念。

8.2 节在介绍网络信息通信的基础以及现场总线和工业以太网的概念后，给出车间设备联网的典型架构。

8.3 节介绍车间制造现场数据采集技术和采集方案，并以西门子数控系统为例，介绍 OPC ua 协议的相关原理和数据采集方法。

通过本章的学习，了解制造业转型升级背景下，离散制造车间面临的信息孤岛问题和解决办法。熟悉数字化工厂、制造物联网的相关概念和设备互联互通的重要意义；掌握车间设备联网的一般方法和相关技术，熟悉车间制造现场数据的多样性、实时性特点以及常用的数据采集技术，了解不同车间制造现场的数据采集方案。

8.1 数字化工厂与制造物联网

8.1.1 数字化工厂

数字化工厂（Digital Factory，DF）是在计算机虚拟环境中，对整个生产过程进行仿真、评估和优化，并进一步扩展到整个产品生命周期的新型生产组织方式，是现代数字制造技术与计算机仿真技术相结合的产物。德国工程师协会对数字化工厂的定义是：数字化工厂是由数字化模型、方法和工具构成的综合网络，包含仿真和 3D/虚拟现实可视化，通过连续的没有中断的数据管理集成在一起。数字化工厂集成了产品、过程和工厂模型数据库，通过先进的可视化、仿真和文档管理，提高产品的质量和生产过程所涉及的质量和动态性能。从定义中可以看出，数字化工厂的本质是实现信息的集成。

1. 产品全生命周期的数字化

在数字化工厂中，实现了产品全生命周期过程的数字化。西门子推出了以"数字化孪生"（Digital Twin）为核心的数字化工厂解决方案。如图 8-1 所示，产品全生命周期的数字化覆盖从产品设计、生产规划、生产管理及生产执行，直到服务的全价值链的整合及数字化转型，涵盖"产品数字化孪生""生产工艺流程数字化孪生"和"设备数字化孪生"。在虚拟环境下完整真实构建整个工厂的数字虚拟模型，在产品研发设计和生产制造执行环节之间形成一条双向数据流，实现协同制造和柔性生产，从而提高生产力、可用性和过程可靠性，优化加工精度、设计、加工过程乃至维护和服务。

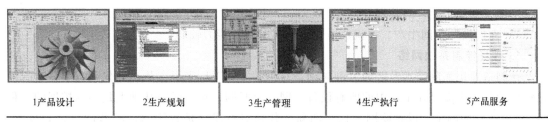

| 1产品设计 | 2生产规划 | 3生产管理 | 4生产执行 | 5产品服务 |

图 8-1　产品全生命周期的数字化

产品设计数字化主要体现在数字化的产品定义、三维设计与分析，生产规划数字化主要体现在数字化工艺规程及虚拟制造、虚拟工厂建设。生产管理数字化体现在对制造执行过程实现数字化管控，对供应链实现数据互联互通，制造车间资源联网，应用有限产能排程使得制造过程平准化等。生产制造数字化包括在装备层面使用数控机床、工业机器人、数字化工装、生产线和自动化的物流仓储，实现生产资源、刀具管理等，使生产更加高效和柔性。产品服务数字化主要体现在创建产品的数字化质量档案，建立全面的维护服务体系、质量追溯体系，逐步实现产品的远程监控和诊断。

2. 数字化工厂的网络层级

工厂中的网络是实现数据信息采集和交换的保障，根据职能不同，生产工厂中的网络可分为三个层级，如图 8-2 所示。

ERP（Enterprise Resource Planning）即企业资源计划，是基于互联网络的企业资源管理系统。除包括生产资源计划、制造、财务、销售和采购等功能外，还包括质量管理、产品数据管理和人力资源管理等，是基于网络经济时代的信息系统，用于改善企业业务流程以提高核心竞争力。

MES（Manufacturing Execution System）即制造执行系统，是基于工厂局域网的，面向制造企业车间执行层的生产信息化管理系统。MES 旨在加强 ERP 计划

图 8-2　数字化工厂网络的三个层级

的执行功能，把 ERP 计划通过执行系统同车间作业现场控制系统联系起来。

PCS（Process Control System）即过程控制系统，是基于工业现场总线的现场控制系统，通过现场传感器总线、工业控制总线等组成总线网络。

8.1.2　制造物联网

离散制造车间从事的是由不同零部件加工、装配子过程通过并联或串联组成的生产活动，自身具有多变及不确定特性，在智能制造的发展背景下，离散制造车间面临的主要问题

主要体现在：

1）由于缺乏实时可靠的信息获取手段，无法实时获取生产现场产生的制造数据，导致车间运行透明化、可视化、实时化以及准确性等程度低。

2）由于缺乏有效的实时监控方法和信息反馈策略，难以对制造车间及生产过程进行精细化管理和精准化控制。

3）制造车间信息孤岛问题严重，物理车间较难与信息系统实现实时的双向数据交互和信息反馈，制约了生产与管理效率。

4）面向离散车间生产、物流及质量等的实时决策能力较弱。

1. 现场控制系统网络

在制造业正面临技术升级的关键时刻，对于大多数工厂来说，从自动化到数字化、智能化转型的第一步就是让工厂中的所有设备联网。物联网是在互联网基础上延伸与扩展的一种"物物相连"的网络。以物联网为代表的新一代信息技术，是智能制造的基础与核心技术。物联网在数据采集、传输、分析和应用等环节具有的高可靠和高实时特性，为离散制造过程以数据为核心的高效生产、管理与决策提供必要的保障和支撑。

制造物联网（Internet of Manufacturing Things, IOMT）是通过射频识别（Radio Frequency Identification, RFID）装置、传感器、实时定位等感知设备，按照约定协议对制造相关的人员、设备和工具等实体进行互联通信与信息交换，以实现面向各类制造资源和过程的智能化识别、感知、定位、监控与管理的一种网络。现场控制系统网络的主要对象为生产工厂的各类数字化设备，如数控机床、机器人和数字 3D 测量机等。可通过二维码识读器、射频识别装置、红外感应器、全球定位系统和激光扫描器等信息传感设备，按约定的协议，将任何物品与互联网相连接，进行信息交换和通信，以实现智能化识别、定位、跟踪、监控和管理。

系统能够对这类设备进行联网、通信、管理、数据采集以及控制，建立覆盖数据采集、设备监控、运维诊断、流程优化、节能环保和安全监控的设备信息化管理体系，形成专用物联网络。在此基础上，应用 CAM（计算机辅助制造）、MES（制造执行系统）、FMS（计算机柔性制造）和自动控制技术，并结合工业机器人、RFID 射频识别、无线传感和云计算等，实现信息系统整合和业务协同、生产装备和制造过程的网络化和智能化。

2. 现场设备组网的意义和要求

生产现场的数控机床、机器人和物流车等设备联网之后，将改变原来单个设备运行的孤岛状态，快速整合生产现场关键设备的运作，如设备的利用率、当前运行状态和故障率等信息以及生产数据的实时反馈，让工厂运转处于全自动化的实时数据统计及反馈中，开启设备之间以及设备与上位管理系统沟通的渠道，避免信息孤岛。

设备联网之后，设备运行的历史数据将被完整地记录并保存，便于分析设备故障原因，实现提醒预警通知，预防故障的再次发生。便于追溯产品过程数据，形成数据统计报表，让工厂管理者可以全方位的了解生产状况，及时调整生产计划。

总之，设备联网是企业实现智能制造的基础，是智能制造、数字化工厂的前提，是 MES 系统与数字化设备之间信息沟通的桥梁。设备物联网系统一方面接收来自上层 MES 系统的计划指令，并将生产指令、数控程序等信息传递给车间现场和设备，另一方面，将实时采集到的设备及生产信息，经过分析、计算后反馈给 MES 等系统，成为上层信息系统如

MES、ERP 等系统决策的依据。

制造过程中的数据具有结构复杂、数据量大且动态变化的特点，生产现场的设备作为独立的个体，直接参与生产加工，又需要一起协同生产，各设备之间的工作有着严格的逻辑，譬如机床未加工完毕，机器人不允许进入机床抓取工件，否则就会发生安全事故，所以必须保证数据交换的实时性、可靠性和稳定性。

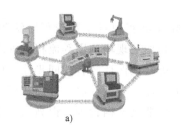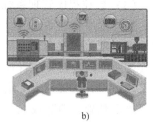

a)　　　　　　　　　　　　b)

图 8-3　现场控制系统网络示意图

a）现场不同设备互联　b）远程监控与管理

3. 现场控制系统网络的组成

现场控制层的数控机床和其他辅助设备，通常由现场总线（ProfiBus、ProfiNet、CanBus 等）进行通信，采用 PLC 实现逻辑控制。以机床为主的制造现场控制网络，如图 8-3 所示，一般包含四大系统：分布式控制网络系统（Distributed Numeric Control，DNC）、生产数据采集系统（Manufacturing Data Collection，MDC）、数控程序管理系统（NC Codes Management，NCCM）和数据可视化系统（Data Visualization System，DVS）。

（1）分布式控制网络系统

分布式控制网络系统 DNC 是用于生产设备及工位智能化联网管理的系统。不仅能够联网所有的 CNC 数控加工设备，同时还能对自动化生产线、中央控制 PLC、所有的加工工位及测量工位进行联网管理，在提高生产速度、管理生产过程、合理高效加工以及保证安全生产等工业控制及先进制造领域起到越来越关键的作用。

分布式控制网络从最初的计算机集成控制系统 CCS 到集散控制系统 DCS，发展到现场总线控制系统。近年来，以太网进入工业控制领域，出现了大量基于以太网的工业控制网络。同时，随着无线技术的发展，基于无线的工业控制网络的研究也已开展。工业控制网络可以总结为四大类型：传统控制网络、现场总线、工业以太网及无线网络。传统控制网络现在已经很少使用，目前广泛应用的是现场总线与工业以太网。

（2）生产数据采集系统

生产数据采集系统 MDC 通过多种灵活方法采集生产现场的实时状态数据，包括设备、人员和生产任务等，将其存储在 Access、SQL 或 Oracle 等数据库中，并以先进的精益制造管理理念为基础，结合自带的专用计算、分析和统计方法，以报表和图表直观反映当前或过去某段时间车间的详细制造数据和生产状况的系统。MDC 系统通过向决策者提供真实的车间数据报表和图表，来帮助生产部门做出科学和有效的决策，帮助企业改善生产制造过程。

MDC 的整个系统网络是基于机床 DNC 和 TCP/IP 网络的。系统可采用多种生产数据采集方式，如标准条码采集、设备 PLC 自动数据采集和国际标准 OPC 接口自动采集等。

MDC 系统通过实时采集到的生产数据，可以监控机床的实时工作状态，包括装夹调试、加工、停机和空闲等，并生成图报表，便于计划调度人员安排生产计划；对生产率、工作时间、设备利用率、生产趋势及生产计划执行度等进行分析并生成报表，帮助负责生产和设备管理的决策者回答很多现场制造方面的疑难问题,从而帮助改善和优化生产工艺过程。

(3) 数控程序管理系统

数控程序管理系统 NCCM 能够实现对于数控程序编制、上传、审查、校对、批准、版本升级、覆盖和重命名、备份和加工现场调用等流程的管理。另外,系统还可以把数控程序及其说明文档进行集中管理,更好地保证两者的同步性;可以把生产要素,如零件图样、加工工艺、刀夹量具列表等集中管理、安全存储、部门共享以及方便查阅,为车间流程无纸化管理奠定基础,消除或减少部分纸制文档管理,提高效率。

(4) 数据可视化系统

在实现机床数据实时采集的基础上,对车间设备进行三维建模,实时展示机床状态。通过动态浏览该界面,用户可以了解整个车间的生产状况,定位到指定的一台设备,查询有关这台设备的生产细节。通过配置大屏幕和触摸屏等展示设备,实时展示设备状态、机床开机率、零件完工率等。每台数控设备配置的触摸屏,还可以作为 MDC 系统数据采集的补充备用手段,设备操作人员可以利用其查询现场数据反馈的正确与否,以及在现场无纸化查询浏览加工作业指导书,如程序、图样和刀具清单等。

4. 设备组网带来的改变

生产现场的设备联网后,可以实现以下几点:

(1) 设备网络化

建立覆盖加工车间的分布式控制网络,设备与设备互联,设备的相关数据就能实现采集、监控、分析和反馈,通过网络将人、设备和系统之间无缝连接。例如:实现 NC 程序的有效调用、稳定有效传输和在线加工等,实现刀补参数文件从对刀仪到机床端的有效传输。设备的管理逐渐智能化,大大降低了人力成本。在整个管理过程中,流程简化并且记录可留存性强。

(2) 生产数据可视化

在传统的工厂中,最常见的数据记录是用纸张记录,容易丢失、可读性差等问题让管理者头痛不已。而设备联网之后,实时数据和其他生产类数据的有效采集,并将采集的数据以报表或统计图表的形式供决策者参考分析。同时采集的数据对以后 MES 平台的生产调度和管理起到有效的指导作用。在实现机床数据采集的基础上,通过现场的展示大屏幕、数控设备旁的触摸屏以及相关管理人员的 PC 终端对设备状态、设备开机率、零件完工率等进行有效展示。

(3) 生产透明化

网络就像人的神经,设备就是人的器官,管理者的决策可以通过对设备进行设置,掌握所有设备的状态,及时对生产环节、生产设备进行调整,以获得最佳的生产效率。

8.1.3 制造执行系统 MES

MES 是一套面向制造企业车间执行层的生产信息化管理系统,处于企业计划层和现场控制层中间,需要具备与 ERP 系统和现场控制系统保持双向通信的能力。MES 可以为企业提供包括制造数据管理、计划排产管理、生产调度管理、库存管理、质量管理、人力资源管理、工作设备管理、工具工装管理、采购管理、成本管理、项目看板管理、生产过程控制、底层数据集成分析和上层数据集成分解等管理模块,目的是实现生产过程的可视化、可控化，打造可靠、全面和可行的制造协同管理平台。

1. MES 系统的主要功能

MES 是一个可自定义的制造管理系统，不同企业的工艺流程和管理需求可以通过现场定义实现。MES 系统的功能如图 8-4 所示。

（1）车间资源管理

车间资源是车间制造生产的基础，也是 MES 运行的基础。车间资源管理主要对车间人员、设备、工装、物料和工时等进行管理，保证生产正常进行，并提供资源使用情况的历史记录和实时状态信息。

（2）库存管理

库房管理针对车间内的所有库存物资进行管理。车间内物资有自制件、外协件、外购件、刀具、工装和周转原材料等。其功能包括：通过库存管理实现库房存储物资检

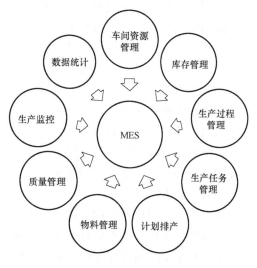

图 8-4 MES 系统的主要功能

索，查询当前库存情况及历史记录；提供库存盘点与库房调拨功能，对于原材料、刀具和工装等库存量不足时，设置告警；提供库房零部件的出入库操作，包括刀具/工装的借入、归还、报修和报废等操作。

（3）生产过程管理

生产过程管理实现生产过程的闭环可视化控制，以减少等待时间、库存和过量生产等浪费。生产过程中采用条码、触摸屏和机床数据采集等多种方式实时跟踪计划生产进度。生产过程管理旨在控制生产，实施并执行生产调度，追踪车间里工作和工件的状态，对于当前没有能力加工的工序可以外协处理。实现工序派工、工序外协等管理功能，可通过看板实时显示车间现场信息以及任务进展信息等。

（4）生产任务管理

生产任务管理包括生产任务接收与管理、任务进度展示和任务查询等功能。提供所有项目信息，查询指定项目，并展示项目的全部生产周期及完成情况。提供生产进度展示，以日、周和月等展示本日、本周和本月的任务，并以颜色区分任务所处阶段，对项目任务实施跟踪。

（5）车间计划与排产管理

生产计划是车间生产管理的重点和难点。提高计划排产效率和生产计划准确性是优化生产流程以及改进生产管理水平的重要手段。车间接收生产计划，根据当前的生产状况，如生产能力、生产准备和在制任务等，生产准备条件，如图样、工装和材料等，以及项目的优先级别及计划完成时间等要求，合理制订生产加工计划，监督生产进度和执行状态。

（6）物料跟踪管理

通过条码技术对生产过程中的物流进行管理和追踪。物料在生产过程中，通过条码扫描跟踪物料在线状态，监控物料流转过程，保证物料在车间生产过程中快速高效流转，并可随时查询。

（7）质量过程管理

生产制造过程的工序检验与产品质量管理，能够实现对工序检验与产品质量过程追溯，对不合格品以及整改过程进行严格控制。其功能包括：实现生产过程关键要素的全面记录以及完备的质量追溯，准确统计产品的合格率和不合格率，为质量改进提供量化指标。根据产品质量分析结果，对出厂产品进行预防性维护。

（8）生产监控管理

生产监控实现从生产计划进度和设备运转情况等多维度对生产过程进行监控，实现对车间报警信息的管理，包括设备故障、人员缺勤、质量及其他原因的报警信息，及时发现问题、汇报问题并处理问题，从而保证生产过程顺利进行并受控。结合 DNC 系统及 MDC 系统进行设备联网和数据采集。实现设备监控，提高瓶颈设备利用率。

（9）统计分析

能够对生产过程中产生的数据进行统计查询，分析后形成报表，为后续工作提供参考数据与决策支持。生产过程中的数据丰富，系统根据需要，定制不同的统计查询功能，包括：产品加工进度查询、车间在制品查询、车间和工位任务查询、质量统计分析、车间产能（人力和设备）利用率分析、废品率/次品率统计分析等。

2. MES 系统带来的改变

（1）实现生产透明化

管理人员需要对生产现场实现管理，就需要了解生产现场的最新情况，但是又不可能随时亲临现场，这样也会非常浪费时间，也没有必要。MES 系统可以帮助企业实现现场生产的透明化管理。用户在组织生产的时候只需要确定产品，系统就会自动确定相关的物料信息和生产路线。生产过程中所有的操作信息也会由系统实时建立，从而减少工单的传递数量，保证信息传递的准确性。

（2）异常情况及时反馈

MES 系统可以设定不同用户的权限，约束设备的使用，一旦有异常情况，系统将禁止超出约束范围的操作。同时异常信息也可以迅速传递给相关部门，可以及时做出生产调整，解决问题。

（3）产品信息可追溯

MES 应用集成技术通过现场的数据采集，能够建立起物料、设备、人员、工具、半成品和成品之间的关联关系，保证信息的继承性与可追溯性。制造执行系统能够提供实时的数据，可以向生产管理人员提供车间作业和设备的实际生产情况，同时也能向不同的部门提供客户的订单生产情况。实现生产信息共享，减少大量的统计工作，提高生产效率，实现统计的全面性和可靠性，实现完整的产品追溯体系。

（4）提高生产效率

通过系统的内部条码技术跟踪从物料投放到成品入库的整个生产流程，实时采集生产过程中发生的任何事件，让整个工厂车间实现完全透明化管理的同时，MES 系统改变了以前的传统模式管理，改变原来的手工记录，实现更准确、及时和快速的数据反馈，避免人为错误。此外，还能让现场审查人员精力更加集中，提高工作效率。帮助企业实现一体化的设计和制造，提供先进的技术储备，支撑企业实现精益生产和精益化管理。利用 MES 系统建立起规范的生产管理信息平台，使企业内部现场控制层与管理层之间的信息互联互通，以此提高企业核心竞争力。

8.2　车间设备联网的典型架构

　　企业的信息是一个重要的生产要素，信息可能是数据、图样、图样或控制程序。信息记录和控制着企业在多个领域发生的过程和关系，信息调节仓储和生产，控制数控机床和机器人，记录生产数据和故障。有用的信息需要在正确的时间内传给相关的使用者，这样可以减少不必要的停机时间，从而提高企业的盈利能力。因此，网络技术的应用受到越来越多的关注。

8.2.1　网络的信息通信基础

1. 信息通信基础知识

　　数据在计算机中用二进制数表示，即0或1。传输媒体是网络中数据传输的物理通路。要通过传输媒体传输数据，必须把数据转换成能在传输媒体中传输的信号。信号是指数据的电磁或电子编码，分为数字信号和模拟信号。传输媒体依靠电磁波、光波等形式实现传输。

　　在数字局域网通信系统中，广泛使用曼彻斯特编码，每个二进制数位的中间都有一个跳变，从低到高跳变表示"0"，从高到低跳变表示"1"。模拟信号实质上是连续变化的电磁波，通常用正弦波来表示，它可以用不同的频率在各种传输媒体上传输。利用载波的不同振幅来表示二进制数的0或1，称为幅移键控法，该方法效率低，且易受到干扰。利用载波频率附近的两个不同频率来表示二进制数据的0或1，称为频移键控法。利用载波信号的相位移动表示二进制数0或1，称为相移键控法。数字信号技术在价格性能、传输质量等方面比模拟信号传输都要好得多。

　　数据在通信线路上的传输速率是指每秒内传输的二进制位数（即比特数），用位/每秒表示（bit/s，bits per second）。信号的传输方式有基带传输和载波传输。目前大部分局域网，包括控制局域网，都是基带网。基带传输就是在数字通信的信道上直接传送数据的基带信号，即按数据波的原样进行传输，不包含任何调制，它是最基本的数据传输方式。基带网信号按位流形式传输，整个系统不用调制解调器，这使得系统价格低廉。它可采用双绞线或同轴电缆作为传输媒体，也可采用光缆作为传输媒体。与宽带网相比，基带网的传输媒体比较便宜，可以达到较高的数据传输速率（一般为 $1 \sim 10$Mbit/s），但其传输距离一般不超过25km，传输距离越长，质量越低。基带网中线路工作方式只能为半双工方式或单工方式。而载波传输采用数字信号对载波进行调制后实现传输。

2. 开放式系统互联参考模型

　　国际标准化组织（ISO）提出的开放式系统互联（OSI）参考模型，是网络系统遵循的国际标准。OSI参考模型采用了将异构系统互连的一种标准分层的结构，是一个概念上和功能上的框架标准，如图8-5所示。OSI参考模型的根本目的是允许任意支持某种可用标准的计算机应用进程，自由地与任何支持同一标准的计算机的应用进程进行通信。OSI参考模型分为7层。

　　1) 第1层，物理层（Phyical Layer）。是OSI参考模型的最低层，利用物理传输媒体为数据链路层提供物理连接，保证比特流的透明传输。物理层的功能见表8-1。

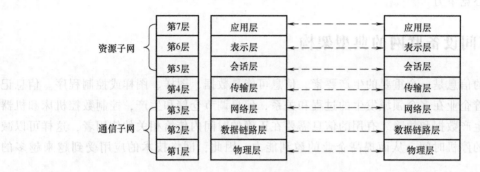

图 8-5 OSI 参考模型示意图

表 8-1 物理层的功能

解决的问题	具体方法
连接类型	点对点连接、多点连接
网络拓扑结构	总线型结构、环型结构、树型结构、网状结构等
信号传输	数字信号传输、模拟信号传输
复用技术	频分多路复用、时分多路复用和统计时分多路复用
接口方式	RS232、RS449、V. 24、V. 28、X. 20 和 X. 21 等
位同步	同步传输、异步传输

2）第 2 层，数据链路层（Data Link Layer）。在物理层之上，它在通信实体之间建立数据链路连接，数据传送以帧为单位。数据帧是存放数据的有组织的逻辑结构，由报头、数据段和报尾组成。报头包括目的地址、发送信息的主机地址、帧的类型、路由和分段信息等。报尾一般是循环冗余校验码，通过差错控制和流量控制的方法使有差错的物理线路变成无差错的数据链路。

3）第 3 层，网络层（Network Layer）。是其中最复杂的层，主要任务是利用路由技术，实现用户数据的端到端传输，即通过执行路由算法，为报文分组通过通信子网选择最佳路径。网络层所传送数据的基本单位称为包，网络层采用的协议为 IP、IPX 和 X. 25 分组等协议。

4）第 4 层，传输层（Transport Layer）。最为核心的一层，是连接通信子网和资源子网的桥梁，起到承上启下的作用。传输层屏蔽了子网差异、用户要求和网络服务之间的差异，提供一个端到端的可靠、透明和优化的数据传输服务机制。传输层向高层屏蔽了下层数据通信的细节，对会话层而言，传输层像是一条没有差错的网络连接。传输层所传输数据的基本单位是段或报文，采用近年来标准化的 ISO 8072/8073，如 TCP、UDP 和 SPX 等协议。

5）第 5 层，会话层（Session Layer）。提供控制会话和数据传输的手段。

6）第 6 层，表示层（Presentation Layer）。解决异种系统之间的信息表示问题，屏蔽不同系统在数据表示方面的差异。

7）第 7 层，应用层（Applicaion Layer）。利用下层的服务，满足具体的应用要求。

在总体通信策略的框架下，OSI 参考模型的每一层都执行一种明确定义的功能，它根据某种定义的协议运行。每一层都覆盖下一层的处理过程，并有效地将其与高层功能隔离。每一层在它自己和紧挨着的上层和下层之间都有明确定义的接口，从而使一个特别协议层的实现独立于其他层。每一层向相邻上层提供一组确定的服务，并使用由相邻上层提供的服务向远方对应层传输与该层协议相关的信息数据，即用户数据和附加的控制信息以报文形式在本地层与远方系统的对应层之间进行数据交换。

层次结构中第1~4层是面向通信的，而第5~7层是面向处理的，数据链路层和物理层是由硬件和软件实现的，其他层仅由软件实现。值得注意的是，OSI参考模型本身不是网络体系结构的全部内容，这是因为它并没有确切地描述出用于各层的协议和实现方法，仅仅告诉我们每层应该完成的功能。OSI参考模型不仅适用于数据网同样也适用于局域网、城域网和因特网。

当发送进程需要把数据传送给接收进程时，发送方应用程序产生的数据经过处理，在数据前面加上应用层报头（即应用层的协议控制信息），然后传输给表示层。表示层对传送过来的数据流并不区分报头、报尾和真正的数据，而只是把应用程序传来的数据当成一个整体来处理。表示层可能以各种方式对应用层的报文进行格式转换，并且可能也要在报文前面加上一个协议控制信息（报文头），在经过对数据的某些处理后，把它传送给会话层。会话层也把所有数据当成一个整体来处理。这一过程重复进行下去，亦即当报文通过发送方节点的各个网络层次时，每一层的协议实体都给它加上控制信息直至到达发送方节点的物理层。这时的数据可能与开始应用层产生的数据完全不同，分成了很多的数据帧。

报文到达发送方的物理层后，数据以物理信号的形式通过物理链路发送出去。报文通过物理链路到达网络中的第一个中继节点，在第一个中继节点向上依次通过三个层次到达网络层，然后返回到第一个中继节点的物理层，接着又在第二条物理链路上送往下一个中继节点。这个过程在网络中沿数据传输路径进行，直到报文到达接收方节点。在接收方设备中，数据开始按照发送方操作的过程向上传输，各种协议控制信息被一层层地剥去，一直到达应用层，这时数据被还原成发送方的数据形式到达接收进程。数据在OSI参考模型中传输的整个过程是一个垂直的流动过程，如图8-6中实线箭头及其所指向的方向。

但从每一层看，数据就像水平传输一样，如图8-6中的虚线和虚线箭头所表示的方向。理解这一点的意义在于建立虚拟通信与实际通信之间的关系。实际通信是层与层之间通过接口实现的通信；虚拟通信则是根据某些协议，在不同的计算机之间的对等层中间的通信，不用考虑实现的技术细节，只需要考虑对方的数据到达本地后的复原。

3. 网络协议

前面介绍了OSI的层次结构及各层功能的分工。若想在两个系统之间进行通信，要求两个系统都必须具有相同的层次功能，通信是在系统间对应的同等层次之间进行的。同等层间又必须遵守一系列规则或约定，这些规则或约定称为协议。

协议由语义、语法和变换规则三部分组成。语义规定通信双方准备"讲什么"，即确定协议元素的种类；语法规定通信双方"如何讲"，确定数据的格式、信号电平；变换规则规定通信双方彼此的"应答关系"。

为减少协议设计的复杂性，方便各层软件的设计与开发，将协议分为多层。每层协议完成本层的功能，每层功能都为其上一层提供服务。也就是说，较高层的协议需要较低层的服务支持。对较高层，它不需要知道，也没必要知道提供给它的那些服务是如何实现的。如果想要让一台机器的第几层与另一台机器中的第几层通信，此时通信中使用的规则和约定统称为第几层协议。接口指两相邻层之间的连接，它定义了低层提供高层的原始操作和服务。

TCP/IP 协议是在互联网产生之后，在网络互连的工作实践和经验中抽象提取出来的。由于 TCP/IP 技术，互联网的应用才得到很大的发展，也使 Internet 成为可能。TCP/IP 协议模型如图 8-7 所示，该模型由 4 个层次构成，它们从下至上是网络接口层、网络互连层、传输层和应用层。

网络接口层上端负责通过网络接收并发送 IP 数据报，下端负责从网络上接收物理帧，并从中提出 IP 数据报送给网际层。网络接口有两种：一种是设备驱动程序（如局域网网络接口），另一种是含有数据链路协议的复杂子系统（如 X.25 中的网络接口）。

网络互连层（IP）规定了互联网中传输的包格式和从一台计算机通过一个或多个路由器达到最终目标的包转发机制。其功能包括 3 个方面：①处理来自传输层的分组发送请求，即收到请求后，将分组装入 IP 数据报，填充报头，并选择好

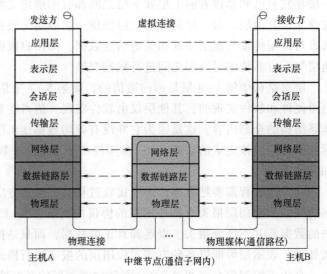

图 8-6　数据在 OSI 参考模型中的传输

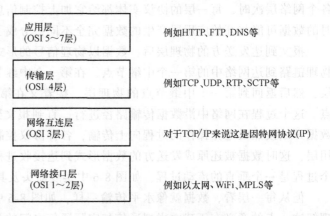

图 8-7　TCP/IP 协议模型

去往目的地的路径，最后将报文段发往适当的网络接口。②处理输入数据报，即判断接收到的报文段的目的地是否为本机，若是则去掉报头，将用户数据交给适当的传输协议；否则再次寻址并转发数据报。③负责路由选择、流量控制和拥塞控制等。

传输层（TCP）负责终端应用程序之间的可靠的数据传输。其功能包括格式化信息流和提供可靠传输。为了实现可靠传输，TCP 规定接收端必须发回确认，如果报文段发生冲突则必须重发。

应用层负责处理用户访问网络的接口问题，即向用户提供一套常用的应用程序，如 www 浏览、FTP 和终端仿真等。

8.2.2　现场总线与工业以太网

现场总线是 20 世纪 80 年代中期在国际上发展起来的，是一种应用于生产现场，在现场设备之间、现场设备与控制装置之间实行双向、串行和多节点数字通信网络。现场总线也被

称为开放式、数字化、多点通信的底层控制网络。它在制造业、流程工业、交通和楼宇等方面的自动化系统中得到了广泛的应用。

但是，由于传统的现场总线种类繁多，不同类型的现场总线采用完全不同的通信协议，迫切需要一个统一标准的现场总线控制系统。随着以太网及 TCP/IP 通信技术在 IT 行业获得了很大的成功，工业以太网也逐步在工业领域中得到应用，并发展成为一种技术潮流。因特网的迅猛发展、以太网技术的不断进步、工厂网络体系结构的进一步扁平化，为工业控制领域因供从设备底层到管理信息层的透明传输网络平台提供了良好的基础。

近年来物联网技术得到了迅猛发展，具有感知能力的各类终端、基于泛在技术的计算模式、移动通信等不断融入工业生产的各个环节，大幅提高生产效率、降低产品成本和资源消耗，将传统工业提升到智能工业的新阶段。

1. 现场总线技术

随着科学技术的不断发展，计算机控制系统在工业领域得到了广泛的应用，并在不断地改进和完善，向着分散化、网络化和智能化方向发展。到 20 世纪 90 年代，随着现场总线技术与智能仪表管控一体化的发展，开放式的工厂底层控制网络构造了新一代的网络集成式全分布计算机控制系统，即现场总线控制系统。

现场总线技术将专用微处理器置入传统的测量控制仪表，使它们各自都具有数字计算和数字通信能力，采用可简单连接的双绞线等作为总线，把多个测量控制仪表连接成网络系统，并按公开、规范的通信协议，在位于现场的多个微机化测量控制设备之间以及现场仪表与远程监控计算机之间，实现数据传输与信息交换，形成各种适应实际需要的自动控制系统。简而言之，它把单个分散的测量控制设备变成网络节点，以现场总线为纽带，把它们连接成可以相互沟通信息、共同完成自控任务的网络系统与控制系统。它给自动化领域带来的变化，正如众多分散的计算机被网络连接在一起，使计算机的功能、作用发生变化。

现场总线控制系统突破了分布式计算机控制系统（DCS）采用专用通信网络的局限，采用了开放式、标准化的总线通信技术，可以由不同设备制造商提供的遵从相同通信协议的各种测量控制设备共同组成。现场总线将网络接口移到了各种仪表单元上，使得网络延伸到控制系统的末端，提高了信号测量、传输和控制精度。现场总线底层控制网络可以相对容易的与上层信息网络（企业内部局域网）和 Internet 全球信息网互联，构成一个完整的企业网络3 级体系结构，从而实现整个工厂的数字化、信息化和网络化。

一般来说，现场级的控制网络可以分为 3 个层次：Sensor Bus、Device Bus 和 Field Bus。其中 Sensor Bus 面向的是简单的数字传感器和执行机构，主要传输状态信息，网上交换的数据单元是 bit（位）、速度快（几个 ms 级）、价格低，如 ASI 等；Device Bus 面向的是模拟传感器和执行器，主要传输模拟信号的采集转换值、校准与维护信息等，网上交换的数据单元是字节（Byte），速度较快（10ms 级），价格适中，如 ProfiBus-DP 等；而 Field Bus 面向的是过程控制，除了传输数字与模拟信号的直接信息外，还可以传输控制信息，即 Field Bus 上的节点可以是过程控制单元（PCU），Field Bus 网络交换的数据单元是帧（Frame）。

图 8-8 所示为企业网络信息集成系统结构示意图，图中的现场控制层网段 H1、H2、profibus 等即为底层低带宽控制网络。常见的现场总线有基金会现场总线（Foundation Fieldbus，FF）、LonWorks、Profibus、CAN、CIP、HART 等。在几大现场总线协议尚未完全统一之前，有可能在一个企业内部，在现场级形成不同通信协议的多个网段，这些网段间可以由

网桥连接而互通信息。现场设备的运行参数、状态以及故障信息等传送到远离现场的控制室，又将各种控制、维护、组态命令乃至现场设备的工作电源等送往各相关的现场设备。并且通过以太网或光纤通信网等与高速网段上的服务器、数据库、打印绘图外设等交换信息。值得指出的是现场总线网段与其他网段间实现信息交换，必须有严格的保安措施与权限限制，以保证设备与系统的安全运行。

由于现场总线负责实时测量控制任务，所以要求信息传输的实时性强、可靠性高，且多为短帧传送，传输速率一般在几千 ~ 10Mbit/s 之间。现场总线作为控制网络，与数据网络相比主要有以下特点：

1）控制网络主要用于对生产、生活设备的控制，对生产过程的状态检测、监视与控制，或实现"家庭自动化"等；数据网络则主要用于通信办公，提供如文字、声音和图像等数据信息。

2）控制网络信息要求具备高度的实时性、安全性和可靠性，网络接口尽可能简单，成本尽量降低，数据传输量一般较小；数据网络则需要适应大批量数据的传输与处理。

3）现场总线采用全数字式通信，具有开放式、全分布和互操作性等特点。

两者的不同特点决定了它们的需求互补以及它们之间需要信息交换，控制网络与数据网络的结合，沟通了生产过程现场控制设备之间及其与更高控制管理层网络之间的联系，可以更好地调度和优化生产过程，提高产品的产量和质量，为实现控制、管理及经营一体化创造了条件。

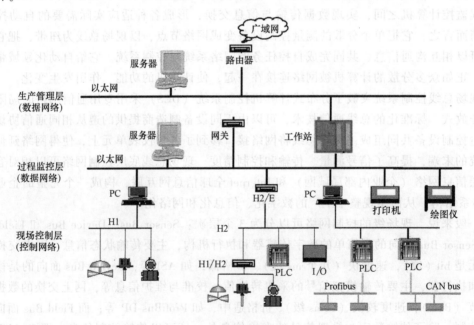

图 8-8　企业网络信息集成系统结构示意图

考虑到现场总线通信的特点，对 OSI 的七层参考模型进行了优化，除去了实时性不强的中间层。典型的现场总线协议模型如图 8-9 所示，它采用 OSI 参考模型中的 3 个对应层，即物理层、数据链路层和应用层，将 OSI 参考模型中的第 3 ~ 6 层简化为一个现场总线访问子层。

众所周知，现场总线自产生到发展至今，世界各大公司纷纷投入了大量资金和力量，开发了数百种现场总线，其中开放的现场总线有数十种。虽然广大仪表和系统开发商以及用户对统一的现场总线呼声很高，但由于技术和市场经济利益等方面的冲突，市场上的现场总线经多年争论也无法达成统一。另一方面，现场总线在其自身的发展过程中，无例外地沿用了各大公司的专有技术，导致相互之间不能兼容。这都使得现场总线控制系统的发展相对缓慢。与此同时，传统上用于办公室和商业领域的以太网却悄悄地进入了控制领域。目前以太网（Ethernet）不仅垄断了办公自动化领域的网络通信，而且在工业控制领域管理层和控制层等中上层网络通信中

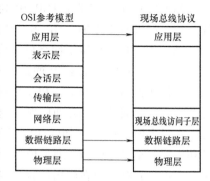

图 8-9　现场总线模型与 OSI 参考模型之间的关系

也得到了广泛应用，有直接向下延伸应用于工业现场设备间通信的趋势，并成为近年来工业控制网络新的研究热点。

2. 工业以太网技术

以太网是目前应用最为广泛的计算机网络技术，因其协议简单、完全开放、稳定性和可靠性好而获得了全球的技术支持，几乎所有的编程语言都支持 Ethernet 的应用开发。以太网硬件产品多，价格低廉，以太网网卡的价格只有 Profibus、FF 等现场总线的 1/10。通信速率高，100Mbit/s 的快速以太网开始广泛应用，易于与 Internet 连接，能实现办公自动化网络与工业控制网络的信息无缝集成。以太网支持的传输介质为双绞线、光纤等，其最大优点是简单、经济。

以太网网络上只传输数据，网上所有节点访问网络的机会相等，为此采用了 CDMA/CD（载波监听多路访问/冲突检测）介质访问机制。CDMA/CD 的优势在于站点无需依靠中心控制就能进行数据发送。当网络负荷较小时，冲突很少发生，因此延迟低；当网络负荷较重时，就容易出现冲突，网络性能也相应降低，不能保证数据在预定时间内到达目的站。但是随着 IT 技术的发展，以太网的发展也取得了本质的飞跃，以太网增加了全双工通信技术、交换技术/信息优先级等来提高实时性，并改进容错技术，从根本上解决了其传输延时存在的不确定问题。通过适当的系统设计和流量控制技术，以太网完全能用于工业控制网络。

众所周知，工业数据通信网络与信息网络不同，工业数据通信不仅要解决信号的互通和设备的互连，更需要解决信息的互通问题，即信息的互相识别、互相理解和互操作。所谓信号的互通，即两个需要互相通信的设备所采用的通信介质、信号类型、信号大小、信号的输入/输出匹配等几方面参数以及数据链路层协议符合同一标准，不同设备就能连接在同一网络上实现互连。如果仅仅实现设备互连，但没有统一的高层协议（如应用层协议），不同设备之间还不能相互理解、识别彼此所传送的信息含义，就不能实现信息互通，也就不可能实现开放系统之间的互操作。互操作性是指连接到同一网络上不同厂家的设备之间通过统一应用层协议进行通信与互用，性能类似的设备可以实现互换，它是工业数据通信网络区别于一般 IT 网络的重要特点。

对应于 ISO/OSI 开放系统互连模型，以太网是 IEEE 802.3 所支持的局域网标准，IEEE 802.3 标准只定义了数据链路层和物理层。作为一个完整的通信系统，它需要高层协议的支

持，APPARENT 在定义了 TCP/IP 高层通信协议、并把以太网作为其数据链路和物理层的协议之后，以太网便和 TCP/IP 紧密地捆绑在一起了。而 TCP/IP 协议作为基于以太网"事实上"的标准，也只规定了网络层与传输层规范，其中网络层规定了基于 IP 的网络连接、维持和解除，即规定了基于 IP 的路由选择；而 TCP 协议（包括 UDP）则规定了开放系统之间的数据传送控制、收发确认和差错控制等。显然，仅仅采用以太网+ TCP/IP 协议是无法解决开放系统之间的信息互通问题。要解决基于以太网的工业现场设备之间的互操作性问题，必须在以太网、TCP（UDP）/IP 协议的基础上，制订统一并适用于工业现场控制的应用层服务和协议。至于 ISO/OSI 通信模型中的会话层、表示层等中间层次，为降低设备的通信处理负荷，可以省略，而在应用层直接定义与 TCP/IP 协议的接口。

工业以太网技术正在加快推广应用，使用哪一种工业以太网协议规范作为标准是现在需要关注的问题。各国的工业自动化系统公司为了保护已有投资利益和扩大自己公司产品的应用范围，纷纷提出工业以太网技术方案。常见的工业以太网协议有 Ethernet/IP、ProfiNet、Modbus-TCP、EtherCAT 等。

8.2.3 车间设备联网的典型架构

随着自动化生产日益普及，企业中越来越多的部门使用信息、反馈结果。安装有各种 CA 软件（CAD、CAM、CAQ、CAR、CAI 和 CAE）的计算机和数控系统是数据产生和处理的单元，企业这种设备越多，设备间数据相互交换就越重要。为了信息能够快速收集、分发和用于生产控制，让所有用户能够访问他们所需要的所有信息，建立一个企业内部数据信息网络（局域网）至关重要，如图 8-10 所示。这些数据网络必须具有可靠性、快速性、可扩展性和安全性。为了实现通信，进行联网通信的设备需要有标准的数据接口，这个数据接口包括硬件接口和软件接口两个方面。并且还需要使用和开发数据库以及相应的用于生成、存储和分发信息的应用软件。

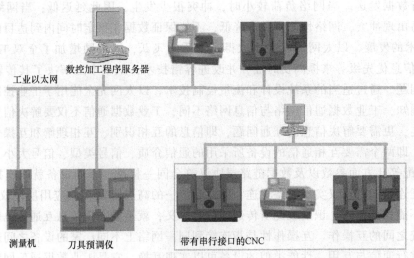

数控加工程序服务器

工业以太网

测量机　　刀具预调仪　　带有串行接口的CNC

图 8-10　数控机床及周边设备通过 LAN 或串口与上位机通信

1. 局域网的特征与属性

局域网是数据网络，网络覆盖范围局限于企业内部，不受公共机构的管制。长距离的连接称为广域网（WAN），需要公共设施，如电话线，ISDN 或 DATEX-P、DSL。目前有几个不同的局域网系统，虽然它们的主要目的是相同的，但也存在显著的技术差异，包括以下七个方面的特征：传输技术、传输介质、网络拓扑、访问方式、数据传输协议、传输速度和最大站点数。

（1）传输技术

在局域网中，根据需要采用基带传输和宽带传输两种不同的传输技术，基带技术使用单一的传输信道，信道提供给通信伙伴的占用时间很短，该方法称为"时分复用"。由于没有复杂的调制和解调设备，从这方面讲它比宽带便宜。在宽带技术中，每个信道使用有限频宽的不同频带，这种方法也称为"频率复用"。这两种方法都有其特定的优点和缺点。为了通信安全，传输信息时将数据"打包"，信息快速但不直接传送，接收端需"解包"后把信息变为可读。

（2）传输介质

传输介质包括有线通信和无线通信。有线通信介质有双绞线（非屏蔽或屏蔽双绞线）、同轴电缆、光纤（如玻璃光纤、聚合物光纤或聚合物包层石英光纤）。无线通信技术有无线电技术、红外技术和蓝牙技术。根据通信传输的频率，其范围为 500k～10GHz，可使用双绞线、屏蔽双绞线、同轴电缆或光纤。光纤对干扰具有最高的安全性，但需要相对昂贵的调制解调器来调制解调需要发送的数据。

在基于以太网的局域网（LAN）中，电缆的长度不能一概而论，速度高达 1Gbit/s 时也可达 100m 长，当然这也包括转接线缆和插头/插座，如从墙上的连接插座到计算机，包括 90m 的网络电缆和 10m 的转接电缆。在速度为 10Gbit/s 的网络中，长度依赖所使用的电缆，要达到 100m 必须使用确定级别的电缆（如 6 类屏蔽线，CAT-6A），否则只可能达到 45m 或更短，布线的花费较高，不适合普通的工作站联网。铜缆的极限速度是 40Gbit/s 或 100Gbit/s，现在实际上还不可行。玻璃纤维在很大程度上取决于使用标准，最大可能达到 40km、100Gbit/s 或 100km、40Gbit/s，它的布线安装成本远远高于铜缆。

（3）网络拓扑

目前，局域网的标准拓扑结构为星型、环形、总线型或树形结构，网络的拓扑结构和优缺点见表 8-2。

表 8-2　网络的拓扑结构和优缺点

	星型	环形	总线型	树形
示意图				
特性	流行结构	每个站既是发送站又是接收站	同轴电缆作为被动介质	从主干到分支
优点	一个单元的故障不会影响网络	方便新设备连接	任何站都可以随时连接、断开	分支网络可扩展
缺点	成本高	当一个站点出现故障时需要双环保证安全性	电缆故障会导致通信瘫痪	网络扩展成本高，比其他网络昂贵

总线型网络的所有用户都连接到一个公共线上，连线短，网络结构简单，发送者和接收者之间的通信直接连接。环形网络的所有用户都连接到一个环路，每个站和至少两个相邻的站相连。数据通信通过环上一个预先固定的方向，再回到起点。令牌环使用配对双绞线双线制，因此环的中断不会导致整个信息传递失败。通过自动或手动将发送方向和回程方向短路，就可使旁路发生故障。最简单的数据传输，例如从 DNC 计算机到 CNC 机床，直接通过电缆连接，这种星形连接中所有从站都连接到中央站，因此从站之间不能直接通信，只有通过中心站来通信。因为每个连接的端口都在计算机上，所以这种结构只适合连接少量用户的情况。树形结构是上面所列出结构的混合。

（4）访问方式

在一个公用传输媒介上，如果有多个站点同时使用总线就会发生冲突，访问方式就是决定哪个参与者可以发送数据以及接收者如何识别发送给自己的报文，原则上有主从方式、令牌环和令牌传递三种访问方式，冲突检测和预防是访问方式的重要内容。

载波监听多路访问/冲突检测（CSMA/CD）是指在冲突时进行仲裁，具有较高优先级的成员继续发送信号，较低地址的成员有更高的优先级，这意味着具有最低地址的成员具有最高优先级，从而具有实时能力。

主从方式是指一个成员是主站，其余都是从站。主站具有唯一的不请求就可访问公共资源的权利。从站不能主动访问总线，必须等待主站（轮询）给它发指令。主从方式的主要优点是只有主站可以控制访问，从而防止信号冲突；缺点是从站之间无法直接通信，此外主站轮询的方式效率低下。

令牌环原理是指用不断循环的令牌（特别的位模式）在环上传递，谁拥有令牌就可以发送信号。准备发送数据的站点必须等待"空闲"状态的令牌到来，并在其发送数据过程中置内令牌状态为"繁忙"，目标站点接收数据并比较无误后，释放"空闲"令牌到环上，从而防止了数据冲突。

令牌传递是令牌环和主从方式相结合，在这种情况下只有主站可以传递令牌。令牌传递是令牌从所在的主从网络向相邻网络的主站转发令牌。

载波监听多路访问/冲突避免（CSMA/CA）是指中央协调下防止冲突，每个站点可以在任何时间发送信号，可能的冲突都会被感知，并立即终止数据传输，随机延时后，传输重新开始，第一个开始发送的站点禁止所有其他站点访问。以太网使用了 CSMA/CA 技术，以太网是目前使用最广泛的局域网。

（5）协议

协议是数据传输系统中保证实现两个或更多系统之间或系统组件之间的信息交换所必须的条件、规则和协定。协议定义编码、传输形式、传输方向、传输格式、呼叫建立和呼叫释放等。数据通信要求所有参与者的接口和协议必须是相同的，或通过转换器转化成相同，另外数据通信时，发送和接收的速度要相匹配。

（6）传输速度

一个数据网络的传输速度应尽可能地高，这样每秒钟所能传输的数据就多，等待时间就减少。在传输数字信号的情况下，传输速度也称为带宽，通常用 bit/s（位/秒）、kbit/s、Mbit/s、Gbit/s 来表示。如果连接到数据网络的 NC 或 CNC 机床的下载速度有限，那么网络和控制器之间必须有"转换器",转换器将网络上的数据高速下载到数据存储区,再通过合适的速度将数据传给CNC机床。由于CNC机床使用通用CPU芯片,因此大部分都具有高速接口。

(7)最大的站点数量

以太网络最大可连接1024个站点,没有网关或路由器网络长度可达2500m。标准以太网的传输速度为10Mbit/s,快速以太网为100Mbit/s,千兆以太网为1000Mbit/s。快速以太网和千兆以太网采用双绞线或光缆,同轴电缆不允许在高频下使用。

由于现场总线CAN、Interbus-S和Profibus的物理基础是RS485串行接口,性能数据也几乎相同,其差异主要是总线访问、安全机制和传输协议。CAN总线使用的CSMA/CA,最大电缆长度计算较复杂,在50kbit/s的传输速度下可以传输约1km。最大站点数为64个,在限制的条件下可达128个站点。Interbus-S在500kbit/s的传输速度下可传输40m,站点数最多为256个。Profibus一般最多为32个站点,用中继器则可达127个站点,最多可使用三个中继器,传输速度为500kbit/s时可延伸到200m,传输速度为93kbit/s时可达1200m。

2. 网桥和网关

数据通信的目的是随时随地可用信息,而局域网络被限制在一个特定的建筑物或部门区域,因此在一个企业中可能存在多个局域网,因此需要提供一个设备,将一个网络的信息传输给另一个网络,这样的设备称为网桥或网关。

网桥被定义为一个设备,是具有相关软件的计算机,允许相同类型局域网之间的连接,使一个网络的站点可以同其他相同类型的网络进行通信。网桥要连接的网络是相同的,没有任何协议转换发生。网桥识别和检查发来的数据包,若接收地址是其他网络,则转发该数据包到另一个网络,从而避免了不必要的网络拥堵。网桥也可用作放大器,以增加网络的长度。网关用来连接不同的网络,需要许多额外的任务(如协议转换、格式化等),因此具有相对复杂的结构。

3. 局域网的选择标准

选择局域网有12个重要的基本标准:

1)最大的传输速度,单位为位/秒(bit/s)。

2)要传输数据的最大预期量。

3)最大可连接的没有问题的站点数量。

4)所有站点在单工、双工或半双工工作方式上的数据传输问题。

5)当一个站点或分支节点发生故障时的安全性,数据传输不允许失败。

6)无中继器时最大允许的电缆长度。

7)电缆类型和电缆芯数(屏蔽、双绞、同轴或光纤电缆)。

8)电缆的最小弯曲半径,要考虑在电缆槽中布线的情况。

9)考虑连同电源线,在电磁污染的环境或非常强的线路干扰下安装布线的条件。

10)局域网基本价格以及连接每个用户的价格。

4. 接口

所传送的数据必须能够输入每个相连接的系统,这就是设备接口的作用。接口是指两个硬件系统(如计算机、打印机和CNC机床)或计算机中两个软件程序之间的边界,分为硬件接口和软件接口。广义上讲,接口定义为责任的交接点,如有线电视网络到用户家中的连接接口。接口可以用于连接两个相同或不同的系统。本节主要关注与数控机床控制器直接相关的接口，这些接口主要用于将数据传输到数控机床、机器人、输送系统、刀具管理设备、测量设备和类似的设备。

（1）硬件和软件接口

硬件接口也被称装置的硬件连接接口，指用于发送、接收、控制和节拍等需要的信号线数量，所应用的连接器型号以及如何应用，所有流入和流出设备的信息经它流过。硬件接口分为位串行接口和位并行接口。

在位串行接口中，被发送的信息在同一线路上按时间顺序被发送，因此它的传输速度比一个字符的各位同时在各条线路上并行传输要慢。然而并行接口 8bit 字符至少需要 9 条线路，技术方面的花费大，电缆长度的限制在 1~3m 内，所以数据传输接口首选为串行接口，如 V.24 接口。

软件接口是一个确定的从一个软件包到另一个软件包进行数据交换的地方。例如，在一台计算机里，软件接口描述的内容及所提供的接口是什么，设计的目标是什么，什么数据可能被传输，如产品定义数据（CAD）、过程定义数据（NC 程序）、后置处理器中的刀位文件和订单数据。

（2）握手交换方式

握手交换方式通过开始/停止数据传输来控制传输，如果接收站在有限的时间内无法实现接收，则接收站通过一个预定义的信号使发送停止，直至它准备好再次接收。握手交换方式有两种，软件握手方式和硬件握手方式。硬件握手控制信号采用两条硬件线路，数据和控制信号各分配两条线路，软件握手交换方式没有握手控制线路，握手信号为软件信号。

5. 同步传输和异步传输

传送数据一定要匹配发送端和接收端的传输节拍。同步传输采用数据块同步机制，即发送端和接收端通过独立的节拍信号在整个数据块传输中相互同步。异步传输也称为"开始/停止方法"同步通过起始位和停止位，仅在一个数据字传输中产生（如 V.24）。

总之，局域网、协议和接口涉及的范围很广很复杂，需要专业通信人员。企业要先向经验丰富的专业通信人员进行咨询，在网络信息传递出现问题之前就开始训练自己的专业人员，直到建立了自己的专业知识。买方至少应该具有在技术上提出自己要求的能力，避免以后遇到意想不到的问题和产生额外的费用，局域网的布线安装也应由专业人员来完成。有一种观点认为，企业必须自上而下统一建立局域网，这样就可以解决未来所有关于信息传输的问题，这种观点是错误的，数字化技术的发展日新月异，没人能保证一成不变。以后联网的大趋势可能是，众多小而独立可见的网络先建立起来，然后根据实际需要通过网桥或网关联到一起。

8.3　车间制造现场数据采集和交换

数字化车间是用数据表示车间资产，用数据流动表示车间运行，并实现虚拟与现实车间相互映射的生产制造模式。因此，如何实现车间制造现场数据的采集和交换，是建设数字化车间的核心。

8.3.1 车间制造过程中的数据分类

在车间制造过程中，人员、设备、物料等会产生大量数据，从不同的角度，这些数据有不同的分类方法。

（1）按照数据状态分类

1）静态数据。通常表示车间中不会发生改变的数据信息，如车间操作人员的内部编号、产品的物料编码、加工设备编号和仓库编号等。静态数据作为产品制造过程的附属信息，不会对在制品的加工状态产生直接影响，但是对于需要进行数据追溯的产品，静态数据也是不可分割的一部分。

2）动态数据。在产品的制造过程中，随着产品加工状态的变化而发生改变的一类数据。一方面体现了车间在制品的加工状态，有利于企业动态调度；另一方面为上层车间信息系统提供数据基础，保障产品制造过程中的数据处理、质量管控、任务调度和供应链管理。相对于静态数据，动态数据在车间制造中的价值更高，及时有效的获取动态数据信息对于车间正常生产运行非常重要。

3）中间数据。指处理静态和动态数据过程中生成的数据信息。由于直接获取的数据结构不统一，为了满足各系统模块之间信息通信的需要，需要对获取的数据进行处理。在此过程中产生的数据称为中间数据。

（2）按照数据对象分类

车间制造现场的数据按照数据对象不同，可分为人员信息、设备信息、物料信息、工装工具信息、生产执行信息、质量信息和其他信息。其中每类信息又包含若干子类数据，如图8-11所示。

1）人员信息。这里的人员是指车间制造过程中的相关人员，如机械加工过程中车、铣、刨、磨各工序的操作者、班组管理人员、车间管理人员、生产调度人员等。车间人员信息包括工号、姓名、工种、所属车间等基本信息，工作、休息、缺勤和等待等状态信息，出勤、旷工和任务进度等绩效数据。

2）设备信息。设备是车间现场作业的重要工具，是基本生产要素之一。设备信息包括设备编号、设备型号、设备名称、加工能力、所属车间和负责人等基本信息，工作、等待、故障及维修等状态信息，加工程序号、主轴转速、主轴负载及机床温度等运行参数。

3）物料信息。物料信息分为物料基本信息和物料状态信息。物料基本信息包括物料编号、名称、牌号、加工工艺和生产厂家等，物料状态信息包括物料存储状态、运输状态、等待状态、报废状态和返工状态等。物料状态信息是实现物料跟踪的重要数据之一。

4）工装工具信息。工装工具信息是指生产加工中涉及的刀具、夹具、量具、检具等工装信息和辅助用工具信息。主要包括编号、名称、类型、规格、生产厂家、位置、当前状态和维护情况等数据。

5）生产执行信息。生产执行信息包括任务信息、进度信息和流转单信息。任务信息用来下发和记录车间任务完成情况，是阶段性数据，包括任务编号信息、物料需求数据、任务工艺数据、任务开始时间、完成时间和批次数据等；进度信息反映任务的执行和完成情况，包括产品编号及名称、零件编号及名称、总工序、当前工序、总工时和当前工时等；流转单是车间生产现场加工的基本单位，它在车间进行流转的同时也记录着生产进度信息和加工过程信息，如生产相关的物料、设备、工时定额及自身状态信息。

6）质量信息。质量信息用来记录制造过程中的质量情况，分为来料检验、加工过程检验和成品检验。质量信息包括质检数量、合格数量、试料数量、废品数量、报废原因和回修数量等。质量信息是制造车间进行质量统计分析，改进生产工艺和管理方式的重要依据。

7）其他信息。包括报警信息、维护信息及其他支持车间制造正常运行的数据信息。报警信息指针对生产过程中出现的异常情况进行报警，如设备故障和异常报警，生产进度落后预警等；维护信息指生产过程中的相关日志信息，包括报警日志、维护日志和加工日志等数据。

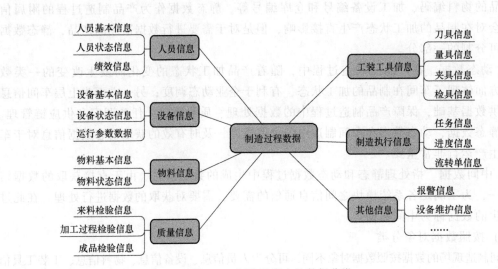

图 8-11　制造过程中的数据分类

8.3.2　车间制造现场数据的采集

车间制造现场常用的数据采集技术主要有以下几种：

1）人工录入。利用既定格式的记录卡片记录车间现场的数据信息，然后手动输入到计算机系统。人工录入方式可以满足数据量小，对数据及时性要求不高的应用场合。随着制造技术的发展，制造车间系统越来越复杂化、智能化，运行所产生的数据是海量的，需要发展更加先进、智能的车间数据采集方式，人工录入显然已经不符合制造车间的需求。

2）条形码技术。目前，条形码录入方式的应用较广泛，比如书本封面、快递邮件、固定设备标识等都贴有条形码。条形码技术通过计算机将代表数据信息的线条和空白以一定格式编排组合，并用数字和字母进行标注，当阅读器对条形码进行扫描时，反射的光信号经过光电转换，解码后还原为该标识对象本来的产品信息。

在实际生产中，利用条形码技术对产品的制造过程进行监控，并采集相应的数据信息进行产品合格率检查与分析，同时建立产品信息及其条形识别码数据库，从而实现产品生产计划、制造流程等信息的数字化管理，避免了人工录入造成的数据错误和遗漏。

但是，条形码利用印刷的工艺完成，在一些比较恶劣的生产环境中条形码容易损坏。另外，条形码技术的数据存储量较小且不可重复读写，使得条形码技术在应用上存在着局限性。

3）设备终端数据采集。利用设备终端自动采集设备获取实时数据，并及时反馈给车间决策层，以便对车间生产任务进行动态调度。目前，大多数车间依靠 PLC 获取设备的状态数据信息。一种方式是将 PLC 作为网关，通过通信接口与设备进行通信，直接从 PLC 中读取设备运行状态数据与日志文件，通过工业以太网将这些数据上传至系统数据库，另一种方式是直接利用设备的I/O接口，通过I/O信号采集设备数据，然后上传到系统数据库。

4）基于RFID技术的数据采集。无线射频识别技术RFID是一种非接触的无线自动识别技术，是目前研究的热点。RFID通常由标签（Tag）、阅读器（Reader）和天线（Antenna）三部分组成。其中，标签包括耦合组件和芯片，并在其内加载唯一电子编码，粘贴在被标识物体上；阅读器用于读写标签内的信息；天线用于传递无线信号，实现标签和阅读器之间的信息交互。

在离散制造车间中，RFID标签被附加/粘贴在几乎所有的制造资源上，如操作员、工件、托盘、叉车、加工设备、刀具、工装夹具和测量设备等，通过这种方式，可以使其从单纯的"物体"转变为拥有某种"内置智能"的"智能物体"。当智能物体进入RFID读写器的信号探测空间，读写器就可以通过非接触方式读取电子标签中的信息，自动识别物体并采集数据。

相较于传统的条码识别技术，RFID技术极大地加速了信息采集和处理速度，具有使用方便、操作快捷、适应环境能力强和抗干扰能力强等特点。

5）基于OPC协议的设备信息交互。OPC（OLE for Process Control）即用于过程控制的对象链接与嵌入技术，OPC作为一项工业标准目前已经被广泛应用于工业数据采集与集成。制造车间现场数据来源的多样性以及异构性，使得制造车间系统中不同软件之间的信息通信与交互面临较大困难，OPC标准的诞生与发展打通了应用程序与现场过程控制之间的隔阂，大大降低了底层数据与上层控制系统进行数据交互与信息通信的难度。

在制造企业中，车间现场的设备来源于不同的设备厂商，不同设备之间的数据存取与交互需要编写专门的接口函数来完成。然而车间现场设备种类繁多并且产品也在不断地升级，这种方法不仅给设备供应商和用户造成了繁重的负担，而且也难以满足实际生产需要。在这种现实需求下，迫切需要一种高效、开放及可互操作的设备驱动程序，OPC标准的出现有效地解决了这一瓶颈问题。

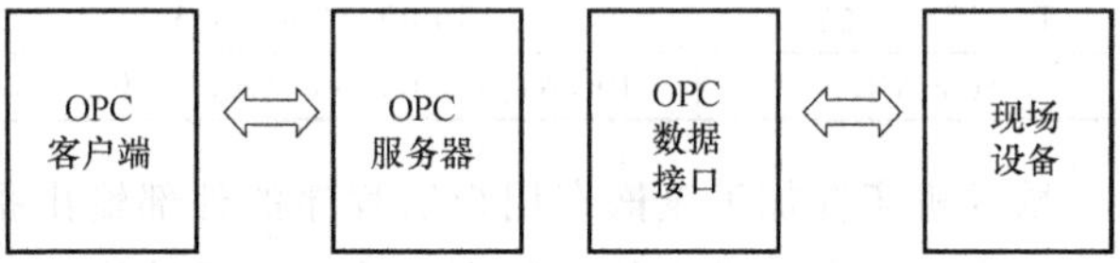

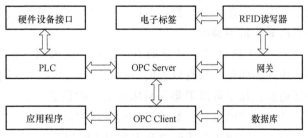

图8-12 OPC工作原理

OPC主要由OPC Client与OPC Server两部分组成，如图8-12所示。

OPC Server通过数据接口与现场设备进行交互，从而获取现场设备运行数据并通过接口发送给OPC Client。OPC Client安装于用户主机上，用于接收处理数据。OPC服务器可以从任何支持OPC标准的设备中读取数据，在对车间制造数据采集应用过程中，OPC Server从PLC中读取设备运行状态信息，同时通过网关实现对RFID读写器读写操作的控制，获取产品加工状态信息，完成车间制造信息的交互，如图8-13所示。

图8-13 OPC技术在数据交互中的应用

OPC技术标准的应用实现了软件与硬件的分离，硬件商只需按照相应标准开发OPC Server接口程序，而软件商只需针对OPC Client开发通信接口程序，不仅减少了制造商的工作量也给用户的实际应用带来了便利。

8.3.3　车间制造现场数据实时采集方案

根据制造车间的实际情况，车间现场数据采集系统的体系结构主要包括五个层面：应用层、数据层、传输层、控制层和设备层。

（1）机床状态数据采集方法

目前制造车间机床的通信接口分无通信口、串行口和以太网口三种。无通信口的机床是最早出现的数控机床，由于其落后性基本上被淘汰，部分仍在使用的数控机床仅有串行接口，而近年来生产的数控机床普遍具有以太网接口。针对不同的数控机床，下面介绍三种典型的数据采集方法。

1）采集 PLC 信号点的方法。无通信接口的机床其落后性决定它适用的采集方法很少，目前应用较多的是利用 PLC 信号点进行机床数据的采集。数据采集模块从 PLC 直接采集机床的 I/O 点信号与计算机相连，计算机经过解释分析，通过局域网传给其他信息化服务器。

2）镶嵌用户宏指令的方法。对于具有串行口的旧机床，可以用上述无通信接口的机床使用的采集 PLC 信息点的方法，也可以用宏指令方法。表 8-3 是某数控系统宏指令举例。宏指令方法通过纯软件来实现数控机床加工信息的采集，不需要进行硬件的设计改造，但是数据采集之后要把它写入到服务器中，为此需要建立机床与服务器间的连接。

表 8-3　某型号数控系统的宏指令表

镶嵌位置	镶嵌指令	采集信息
S（主轴转速）之后	DPRNT［S#4119［5 2］］；	当前主轴转速
F（进给速率）之后	DPRNT［F#4019［5 2］］；	当前进给速率
T（刀具号）之后	DPRNT［T#4120［3 0］］；	当前刀具号
程序结尾	DPRNT［T#3011［8 0］#3021［6 0］］；PCLOSE	加工结束时间

数控机床在加工镶嵌有用户宏程序的外部输出指令和系统变量代码时，会主动发送机床状态数据。系统一旦监听到，相关软件就会对传来的信号进行判断，然后做出相应的处理，并把各种数据显示在软件界面上呈现给管理者，并且可以保存数据，以便形成各种统计表格和数据分析处理。数控机床信息采集的流程图如图 8-14 所示。

这种方法虽然简单可行，能够实现绝大多数具有串行口的机床的数据采集，但是采集的数据有限，如果想了解机床的更多状态信息这种方法显然是不够的。

3）基于软件二次开发的方法。具有以太网口的机床，数据采集方法更加多样化。具有以太网口的机床控制器，可以和普通的计算机一样通信，几乎可以采集到机床各类实时信息，例如操作信息、机床运行状态、故障报告、数控机床的开机时间、主轴运转时间、机床运行参数坐标、机床使用效率和零件加工时间等。它适用于具有 OPC 通信模式的以太网接口的机床。

（2）车间现场数据采集方案

基于之前所述的数据采集技术，根据不同的设备类型，应用传感

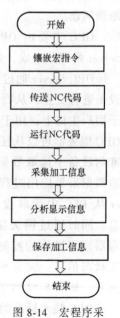

图 8-14　宏程序采集数据流程图

器、设备自身数据通信接口、射频识别技术和OPC等多种技术方式，组建车间现场数据采集方案，如图8-15所示。

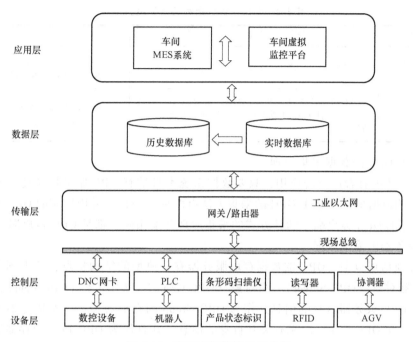

图8-15　车间现场数据采集方案

1）基于OPC协议的数据采集。对于支持OPC协议的设备，如机械手和数控设备，选用基于OPC的状态数据采集方案，利用设备自带的标准OPC接口以及进行必要的软件配置，读取设备当前的各种状态信息，如运行状态、主轴转速和加工坐标等。

2）条形码数据采集。对于产品状态标识采用条形码技术，在零部件上贴附二维码，通过车间人工扫码获得相关数据信息。

3）基于RFID的数据采集。对于需要实时监控的设备，采用射频识别技术通过读写器实时读取设备信息。

4）对于不提供数据传输协议的旧设备。可通过增加传感器获取设备运行的开关量状态，如电磁感应传感器、电量检测传感器，获取设备的运行状态。

采集的车间现场实时数据经现场总线通过网关或路由器，利用工业以太网上传至数据库中。对于实时性要求较高的数据，为了保证数据传输速度，对实时采集的大量数据进行预处理，利用数据清洗去除冗余信息；对于时效性要求不高的数据，采用定时批量的方法进行数据采集与传输，同时利用数据的压缩和解压缩的方法，可以有效减少数据传输量，降低网络负荷，提高传输效率。

8.3.4　西门子数控系统基于OPC规范的数据采集

西门子840D sl和828D两款中高档数控系统支持OPC数据采集规范并且提供OPC服务器，可实现基于OPC规范的机床数据采集。

针对数控的远程通信功能开发，西门子公司目前提供了两种常见的软件开发方式：①利用西门子系统提供 Programming Package 开发包。②标准通信接口，如 OPC UA 服务器及与其对应的 OPC 数据采集规范，其方法如表 8-4 所示。

表 8-4　西门子数控远程通信开发方法

开发方式	优点	缺点
Programming Package 开发包	功能强大、嵌入性好，支持 Windows 和 Linux 系统	需购买开发包，对编程要求较高，仅适用于相应系统的开发，有局限性
OPC UA 协议	OPC 协议作为通用的工业标准，可实现跨平台数据采集，与硬件无关，不涉及协议转换，利于系统集成和数据流通	需购买 OPC 通信模块，OPC 基于数据通信，对文件的访问有一定限制

（1）基于 OPC 的数据采集原理

OPC 在工业中有着广泛的应用，只要数控系统本身带有 OPC 服务器功能，就很容易实现基于 OPC 的数据采集。基于 OPC 的采集方法有两种，一种是采用厂家的 OPC 客户端，一种是自己编写的 OPC 客户端。两种方式的采集原理基本相同，都是 OPC 客户端通过 OPC 通信从 OPC 服务器中采集数据。

在 OPC 通信规范中，OPC 的数据存取服务器有着典型的结构特点，从上到下分为三个层次：服务器对象（OPC Server）、组对象（OPC Group）和项对象（OPC Item）。OPC Server 定义有关 OPC 服务器自身的信息并作为 OPC Group 的存储容器，一个服务器对象可包含多个组对象；而 OPC Group 定义有关其自身的信息，并且作为 OPC Item 的存储容器，管理 OPC 项。同样，一个组对象可添加多个项对象；OPC Item 与数据源实现连接，是对数据源的表征，用于存放数据源的各个属性值，其中最具代表性的有三种：值（Value）、质量（Quality）和时间戳（Time Stamp）。

在 OPC 服务器读取现场设备的数据时，其本身就是一个可执行程序，该程序以一定的扫描周期不断同物理设备进行交互，获取数据源信息。服务器内部的数据缓冲区，用于存放数据的最新属性：数据值会随着物理设备的实际参数相应改变，时间戳用于表示服务器最近一次从设备读取数据的时间点，因为服务器对设备寄存器的读取是不断进行的，即使数据值和数据质量都没有发生变化，时间戳也会不断地更新。

（2）828D 数控系统中的 OPC 支持

以 Siemens 828D 数控系统为例，介绍基于 OPC 规范的数据采集。

从 OPC 的对象模型可以知道 OPC Server 和 OPC Group 作为上层对象起着容器的作用，而 OPC Item 则代表了数据源，包含数据的各种信息属性，供用户读取。所以客户程序要从服务器中读取数据，需要知道特定的 OPC 服务器支持的 OPC Item。按照区域进行划分，828D 数控系统支持的变量可做如图 8-16 所示分类。

在各个划分区域中，变量又可以根据不同的功能类型而进一步地细分，如在区域 A 中"轴专用数据"分为"轴机床数据（Ma-

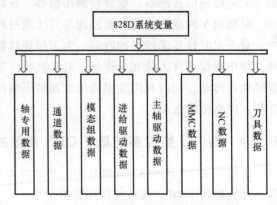

图 8-16　Siemens OPC Item 支持的变量

chine Data)"和"轴设定数据（Setting Data）"。

OPC 采集程序从建立服务器对象到数据采集完成是一个完整的生命周期，包括环境初始化、建立 OPC 对象并与之连接，添加组对象和项对象，读取每一项的属性值，最终释放对象、断开连接。并将数据采集子模块嵌套到整体远程通信方案设计之中，最终实现数据文件的上传，完成基于 OPC 规范的远程通信系统的设计与开发。

最后，将上位机与数控系统通过工业以太网进行连接，并针对 828D 数控系统进行 OPC UA 服务器的激活设置，通过通信方式获取到数控系统的轴参数、NC/PLC 数据、机床及设定数据等，最终生成的数据包文件示例如图 8-17 所示。

图 8-17　数据包文件示例

思考题与习题

1. 什么是数字化工厂？数字化工厂的本质是什么？
2. 产品全生命周期数字化主要包括哪些内容？
3. 简述数字化工厂中的网络层级和各层级的作用。
4. 简述制造车间设备联网的意义和作用。
5. 车间制造现场常用的数据采集技术有哪些？
6. 为什么基于 RFID 的数据采集技术在数字化工厂得到广泛应用？
7. 基于 OPC 的数据采集技术有哪些特点？

项目 24　数控机床基于 OPC 协议的数据采集

本项目旨在通过 828D 数控系统的 OPC 服务器功能，实现对数控系统的数据采集。通过项目的实施，加深对 OPC 协议工作原理的理解，掌握 OPC 服务器和客户端的设置及连接方法，实现基于 OPC 协议的数控机床数据采集和监控，为数字化制造打下基础。

1．任务目标
1）熟悉 OPC 协议的工作原理。
2）基于 OPC 协议，实现 828D 数控系统的数据采集和监控。
3）熟悉车间制造现场数据采集方案设计。

2．任务要求
1）熟悉西门子 828D 数控系统的 OPC 工作原理。
2）掌握 828D 数控系统 OPC 服务器相关设置。

3）掌握西门子 OPC 客户端样例程序的使用。

4）实现 OPC 服务器和客户端的连接。

5）实现基于 OPC 协议的 828D 数控系统的数据采集和监控。

6）撰写项目报告，对基于 OPC 协议的数控系统数据采集和监控方法进行总结。

3. 评价标准（见表 8-5）

表 8-5　项目评价标准

序号	任务	配分	考核要点	考核标准	得分
1	了解 828D 数控系统对 OPC 协议的支持。掌握 OPC 服务器的相关设置	20	828D 数控系统的 OPC 功能 OPC 服务器的注册、IP 地址设置、端口设置、激活	阅读技术资料，理解基于 OPC 的数据采集原理 能够完成 828D OPC 服务器的相关设置	
2	掌握西门子 OPC 客户端样例程序的使用	20	西门子 OPC 客户端样例程序的下载和使用	能够完成样例程序的下载、安装和使用	
3	实现 OPC 服务器和客户端的连接	20	客户端和服务器的连接	能够实现客户端和服务器的连接	
4	实现基于 OPC 协议的 828D 数控系统的数据采集和监控	20	客户端对 828D 数控系统主要数据的采集和监控	在客户端实现 828D 数控系统的数据采集和监控，包括 R 参数、NC 数据、PLC 数据等	
5	基于 OPC 协议的数控系统数据采集和监控总结报告	20	总结和撰写报告的能力	报告内容详实、正确，条理清晰 能够对调试过程中遇到的问题进行记录和分析	

附 录

SIEMENS OPC UA使用说明

OPC（OLE for Process Control，用于过程控制的 OLE）是一个工业标准，由 OPC 基金会管理，OPC 基金会现有会员已超过 220 家，包括世界上所有主要的自动化控制系统、仪器仪表及过程控制系统的公司。OPC 采用客户/服务器模式，把开发访问接口的任务放在硬件生产厂家或第三方厂家，以 OPC 服务器的形式提供给用户，提高了系统的开放性和可互操作性。

简言之，OPC 是 Windows 与不同控制器通信的一种标准，每台机床相当于一台 OPC Server，电脑相当于 OPC Client。客户端可以用 VB/VC 等软件开发专用 HMI，也有现成的 OPC Client 软件。西门子公司为便于机床设备的连接，提供基于 Visual Studio 开发的 OPC UA 样例程序，源代码开放，供用户开发 OPC UA 客户端参考。

原 始 样 例 代 码 下 载 链 接：http：//support. automation. siemens. com/WW/view/de/42014088。

1. OPC UA 基本信息

（1）OPC UA 功能

1）数据存取 Data Access（DA）。

2）报警和事件　Alarm & Events（A&E）。

3）历史记录 Historical Data Access（HDA）。

4）指令　Commands（CMDs）。

（2）通信加密方式

服务器可以未加密或以加密的形式进行通信。可用选项如下：

1）无。

2）128 位-签名（Basic128Rsa15）。

3）128 位-签名 & 加密（Basic128Rsa15）。

4）256 位-签名（Basic256Sha256）。

5）256 位-签名（Basic256）。

6）256 位-签名 & 加密（Basic256Sha256）。

7）256 位-签名 & 加密（Basic256）。

（3）安装要求

1）SINUMERIK 4. 8 内置 OPC UA 2. 0 服务器。

2）只有支持 OPC UA 选项的系统软件。

3）OPC UA 许可证（6FC5800-0AP67-0YB0）。

4）确保 HMI 时间设置正确，因为这是进行加密通信的前提条件。

2. 设置系统选项

（1）注册系统选项

必须注册系统选项（选项订货号：6FC5800-0AP67-0YB0）才能启动 OPC UA 服务器 MiniWeb。

选择 ，搜索 OPC UA 或 AP67 选项。如附图 1 所示。

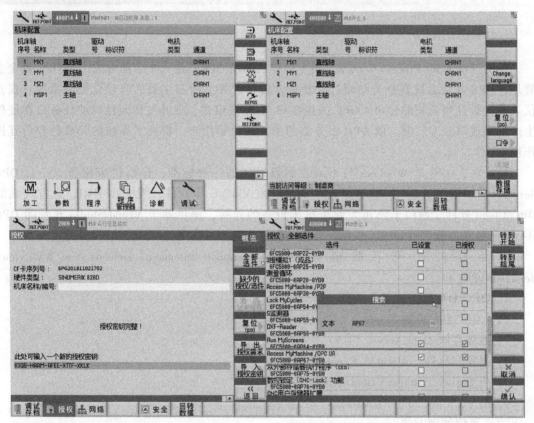

附图 1　注册系统选项

只有设置了 OPC UA 选项，才会出现 OPC UA 菜单

（2）设置 MiniWeb 通信端口的 IP 地址

OPC UA 的 MiniWeb 服务可以运行在 NCU 内置的 HMI 上，也可以运行在外置 HMI（PCU 上运行的 HMI）上。内置的 HMI 只能使用 X130 以太网口通信，外置 HMI 只能使用 PCU 的 X1 以太网口通信。

（3）内置 HMI，设置 X130 以太网端口 IP 地址（如附图 2 所示）

选择

选择手动方式，设置固定 IP 地址，子网掩码，网关 IP 地址，之后确认，系统重启生效。

注：1）若系统需要联网，必须设置正确网关。

2）如果 IP 地址设置不生效，可以在系统 CF 卡/USER/SYSTEM/ETC 更改 basesys.ini 文件中的 IP 地址，设置后 PO 即可生效。

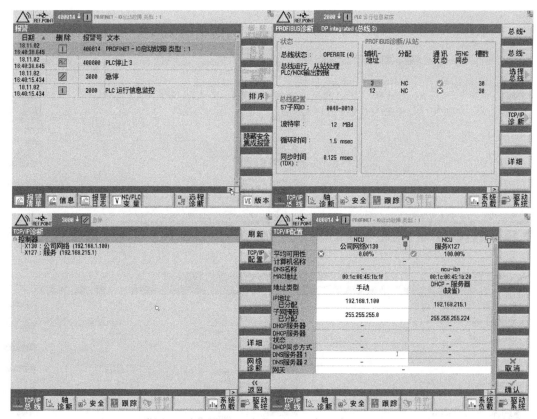

附图 2　内置 HMI，设置 X130 以太网端口 IP 地址

（4）设置 X130 的 4840 端口

默认的 OPC UA 服务使用 4840 端口通信。如附图 3 所示。

选择 ，设置 MiniWeb 使用的端口 TCP/4840。

（5）设置 OPC UA 服务管理员用户

1）选择 ，设置管理员及密码，并激活 OPC UA。

2）IP 地址。OPC UA 服务器 NCU 所有以太网接口（X130，X127，X120）的通信。

3）TCP 端口。默认：4840，根据硬件配置开放防火墙端口配置。

4）密码。密码必须符合如下规则：

➤ 创建密码时要确保不是可被猜出来的密码，例如：很容易被猜出的简单的单词和按键组合等。

➤ 密码中必须含有大写字母、小写字母以及数字和特殊字符。密码至少必须包含八个字符。

➤ 服务器不支持少于八个字符的密码。PIN 码必须包含任意顺序的数字。

➤ 只要条件允许、IT 系统支持，密码的字符顺序必须尽可能的复杂。

5）客户证书管理。证书是保证加密传输的前提，必要时需移动、删除用户证书。

➤ 拒绝证书的存储位置

NCU："System CF Card/addon/SINUMERIK/hmi/opcua/pki/rejected"

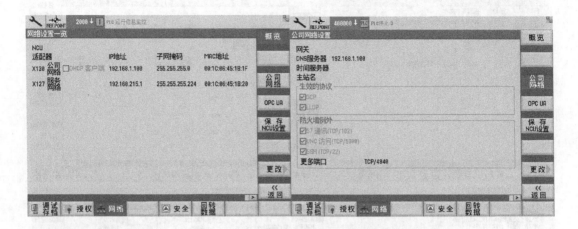

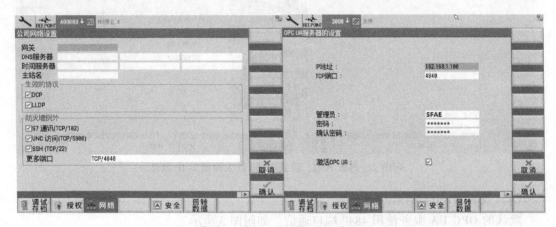

附图 3　设置 X130 的 4840 端口

PCU："System harddisk/C：System/ProgramData/Siemens/MotionControl/addon/SINUMERIK/hmi/opcua/pki/rejected"

➤ 信任证书的存储位置

NCU："System CF Card/addon/SINUMERIK/hmi/opcua/pki/trusted/certs"

PCU：" System harddisk/C：System/ProgramData/Siemens/MotionControl/addon/SINUMERIK/hmi/opcua/pki/trusted/certs"

6）激活。开机后，自动启动 OPC UA 服务器。

（6）MiniWeb 监控 IP 地址（V4.5 版本必须设置，V4.7 版本自动设置）（如附图 4 所示）

1）选择 <kbd>调试</kbd> <kbd>存档</kbd>，浏览 HMI 数据→模板→举例→配置文件，选择相应的配置样例文件。以内置 HMI 为例：

➤ 内置 HMI：MiniWeb_linemb_systemconfiguration.ini（828D 使用及 840Dsl TCU＋NCU 配置）

➤ Win7 操作系统：MiniWeb_win7_systemconfiguration.ini（840Dsl PCU＋NCU 配置，

Win7 平台）

➤ Xp 操作系统：MiniWeb _ winxp _ systemconfiguration. ini （840Dsl PCU + NCU 配置，WinXP 平台）

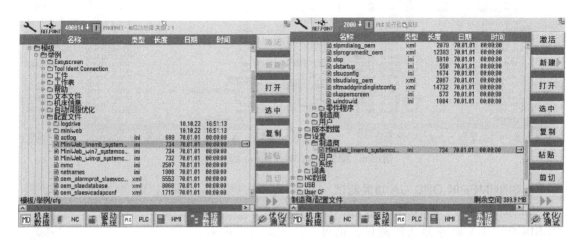

附图 4　MiniWeb 监控 IP 地址

2）复制配置样例文件到 HMI 数据/设置/制造商目录下。实际上文件复制到 CF/oem/Sinumeirk/hmi/cfg 目录下。

3）更改文件名称为 systemconfiguration. ini。

选择文件，点击属性，修改文件名称为 systemconfiguration. ini. ，如附图 5 所示。

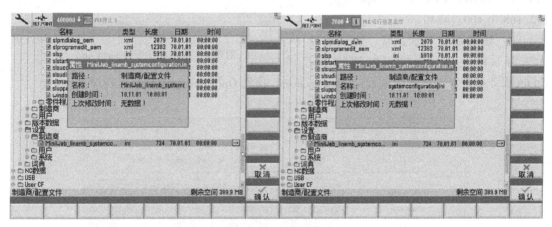

附图 5　更改文件名称

（7）配置 MiniWeb Server 的 IP 地址（如附图 6 所示）

模 板 的 文 件：CF/siemens/sinumeirk/hmi/miniweb/System/WebCfg/OPC _ UAApplication. xml

复制模板文件到系统 CF/oem/SINUMERIK/hmi/miniweb/WebCfg 目录下，在 OPC_UAApplication. xml 文件中配置 Server 的 IP 地址，使用 X130 的 IP 地址，替换文件中所有的 localhost，总共有 3 处。如附图 7 所示。

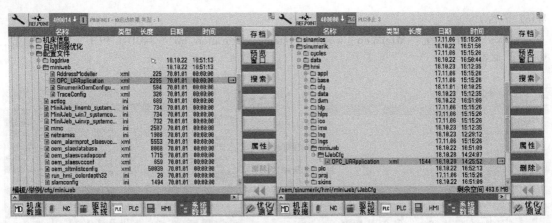

附图 6　配置 Mini Web Server 的 IP 地址

3. SINUMERIK OPC UA 功能测试

Sinumerik 客户端软件支持 SINU-MERIK OPC UA 服务器功能测试，也可使用第三方标准 OPC UA 客户端测试。

（1）启动 OPC UA 客户端软件并连接 Server（如附图 8、附图 9 所示）

以管理员权限启动 Siemens. OpcUA. SimpleClient. exe。输入 Server 连接信息，OPC UA Server URL 输入 opc. tcp：∥192. 168. 1. 100：4840。

注：如果系统设置正常，测试软件无法与系统连接，请检查电脑的 Opc Enum 服务是否启动。开始运行：services. msc，找到 OpcEnum，右键→运行即可。

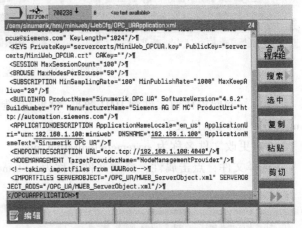

附图 7　替换文件中的 local host

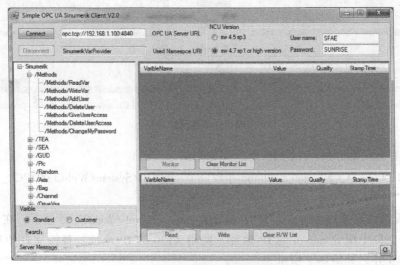

附图 8　启动 Sinumerik 客户端软件

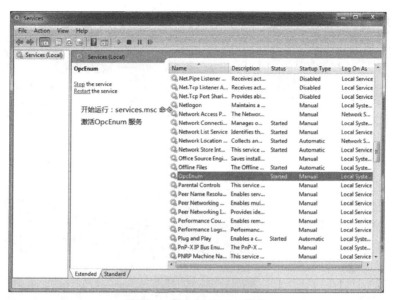

附图 9　启动 OpcEnum 服务

若连接正常，显示如附图 10 所示。

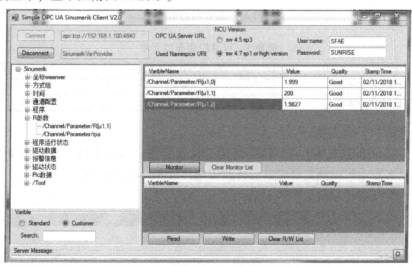

附图 10　客户端软件与服务器系统连接

（2）监控功能

在 Variable Identifier 中输入监控变量名称，以 R 变量为例：

R0->/Channel/Parameter/rpa［u1，0］

R1->/Channel/Parameter/rpa［u1，1］

R2->/Channel/Parameter/rpa［u1，2］

系统上输入与监控到的数据如附图 11 所示。

4. SINUMERIK OPC UA 变量

（1）变量说明

SINUMERIK OPC UA 变量名称大小写敏感。可监控变量的个数见附表 1。

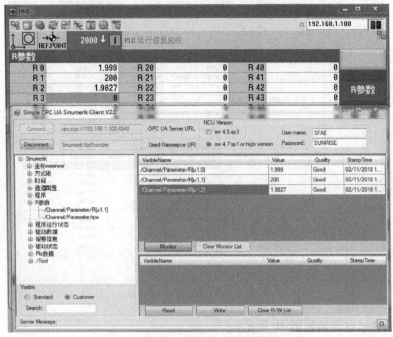

附图 11　监控到的 R 参数

附表 1　可监控变量的个数

客户端版本	828D	840D sl
SW4.5 Sp3 或更高	20 个变量	200 个变量
SW4.7 Sp1 或更高	100 个变量	200 个变量

（2）系统支持的变量数量

使用 UAClient 的客户端，可以浏览系统支持的变量。高版本的系统软件支持更多的系统变量。通过客户端可以浏览的变量支持监控功能（Subscription 功能）。

SW4.5 Sp3 支持的变量如附图 12 所示。

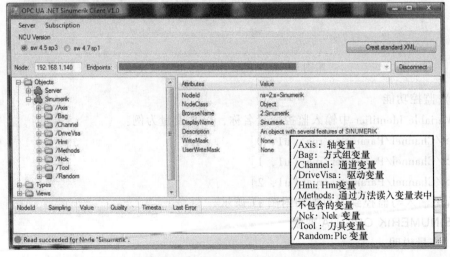

附图 12　SW4.5 Sp3 支持的变量

SW4.7 Sp1 支持的系统变量如附图 13 所示。

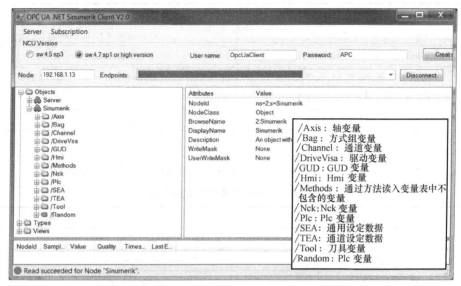

附图 13　SW4.7 Sp1 支持的系统变量

（3）变量属性（如附图 14 所示）

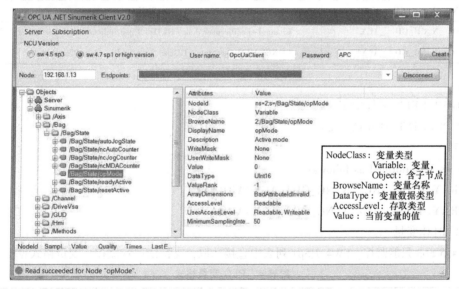

附图 14　变量属性

选择左侧树形节点的变量，右侧窗口显示当前选择变量的属性。

例：节点 /Bag/State/opMode，读入方式组的操作方式，下侧窗口实时监控变量的值。

（4）NC 变量

Server 浏览的变量只是变量阵列中的第一个变量，若想读取该类型其他索引号变量，需增加响应的信息。如 /Channel/Parameter/R 只对应通道 1 的 R1 变量，相当于 /Channel/Parameter/R［u1，1］。变量 /Channel/Parameter/R［u2，56］，读取通道 2 的 R56。示例见附表 2。

附表 2　NC 变量路径及描述

变量路径	描　述
/Channel/Parameter/R[u1,10]	R parameter 10 in channel 1
/Channel/Parameter/R[u1,1,5]	R parameter array
/Channel/Parameter/R[u1,1,#5]	R parameters 1 to 5 in channel 1
/Channel/GeometricAxis/name[u2,3]	Name of the 3rd axis in channel 2
/Channel/GeometricAxis/actToolBasePos[u1,3]	Position of the 3rd axis in channel 1

（5）GUD 变量

SW4.5 Sp3 不支持 GUD 变量。SW4.7 Sp1GUD 文件对应变量名称见附表 3。

附表 3　GUD 文件对应变量名称

变量	描　述
"/NC/_N_NC_SEA_ACX"	NC global setting data.
"/NC/_N_CH_SEA_ACX"	Channel-specific setting data.
"/NC/_N_AX_SEA_ACX"	Axis-specific setting data.
"/NC/_N_CH_GD1_ACX"	SGUD
"/NC/_N_CH_GD2_ACX"	MGUD
"/NC/_N_CH_GD3_ACX"	UGUD
"/NC/_N_CH_GD?_ACX"	Channel-specific user data（GUDs）（use indices 1 to 9 instead of "?"）
"/NC/_N_NC_GD?_ACX"	NC global user data（GUDs）（use indices 1 to 9 instead of "?"）

例：

"UGUD. DEF" 文件中定义

DEF NCK INT ARRAY [2]

M17

Access is performed as follows：

ARRAY[0] → /NC/_N_NC_GD3_ACX/ARRAY[1]

ARRAY[1] → /NC/_N_NC_GD3_ACX/ARRAY[2]

（6）PLC 变量

SW4.5 Sp3 只能监控。SW4.7 Sp1 列表中直接选取，支持读/写/监控。变量格式见附表 4。

附表 4　PLC 变量格式

区域	地址（IEC）	允许数据类型	OPC UA 数据类型
Output image	Qx. y	BOOL	Boolean
Output image	QBx	BYTE, CHAR, STRING	UInt32 String
Output image	QWx	WORD、CHAR,INT,	UInt32 Int32
Output image	QDx	DWORD,DINT,REAL	UInt32 Int32 Double

（续）

区域	地址（IEC）	允许数据类型	OPC UA 数据类型
Data block	DBz. DBXx. y	BOOL	Boolean
Data block	DBz. DBBx	BYTE，CHAR，STRING	UInt32 String
Data block	DBz. DBWx	WORD，CHAR，INT	UInt32 Int32
Data block	DBz. DBDx	DWORD，DINT，REAL	UInt32 Int32 Double
Input image	Ix. y	BOOL	Boolean
Input image	IBx	BYTE，CHAR，STRING	UInt32 String
Input image	I Wx	WORD，CHAR，INT	UInt32 Int32
Input image	IDx	DWORD，DINT，REAL	UInt32 Int32 Double
Bit memory	Mx. y	BOOL	Boolean
Bit memory	MBx	BYTE，CHAR，STRING	UInt32 String
Bit memory	MWx	WORD，CHAR，INT	UInt32 Int32
Bit memory	MDx	DWORD，DINT，REAL	UInt32 Int32 Double
Counters	Cx	—	Byte
timers	Tx	—	UInt32

828Ds1（4.7 Sp1）只能读/写/监控列表中部分变量。如附图 15 所示。

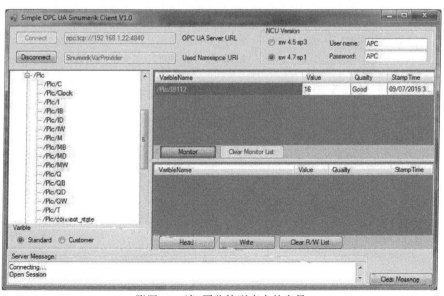

附图 15　读/写监控列表中的变量

（7）机床数据

SW4.7 Sp1 直接从附图 16 中的 /SEA 和 /TEA 区域选取。机床数据列表如附图 16 所示。

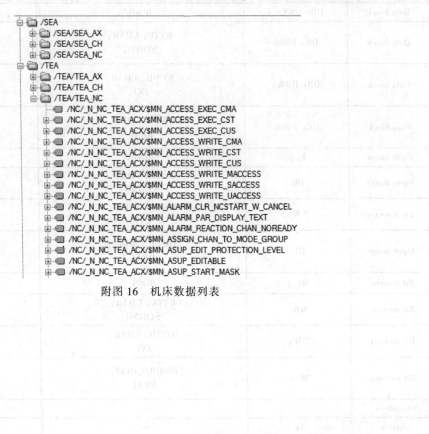

附图 16　机床数据列表

参 考 文 献

[1] 万志远，戈鹏，张晓林，等. 智能制造背景下装备制造业产业升级研究 [J]. 世界科技研究与发展：2018，40（3）.

[2] 蔡锐龙，李晓栋，钱思思. 国内外数控系统技术研究现状与发展趋势 [J]. 机械科学与技术，2016，35（4）.

[3] 王钢. 数控机床调试、使用与维护 [M]. 北京：化学工业出版社，2006.

[4] 王振臣，齐占庆. 机床电气控制技术 [M]. 5 版. 北京：机械工业出版社，2013.

[5] 李宁，刘启新. 电机自动控制系统 [M]. 北京：机械工业出版社，2003.

[6] 刘金琪. 机床电气自动控制 [M]. 哈尔滨：哈尔滨工业大学出版社，2001.

[7] Kief H B，Roschiwal H A，Schwarz K. 数控技术及应用指南 CNC Handbuch [M]. 林松，樊留群，邢元，等译. 北京：机械工业出版社，2017.

[8] 汪木兰. 数控原理与系统 [M]. 北京：机械工业出版社，2004.

[9] Agamloh E B. A guide for the ranking and selection of induction motors [J]. Pulp and Paper Industry Technical Conference，2014.

[10] 黄祖广，张承瑞，赵钦志. 数控系统功能安全标准综述 [J]. 制造技术与机床，2013（8）.

[11] 黄祖广，赵钦志. 我国机械电气设备安全标准化的现状及展望 [J]. 电器工业，2006（5）.

[12] 黄少华，郭宇，查珊珊，等. 离散车间制造物联网及其关键技术研究与应用综述 [J]. 计算机集成制造系统，2018（6）.

[13] 叶维生. 物联网环境下车间虚拟监控与故障预警方法研究 [D]. 合肥：合肥工业大学，2018.

[14] 赵晨，沈南燕，李静，等. 西门子数控远程通讯功能开发方法研究 [J]. 精密制造与自动化，2017（4）.

[15] 付林云. MES 中数控车间数据采集系统的研究和应用 [D]. 南京：南京航空航天大学，2008.

参考文献

[1] 王志鹏, 关惠, 王晓林, 等. 智能制造背景下工程造价电子市场的模式[J]. 建筑经济研究, 2018, 40 (2).

[2] 秦桂英, 李建忠, 赵娜. 国内外智能建造技术研究现状及发展趋势[J]. 建筑科学与工程, 2016, 36 卷.

[3] 王巍. 建筑信息模型. 中国建筑工业出版社, 2005.

[4] 王继明, 金士权. 机械设计学[M]. 5 版. 北京: 机械工业出版社, 2013.

[5] 杨青. 建筑信息化的发展[M]. 北京: 机械工业出版社, 2003.

[6] 刘志峰. 绿色产品设计[M]. 哈尔滨: 哈尔滨工业大学出版社, 2001.

[7] Xu C H, Bouchard H A, Scheraux K. 数控机床及数控技术的 CNC Mould[M]. 北京, 机械工业, 北京: 机械工业出版社, 2017.

[8] 李木. 数控机床与技术[M]. 北京: 机械工业出版社, 2016.

[9] Agambh E B. A guide to the ranking and selection of infraction studies [J]. Pulp and Paper Industry Technical Conference, 2014.

[10] 刘江, 张大鹏, 刘文亮. 基于专家知识库的企业生产调度[J]. 机械设计与制造, 2015 (8).

[11] 王国庆, 赵国平. 机械加工中零件结构工艺性分析[J]. 中国工业, 2006 (5).

[12] 黄少华, 张宏. 岩保利, 等. 离散车间制造物联网设备及大数据技术应用研究综述[J]. 计算机集成制造系统, 2018 (6).

[13] 田建平. 智能制造环境下数控加工编程与仿真实现技术[D]. 合肥: 合肥工业大学, 2018.

[14] 刘伟, 张晓霞, 李伟, 等. 产品结构数据建模与仿真技术研究[J]. 机械制造与自动化, 2017 (3).

[15] 付立家. NE 中数控加工与自动编程实用技巧[D]. 哈尔滨: 哈尔滨工业大学, 2008.